核桃

商品化生产技术

陈　华　卿厚明　编著

西北农林科技大学出版社

·杨凌·

图书在版编目（CIP）数据

核桃商品化生产技术 / 陈华, 卿厚明编著. —杨凌：西北农林科技大学出版社, 2022.11

ISBN 978-7-5683-1169-4

Ⅰ. ①核… Ⅱ. ①陈… ②卿… Ⅲ. ①核桃—果树园艺②核桃—食品加工 Ⅳ. ①S664.1②TS255.6

中国版本图书馆CIP数据核字（2022）第213298号

核桃商品化生产技术

陈华 卿厚明 编著

出版发行 西北农林科技大学出版社
地　　址 陕西杨凌杨武路3号　　邮　编：712100
电　　话 总编室：029-87093195　发行部：029-87093302
电子邮箱 press0809@163.com
印　　刷 西安浩轩印务有限公司
版　　次 2022年11月第1版
印　　次 2022年11月第1次印刷
开　　本 787mm×1092mm　1/16
印　　张 15.5　　插　页 4
字　　数 275千字

ISBN 978-7-5683-1169-4

定价：52.00 元

序

P R E R A C E

核桃（*Juglans regia* L.）是世界上最著名的坚果，我国古时称“万岁子”“长寿果”，国外称“大力士食品”“浓缩营养包”等。核桃仁营养丰富，有很高的营养保健和药用价值。中医学认为，核桃性温、味甘、无毒，有补肾、滋肺、润肠、养颜、健脑等功效。现代营养学和病理学的研究认为，核桃对心血管疾病、Ⅱ型糖尿病、癌症及神经系统疾病有一定的康复医疗和预防效果。因此，核桃及其产品深受消费者喜爱，市场前景广阔。

在山区发展核桃产业，不仅具有良好的经济效益，而且还有明显的生态和社会效益，成为农村脱贫致富奔小康和实现乡村振兴的重要经济基础。近年来，随着人民生活水平的不断提高，精品核桃质优价高，备受青睐，产品供不应求。相反，大宗核桃不受欢迎，价格低，销售不畅，甚至滞销。之所以出现这种现象，是因为核桃生产出现了问题。一是商品生产意识缺乏，消费观念随着社会主要矛盾的变化而发生改变，核桃生产却未能与之同步变化。二是管理水平参差不齐，配套的实用技术推广不够或缺乏，造成产量和果品质量差异大。三是专业人才短缺，缺乏核桃商品化生产技术和与之匹配的产业体系。四是高端产品缺乏，组织程度较低，生产加工滞后，品牌意识不强，市场竞争力不强。这些突出问题，导致了核桃生产出现两极分化，挫伤了部分果农的生产积极性。

针对核桃商品化生产中存在的问题，陈华和卿厚明二位同志潜心研究，在长期核桃产业工作中，既注重理论的创新，又兼顾实践的应用，把多年的成果汇集成《核桃商品化生产技术》一书。该书首次提出核桃商品化生产概念，从商品化栽培、园地省力化管理和商品化生产3个方面入手，详细介绍了核桃商品化生产的关键技术，包括品种选择、苗木培育、建园技术、品种纯化、园地管理、简化修剪、控灾减害、采后管理以及核桃鲜贮与加工等技术。这些技术实用性强、操作简便，能有效地指导核桃商品化生产，反映了我国核桃商品化生产与科研的先进水平。该书内容取材广泛，文字严谨朴实，图文并茂，通俗易懂，是一本专业水平较高的图书。可供从事核桃商品化生产、研究的专业人员和林农参考使用。

本书的出版填补了我国核桃商品化生产技术读物的空白，必将对核桃商品化生产和产业的高质量发展起到积极的推动作用。同时，希望本书作者立足生产应用，再接再厉，不断创新，为我国核桃商品化生产技术的研究和推广工作做出更大成绩。

陕西省林学会
正高级林业工程师
陕西省核桃首席专家

2022年3月3日

核桃举肢蛾

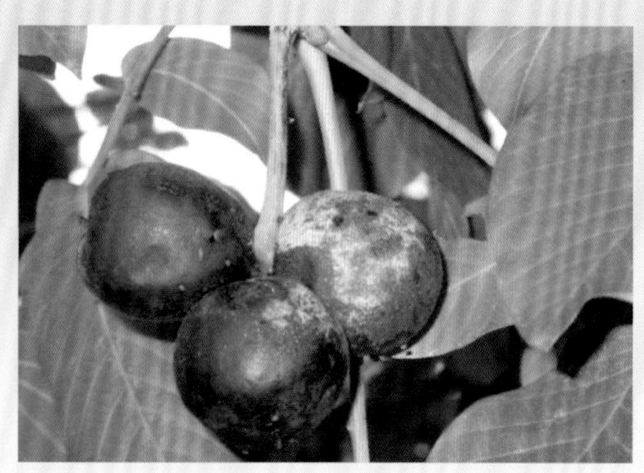

为害状

幼虫

成虫

核桃黑斑病

病果

病叶

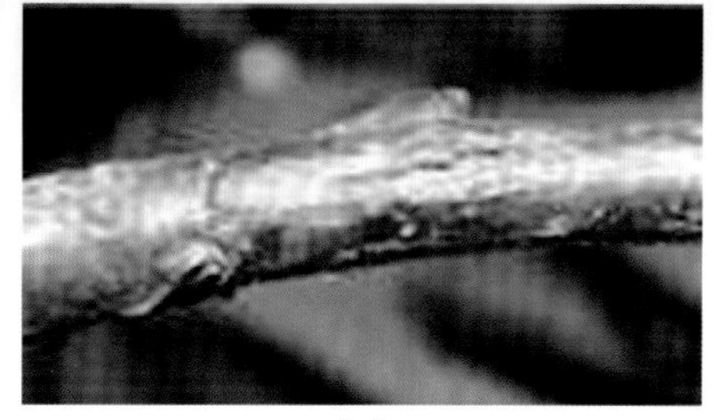

病枝

核桃腐烂病、溃疡病

腐烂病

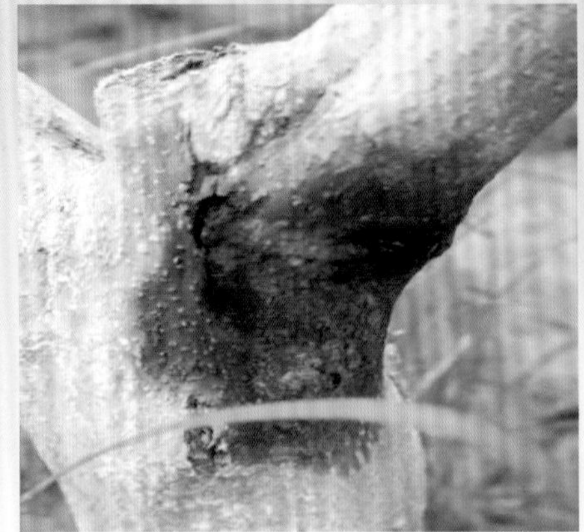

溃疡病

腐烂病、溃疡病混合症状

地膜覆盖+间作

穴贮肥水

果药间作

脱皮清洗一体

智能烘烤炉

分级筛选

目　录

C O N T E N T S

第一章　核桃商品化生产基本知识

第一节　商品化内涵 ……………………………………………001
一、商品化概念 ……………………………………………001
二、核桃商品化生产 ………………………………………002
第二节　核桃产业现状、趋势及商品化对策 ………………005
一、产业发展现状 …………………………………………005
二、存在问题 ………………………………………………010
三、发展趋势 ………………………………………………014
四、商品化对策 ……………………………………………016

第二章　商品化栽培技术

第一节　商品化适宜品种 …………………………………………021
一、鲜食品种 ………………………………………………022
二、加工品种 ………………………………………………028
三、特异品种 ………………………………………………033
第二节　商品化苗木繁育 …………………………………………034
一、砧木苗培育 ……………………………………………034

二、嫁接苗培育 ……039
三、苗木出圃 ……045
四、商品大苗培育 ……046
五、真假嫁接苗识别 ……048
第三节 建园技术 ……051
一、园址选择 ……051
二、园地规划 ……052
三、整地技术 ……055
四、栽植技术 ……056
五、快速建园技术 ……060

第三章 田间管理省力化技术

第一节 品种纯化 ……062
一、嫁接原理 ……063
二、采穗圃建设 ……063
三、良种接穗的选择、采集、运输及贮藏 ……065
四、品种纯化 ……067
五、影响核桃嫁接成活的因素 ……072
第二节 园地管理 ……075
一、土壤管理 ……075
二、土壤培肥 ……081
三、水分管理 ……094
四、水肥一体化 ……097
第三节 简化修剪 ……104
一、生长结果习性 ……105
二、简化修剪技术 ……110
三、修剪与商品化关系 ……124
四、核桃树早衰的防控 ……126

第四节　控灾减害 ……128
一、病虫害防控 ……129
二、鼠害防控 ……196
三、晚霜防御 ……200
四、雹灾后修复 ……204
第五节　采收及采后管理 ……204
一、科学采收 ……204
二、果实商品化 ……206
三、青皮废渣的无害化处理 ……209
四、采后管理 ……211

第四章　商品化生产

第一节　初加工 ……213
一、坚果和仁的加工 ……213
二、鲜食核桃鲜贮 ……216
第二节　精深加工 ……220
一、核桃仁 ……220
二、核桃油 ……225
三、核桃油软胶囊 ……226
四、核桃乳 ……227
五、核桃多肽 ……229

附录一　核桃无性系砧木品种 ……233
附录二　石硫合剂的新法熬制与使用 ……235
附录三　核桃“黑丹”防控技术 ……237
附录四　84消毒液的杀菌机理及核桃病害防控实践 ……239

参考文献 ……245

第一章 核桃商品化生产基本知识

Chapter 01

随着我国社会主义市场经济向纵深发展，社会主要矛盾也随之发生变化，人民生活水平进一步提高，思想观念不断更新，作为人们生活不可缺少的农产品也紧跟时代步伐，不断满足人们对美好生活的向往，把自身变成商品（即商品化），随时随地在市场流通，满足消费者需求。农产品与工业品是不同的，尽管因生产地域、气候、立地条件、技术及生产理念而差异性较为显著，但是消费者的需求是刚性的。农产品也只有卖到消费者手中，才能实现其自身价值，才能增加生产者的收入和财富。因此，农产品生产者（包括农业生产、加工企业、合作社及农民）务必清醒地认识到新时代农产品生产的目的是商品生产，目标是经济效益、社会效益及生态效益的最大化。核桃作为传统农产品，更应如此。

第一节　商品化内涵

一、商品化概念

（一）商品

商品属经济学的概念，是指用来交换的劳动产品。

商品具有价值和使用价值两种属性，使用价值是指能够满足人们某种需要的物品的效用，是商品的自然属性；价值是指凝结在商品中的无差别的人类劳动，是商品的本质属性，价值通过（市场）交换来实现，最终体现形式是价格。因此，再好的产品，如果没有实现市场交换，其只具有使用价值，不具有价值，也只有进行交换，才称得上“真正”的商品，才具备“二重性”。

人类社会任何阶段的发展，都逃不过马克思政治经济学关于商品价值规律的范畴，农产品、工业品及社会服务都是如此，必须发生交换，才能实现其价值，才算是真正的商品。

（二）商品化

“商品化”截至目前还没有规范的概念。中文“化”，古字为“匕”，会意字，甲骨文，从二“人”，象二人相倒背之形，一正一反，以示变化。“化”本义为“变化、改变”。因此，“商品化”可理解为“把产品转化为商品的过程”。

核桃作为一种农产品，核桃商品化是指把核桃坚果、仁及其加工产品变成商品的过程和技术。核桃商品化以市场需求为导向，通过市场实现其生产要素的合理流动和优化配置。

二、核桃商品化生产

（一）商品质量

商品质量是衡量商品使用价值的尺度，是人们在实践中得出的科学结论。商品质量涉及商品本身及商品流通过程中诸因素的影响。从现代市场观念来看，商品质量是内在质量、外观质量、社会质量和经济质量等方面内容的综合体现。作为商品的核桃质量在4个方面的具体内涵如下：

1.内在质量

内在质量是指在商品生产过程中形成的商品体本身固有的特性和属性，是构成商品的实际物质效用，是最基本的质量要素。商品核桃的内在质量包括种仁和加工产品的质量、营养成分、口感等。

2.外观质量

外观质量是指商品的外表形态，包括外观构造、质地、色彩、气味、手感、表面疵点和包装等，已成为人们选择商品的重要依据。商品核桃的外在质量包括坚果和仁的感官质量（即大小、色泽、气味、均一性等）、加工产品色泽及包装等。

3.社会质量

社会质量是指商品满足全社会利益需要的程度。商品核桃必须满足消费者需求，安全环保，必须达到无公害产品、绿色产品以及有机产品的要求。

4.经济质量

经济质量是指在满足人们真实需要的同时，希望以尽可能低的价格，获得尽可能优良性能的商品。商品核桃要求优质、安全，价格不宜过高，易被广大消费者接受，真正体现物美与价廉的统一。

（二）商品化生产

1.商品化生产的内涵

商品化生产是指商品生产，包括商品生产的过程、工艺、技术及有关措施等。商品生产是人类社会（原始社会除外）的基本活动，也是人类生存、财富创造与积累、社会发展的主要活动。商品生产是社会生产的一种形式，但不是唯一形式。

社会生产的目的是满足人们物质文化生活的需要，也是整个社会在生产和再生产过程中对社会财富的需求。在现实中，生产活动常常偏离甚至背离满足人们需要的目的。撇开生产者的主观愿望，从社会上的各种产品与需要的关系来看，经常出现“五个不一致”：一是产品数量与人们的需要不一致；二是产品质量与人们的需要不一致；三是产品种类与需要不一致；四是生产与需要在时间上不一致，有时的需要不能及时通过生产形成供给，等到形成供给后需要又发生了变化；五是生产与需要在空间上不一致，有些地方生产过剩，另一些地方生产不足，彼此之间又不能互通有无。正是五个不一致，形成了社会发展各阶段的主要矛盾表现不同。反之，社会主要矛盾又影响和作用于社会生产，使它们之间匹配，处于动态平衡状态，从而推动社会的发展和进步。我国将长期处于社会主义初级阶段，在初级阶段的前期社会主要矛盾是人民日益增长的物质文化需要与落后的社会生产之间的矛盾。由于生产力相对落后，技术不先进，商品数量相对不多，人们的需求量大，总体表现为需求量远远大于供给量，营销商进入产地，属卖方市场，商品质量要求较宽松，价格持续增长或稳中有升、好卖，生产者和营销商的收益均好。但个别供大于求的商品，也表现为价格下滑，销售难，生产者收益较差。随着社会生产不断进步，科技不断创新，市场经济向纵深发展，人民对美好生活的需要日益增长，对商品的需求要求达到从外观质量到内在质量、生活质量及经济质量的完美统一。例如，果品的色、香、味、功能营养、环保及服务的一体化。生产力相对先进，技术成熟，商品丰富，数量相对较多，人民的生活水平整体得到提高，人民的需求发生分化，总体表现为大部分人对中、高端商品的需求量日益增大，对普通商品、低端商品的需求量逐步缩减。高端商品数量较少，甚至稀缺，价格高，甚至日益攀升，生产者和营销商双赢。相反，低端商品、普通商品及不能满足需求的商品相对体量大，供大于求，价格低，日益持续下滑，滞销，生产者效益极低，甚至赔本。在果品行业中，消费者喜爱的品种价格相对高，销路较畅，果农收益高；消费者不青睐的品种价格低，时常出现滞销，收益也低，出现赔本现象。这充分说明在果品生产中，有些品种不能满足人们日益增长的美好生活需要。因此，生产者要主动适应市场，进行供给侧改革，对核桃产业来说就是品种调整。

2.商品化生产的目的

社会生产是指人们创造物质财富和精神财富的过程。其实，社会生产的实质是商品生产。如果没有充足、丰富的商品，社会难以维系和持续发展壮大。商品生产者的生产目的是追求高额利润，即利益最大化。在现实中，并不是所有的商品都能获得高额利润，只有生产者生产满足消费者需求的商品（好产品、高质量产品），才有可能获得利润（好价钱），甚至高额利润。因此，商品生产的目的是质量与效益的统一，质量是效益的前提，效益是质量的结果，有质量才能有效益，没有质量就没有效益。质量和效益是商品生产永恒的主题。

3.实现商品化的途径

从量的角度分析，种植业商品包括果品、粮食等有其一定的适生区、优生区，区域化特征明显，必须有足够大的规模。只有规模化、区域化同时具备，才能满足社会对其数量的需求。

从质的角度分析，所有商品具备均一的特性，即外在和内在的均一性。种植业只有品种化，才能保证同一区域生产的同批次的商品内外在质量的均一，以满足社会对其质量的需求。

从价格构成角度分析，“价格＝成本（生产成本+销售成本）+利润”，最直接的方法是降低生产成本，尽量使用机械，省力省钱同步，同时应用新技术、新模式、新品种，提高科技应用率和商品率。

第二节　核桃产业现状、趋势及商品化对策

一、产业发展现状

（一）栽培现状

核桃为胡桃科胡桃属，又名“胡桃”“羌桃”，与扁桃、腰果、榛子并称世界四大干果。我国为核桃原产地之一，早实核桃类群起源于中亚和新疆地区，目前在新疆天山的西端，伊犁谷地的前山峡谷中，仍有大面积的野生核桃林。由于核桃适应性广，在我国分布极为广泛，全国南北27个省市自治区1046个县种植核桃，但核桃喜湿润温暖的环境条件，在高寒干旱地区极易发生抽条和空苞现象，在南方高温地区易发生日灼现象。据统计，我国核桃面积由2012年的554.78万公顷上升到2018年的733.33万公顷，增长超过32%；核桃产量从2012年的198万吨上升到2020年的479.6万吨，增长超过1.4倍，年平均增长率为12.99%（详见图1-1）。从总量角度，我国核桃栽培面积和产量自2012年以来稳居世界第一。

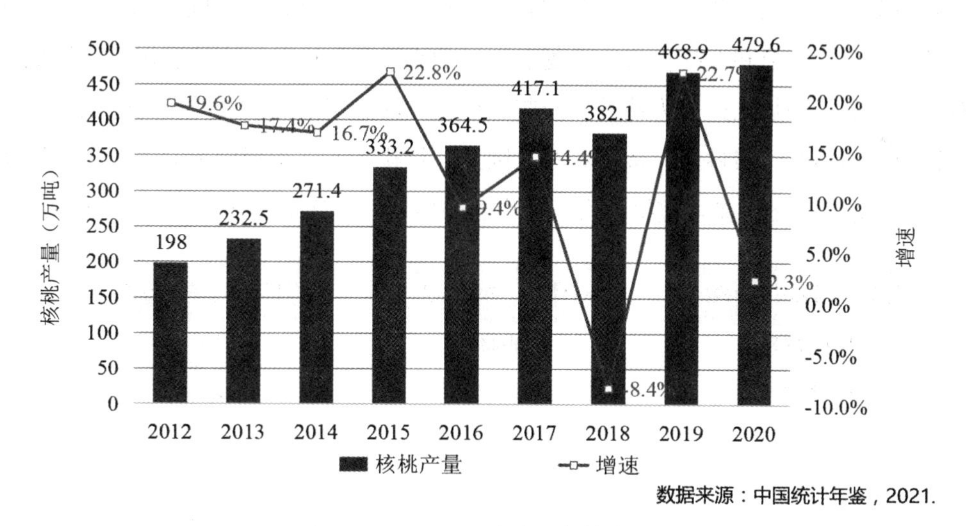

图1-1　2012—2020年我国核桃产量变化

从空间分布角度而言，我国核桃分布具有明显的地域性，主要有三大栽培区域：一是西北地区，包括新疆、青海、西藏、甘肃、陕西；二是华北地区，包括山西、河南、河北；三是西南地区，包括云南、贵州。其中云南、新疆、四川、陕西、山西、河南、甘肃、山东、河北等省份为生产大省，每年的总供给量占全国核桃总量的3/4以

上，2020年已经达到95%（详见图1-2）。

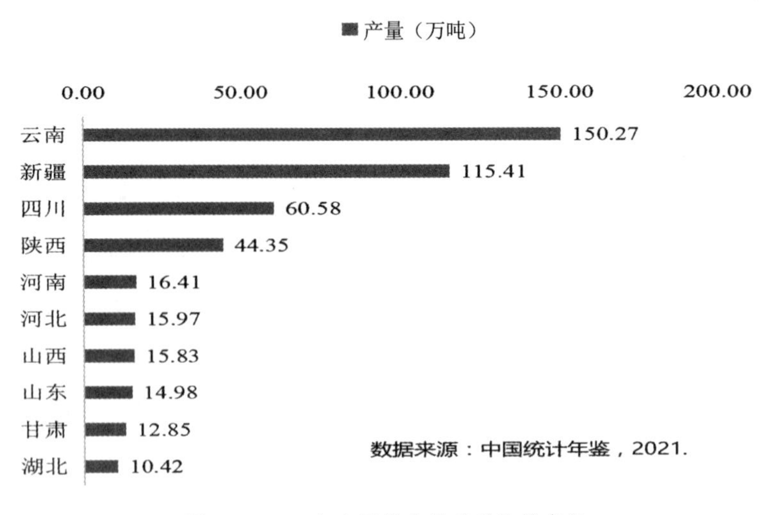

图1-2　2020年全国前十的省份核桃产量

（二）产品加工

核桃为我国重要干果之一，种类丰富，有核桃、山核桃、野核桃、麻核桃等，其具有较高的食用价值和医疗价值，深受老百姓的喜爱。核桃除了直接食用外，还能加工成各种产品，初加工产品为核桃仁及带壳核桃，深加工产品主要有核桃休闲食品、核桃饮料、核桃乳、核桃油、核桃粉等。因此，核桃产业逐步形成上游种植、中游初深加工、下游销售的链条，连接果农、合作社、加工企业及经销商等（详见图1-3）。

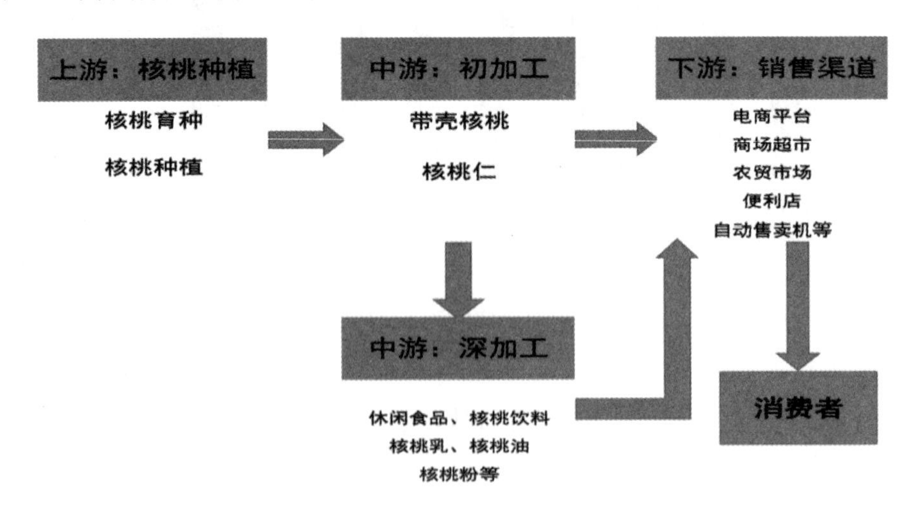

图1-3　核桃产业链图

国内市场上，核桃需求量随着人们的生活水平提高在不断增长，越来越发达的物流网络也进一步促进了跨地区的核桃消费。2019年，国内核桃表观销量达到383.7万吨，连续多年处于上升的态势。预计2022年中国核桃行业市场表观销量将达到427.1万吨（详见图1–4）。

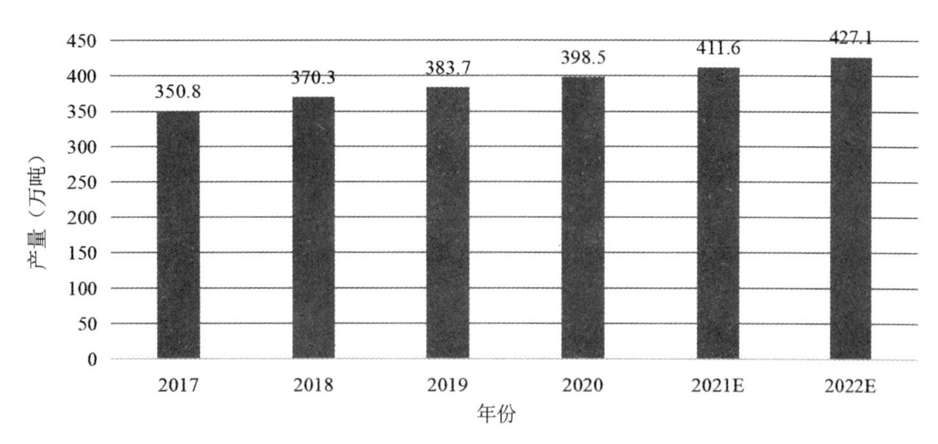

图1–4　2017—2022年中国核桃行业市场表观销量及趋势预测

据智研咨询调度数据显示，公民对健康的认知连续不断增强，核桃在消费终端的各细分市场稳步扩张，尤其受到中产阶级家庭、年轻有小孩家庭的青睐。鲜食核桃及核桃休闲食品的市场需求日趋明显，主要集中在华东、华南、华北等经济较为发达的地区，分别占比21.3%、17.6%和15.4%（详见图1-5）。这些地区分布着较多的一、二线城市，城市人口相对密集，居民的人均收入较高，有较强的购买能力和购买欲望，核桃以及核桃休闲食品市场需求量较大。华东、西部、华南的核桃产品市场份额位列前三，分别为21.30%、18.10%和17.60%（详见图1-6）。

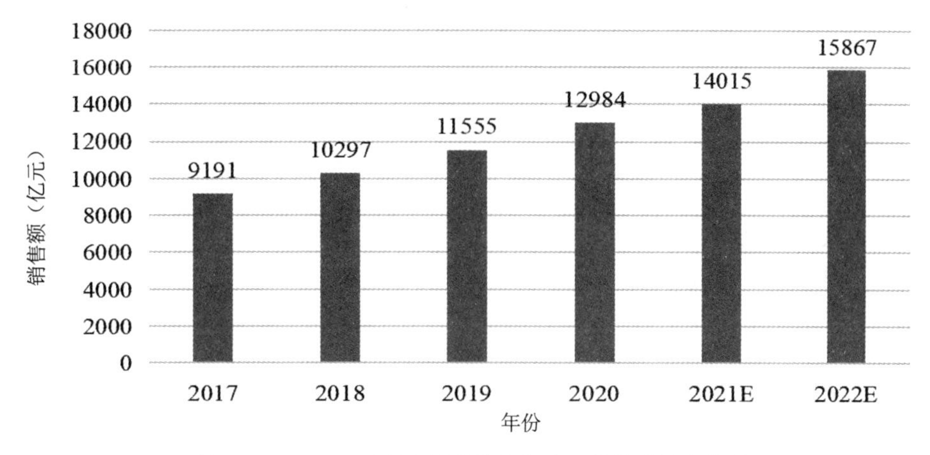

图1-5　2017—2022年中国核桃休闲食品规模及趋势预测

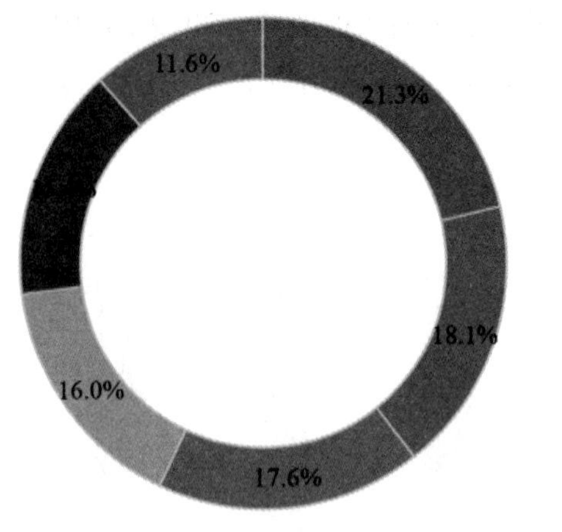

图1-6　中国核桃市场需求区域分布占比情况

据天眼查专业版数据显示，我国目前有超过9万家企业经营范围含“核桃”（统计日期截止到2021年11月11日）。从地域分布上看，云南省的核桃相关企业数量最多，超过3.2万家，占全国相关企业总量的34%。其次为四川、陕西和山西，3个省份均有8000多家核桃相关企业。此外，甘肃、山东和河北也均有5000家以上核桃相关企业（详见图1-7）。

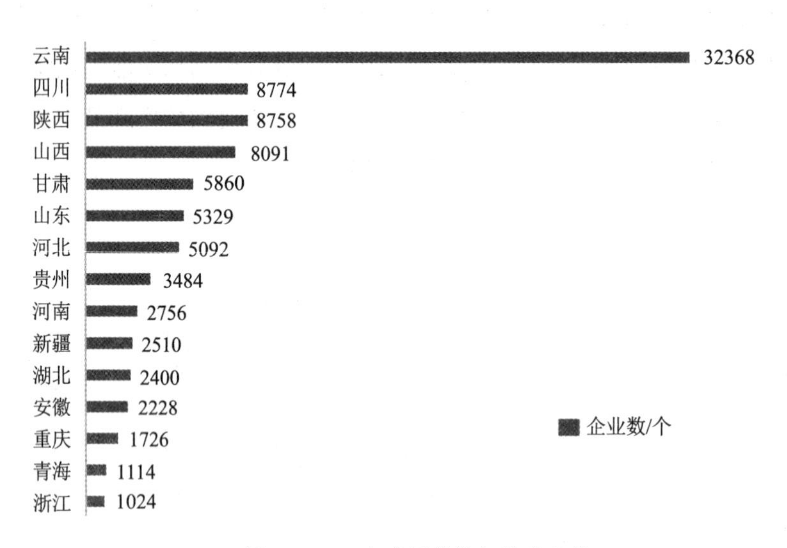

图1-7　2021年我国核桃相关企业数

（三）进出口情况

我国一直是核桃生产和消费大国，国内的产量基本能满足国内的需求量，产销率基本在100%左右，每年虽然有大量的核桃进出口，但总体的进出口量相比于国内的产销规模较低，国内市场基本保持供需平衡，不过近年来出口保持了较高的增长速率（详见图1-8）。

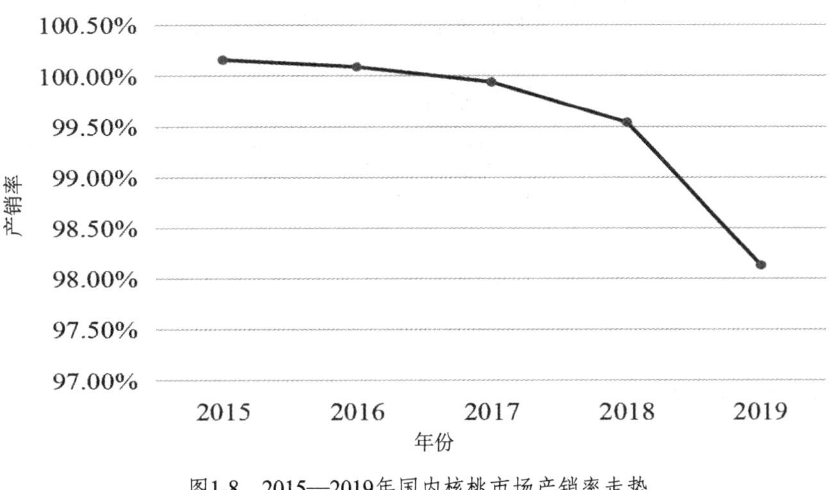

图1-8　2015—2019年国内核桃市场产销率走势

近年来随着国内核桃种植区域的扩展和品质提升，核桃出口量明显增长。2015年我国核桃出口量仅为5501吨，至2020年出口量增长至95607吨（详见图1-9），由于国内市场核桃产量提升过快导致价格明显下降，出口竞争力提升，随着“一带一路”倡议不断深化，中欧班列逐步常态化运营，我国核桃向中亚、西亚等国的出口优势更加明显、更加便捷，有望进入欧洲市场（详见图1-10）。

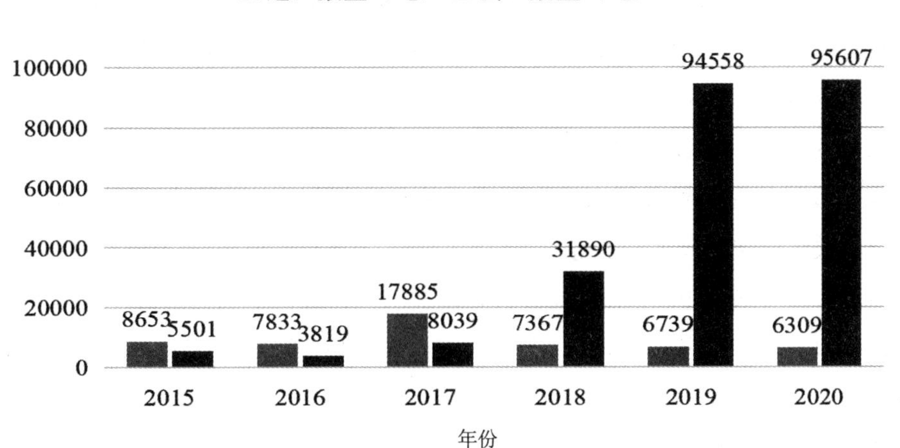

图1-9　2015—2020年中国核桃进出口情况

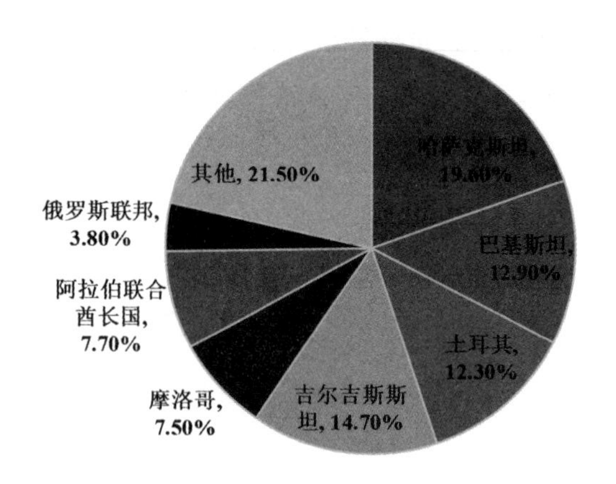

图1-10　2020年我国核桃出口去向分布情况

二、存在问题

（一）管理不均衡，单产差异大

我国核桃栽培涉及27个省市自治区，随着挂果面积不断增加，全国总产处于逐年增长的态势。据统计，2013年全国核桃平均亩产66.67千克，仅为美国亩产296.7千克的22.5%；在10个主产区中河南最高272.91千克（几乎与美国持平），山东次之137.71千克（为美国的46.4%），新疆、四川、河北高于全国平均水平，辽宁、贵州、陕西、云南低于全国水平，山西最低47.56千克。除气候类型、立地条件等客观因素外，管理水平参差不齐是造成如此巨大差异的主要因素。

1.粗放管理思想根深蒂固

核桃是我国传统树种，多以散生状态分布在田埂和山坡，多数人不修剪、不施肥、不喷农药，只是采收前清理树盘内灌木和杂草，传统的“懒人树”根植于大多数人心中，短期内很难改变。

2.“接地气”的实用技术奇缺

虽然核桃相对于苹果等水果栽培技术研究起步较晚，但是核桃国家标准、地方标准及相关生产技术成果几乎是在立地条件好、灌溉设施配套及管理经营规范的条件下获得的，却用来指导立地条件差、无灌溉条件占六成以上的核桃园，显得“力不从心”，技术普及率、应用率不高。目前，最缺乏的是接地气的“雨养条件核桃高效栽培管理技术”。

3.“倒春寒”频发

随着全球气候变暖、厄尔尼诺现象加剧，近年来，春季气温变化无常，低温、晚霜等“倒春寒”频繁发生，对核桃萌芽期、花期及幼果期危害较大，轻者减产，严重者绝收，是造成主产区核桃产量不稳的关键因素。据对陕西省宜君县1970年以来40年气象资料分析，平均40%的年份发生晚霜，平均年发生2.1次，最多1年4次，最晚的一次在5月20日，以4月中旬前发生频率大、危害重。由于晚霜影响，该县核桃年产量曲线犹如“驼峰”，但峰值不等，间隔期不一，规律性较差，近年频度更高，大致呈现“五年二丰二平一绝收”。虽然引进的美国核桃强特勒、维纳和国内选育的元林、寒丰发芽较晚，能躲避4月上旬发生的晚霜，但对之后发生的无规避作用。目前，熏烟法防御辐射霜效果好，应用率极低。

4.基地建设短视

核桃规模栽植大多以退耕还林及其后续产业项目为主，为了追求集中连片和规模效应，在土层薄、土壤黏重、山顶以及海拔超过1500米的地块建园，加之后期管理不到位，形成了部分“小老树”和“低产园低效园”。还有部分园地在川道和沟谷，经常受到晚霜危害，几乎无产量。

5.政策偏差

政府补贴侧重良种苗木采购，后期管理补贴较低，促生了“重栽轻管”现象。

（二）果品良莠不齐，质量效益不高

核桃是雌雄同株，异花授粉，形成的坚果绝大多数是杂合体。在生产中，核桃品种繁多，坚果品质差异大，良莠不齐，导致效益不高。

1.实生树产量占一定比重

在主产区中，尤其老产区往往分布一定量的实生大树（包括百年大树），其产量较大，在部分县区占五至六成。虽然营养积淀时间长，果仁醇香可口，但是其致命的缺点是果壳厚薄、大小不一致。单株采收，质量较好；多株混合，无法均一性，商品质量差，消费者也不喜欢，市场滑坡极大。因此，曾令老产区人民自豪的百年核桃在市场经济的浪潮中“陨落”，逐步被淘汰。

2.品种混杂

我国核桃产业发展速度较快，部分地区苗木供应短缺，苗木质量参差不齐，甚至出现以次充好、假冒伪劣的现象。同时，核桃良种在使用中存在主栽品种不清晰，授粉树搭配也不合理，不能适地适树，导致树体营养不足，整体树势状况不良，整齐度不高。总体呈现良种率不高，即使良种率高的地区，也没有形成统一的主导品种，品种化程度不高。品种繁多，甚至一园多个品种，缺乏专用品种和高档品种。

3.商品化处理不到位

核桃作为大宗农产品，由于品种、地域、立地条件、成熟期差异及采后处理技术不同，其商品质量差异很大。主产区的部分政府曾发布告规定成熟期采收，制止非法采收青果，出台补助办法，鼓励合作社、大户购置核桃脱洗、分级机械和建造烘干设施，推广应用商品化处理技术，曾一度提高了核桃整体质量，大批外省客商来产地扎点收购核桃，价格连年攀升。但2013年“拐点”后，占比重较大的老品种核桃价格逐年下滑，甚至出现滞销。从事核桃购销的合作社、经纪人逐年减少，果贱伤农，果农收益逐年下滑，严重影响果农管理和商品化处理的积极性，商品化处理下降30%以上。

4.消费者需求的变化

随着市场经济向纵深发展和社会主要矛盾的变化，人民的需求也发生极大变化。2013年“拐点”后，核桃产量逐年增加，质量不断提高，市场却持续下滑、疲软，有人怀疑“生产过剩”。在大多数品种卖难甚至滞销的情况下，清香、香玲及温185等纯品种核桃价格不菲，深受消费者欢迎。进一步证明并非核桃“过剩”，是供给侧出了问题，人民不需要的低档品种的数量过剩，相反需求旺盛的高端品种严重不足。

（三）专业人才缺乏，产业体系不全

人才是社会生产力的主要因素，是产业发展、技术创新与推广应用的践行者。纵观核桃产业，人才缺乏，体系不全。

1.技术人才缺乏。

据悉，全国1046个核桃栽培县，有独立的县级专业单位的约占四成，专业人员3～5人，超过10人的极少，乡镇级有专业服务单位的极少。由于从事核桃技术研究、推广的科技人员缺乏，难以快速将高等院校科研机构的新品种、新技术、新成果推广示范到田间地头，难以转化为果农的生产力。同时，乡土人才也严重缺乏。果农60岁以上占六成以上，40～59岁不足三成，40岁以下不到一成，小学文化程度七成以上，初中及以上文化程度不到三成，对新技术理解运用速度慢，难以到位。即使培养的技术员、能手以50岁以上为主，文化程度多为初中和小学水平，直接影响服务成效。

2.经营管理人才极度缺乏

据调查，宜君县4个核桃企业和28个专业合作社共有管理人员128人，其中：大专及以上学历12人，占9.38%；高中32人，占25%；初中56人，占43.75%；小学28人，占21.87%。其中市场营销、企业管理等相关专业学习或培训的6人，占比4.68%。管理人

员文化程度整体偏低，经营管理人才奇缺，人员素质不高，对各项惠农政策的理解不透，认识肤浅，只顾眼前利益，看不清产业发展形势，把握不住市场走势，缺乏现代企业思想。同时，各企业、合作社各自为政，大多数是负责人自己兴办的实体，一人说了算，规章制度只是挂在墙上装门面，部分企业只是为争取项目扶持，自主开展经营活动，主动研究市场和开发产品的更少。

3.产业体系不健全

虽然我国核桃产业链基本健全，有3万多家核桃相关企业，还有很多从事核桃栽培、加工及产品开发的科研机构，但是，在核桃主产区以农户分散自家经营为主，大户比重较小，合作社是名义上的经营者，只有个别合作社提供产前物料、产中技术指导及产后收购，且不能持续。即使深加工企业与果农联系也不紧密，科研成果落地非常难。

（四）市场意识缺乏，竞争力不强

市场是商品实现价值、果农获得效益的途径或场所。但是核桃市场乏力，产品竞争力不强。

1.商品意识缺乏

果农常常沉浸于2013年之前的“卖方市场”，大量客商云集产地收购，价格连年攀升，产量和效益成正比，只要是核桃都能卖成钱，对品种化和商品化概念模糊，也不在意。随着社会主要矛盾的变化，核桃市场转为“买方市场”，客商来产地逐年减少，价格尤其是当地老品种价格逐年下滑，甚至滞销，收入落差大，果农无所适从，误认为核桃“过剩”，砍树毁园现象时有发生。即使技术人员培训讲解，也难以理解。如果将低档品种进行技术改造，变为高端产品，主动适应市场，同样有市场，能赚钱。因此，商品意识和市场意识缺乏，是导致产品滞销和收入低的重要因素。

2.组织程度低

主产区仍以农户分散种植、自产自销的传统模式为主，由于农户在生产中各自为政，修剪、施肥、间作、病虫害防控等关键环节难以标准化，加之核桃商品化处理技术尚未成熟，核桃脱皮机械和烘烤设施未普及，各户自行采收和处理的坚果质量差异较大，商品率不高。现有的核桃专业合作社只重视产后赢利，各自为战，在产前、产中服务方面少有作为。当市场好时，与外地客商合作，入户收购坚果或收青果加工，囤货以获高利；当市场疲软或滞销时，不收购、不加工。很少有合作社或企业主动深入国内大型干果市场，了解市场信息，对接客户和市场。在参加省市县组织的农产品产销推介会等活动时，也不主动出击，效果甚微。

3.加工滞后

我国核桃加工研究明显滞后于核桃产业的发展速度，以销售核桃鲜果、干果以及仁为主，产业链缺乏有效延伸，限制了产业附加值的提升。近年来，核桃挂果面积不断增加，产量也随之增加，产品销售难度逐渐增大，亟需进行核桃精深加工产业的开发。由于核桃深加工市场目前仍未完全打开，大多数精深加工企业存在融资难、设备落后、品牌意识不强等问题，缺乏市场话语权。

4.品牌长尾效应较明显，市场秩序有待规范

由于种植地域分散、坚果生产缺乏统一标准，核桃行业以小企业为主，品牌长尾效应较明显，缺乏消费者熟知的产地标识，市场集中度有待提升。近期，随着电商兴起，一批基于互联网而诞生的优质的坚果企业让市场看到了消费者对坚果大类的认可。然而与“库尔勒香梨”“阳澄湖大闸蟹”等细分食品品类相比，核桃市场目前处于无序竞争状态，消费者尚未形成基于地理标志的统一品牌认知，致使行业整体缺乏附加值梯度。

我国核桃产业除存在以上四大问题外，还面临以下四方面风险。一是面积和产量增长过快。核桃面积由20世纪90年代的102万亩（6.8万公顷）增长到2018年的1.1亿亩（733.3万公顷）。面积的扩张带来产量翻番式增长，由于消费空间有限，核桃市场价格逐渐走低。二是生产受自然因素影响较大。冻害、病虫害等对核桃生产的影响较大。据统计，2014年、2018年晚霜危害致使许多核桃园减产甚至绝收。仅核桃举肢蛾、黑斑病每年造成的减产达30%左右。三是劳动力成本增长快。随着城市化进程的加快，农村劳动力迅速向城市转移，核桃经营面临劳动力短缺问题。同时，核桃生产机械化程度不高，劳动力成本上升，导致生产经营成本增加，效益下降，许多核桃园面临亏损。四是出口贸易困难重重。我国核桃产量急剧上升，急需扩大国外市场，但核桃出口较少，主要原因是坚果品质跟不上，加之贸易保护主义抬头，对核桃坚果的出口具有潜在的影响。

三、发展趋势

（一）布局区域化、品种化

我国核桃以山区为主，大多数产区以旱作栽培为主，水肥条件差，甚至无条件灌溉，也就造成了我国核桃产量低。同时，每个区域都有优生区、适生区及非适宜区，

即使同一优生区或适生区，也有不适宜的地块，必须科学规划，按区域化布局主栽品种，进行规模化栽培。目前，我国核桃新品种混杂现象较普遍，一园多个品种，难于形成拳头产品，同时，增加了生产成本和管理难度。因此，要尽快选择和配置适销对路、商品率高、抗逆性强的核桃品种，对现有核桃园进行品种纯化，从“一园一品”做起，实现“一村一品”“一县一品”直至“一区一品”，最终实现核桃产业布局区域化和品种化统一。

（二）栽培省力化、机械化

核桃从栽植、园地管理，到采收、加工，再到产品，环节较多，传统的人工生产费工费力，投入成本也高。目前，省力化栽培在苹果生产中率先应用，已取得了显著成效。虽然核桃和苹果的生物学特性不同，但他山之石可以攻玉。核桃栽培如何省力化？首先，对园地进行平整，便于机械化作业，包括机械翻耕土壤、机械除草、机械施肥及机械喷药等。山区果园也必须将坡地平整为水平梯田。其次，树体管理简易化。高位定干，简化丰产树形，简易修剪。核桃品种包括早实和晚实两大类群。早实品种结果多（顶芽和腋芽几乎芽芽结果）、水肥要求高、易早衰，修剪几乎见枝短截，很少长放，修剪费工费力，如果采用纺锤形，及时回缩更新，相应比开心形和疏散分层形省工省力。晚实品种，顶芽结果为主，短截主枝、领头枝及其延长枝，其他枝长放，修剪量小，省时省力。再次，适时采收，机械脱皮、清洗，设施烘烤。美国核桃采收机械个体庞大，不适宜我国，我们要加快研制小型、灵便的采收机，在成熟期适时采收。采后用核桃脱皮机、清洗机处理，在智能控温烘烤炉中烘干，再进行分级或加工。现有的果园耕作机、喷药机、脱皮机、清洗机、脱洗一体机、智能烘干炉及分选机在部分地区应用，采收机、破壳机有待开发。因此，核桃栽培省力化的前提是机械化，目的是节省成本。

（三）产品商品化、安全化

众所周知，核桃具有其他食品无法替代的保健功能，随着社会的发展和饮食结构的改变，需求量不断攀升。核桃作为商品，质量是关键，其商品质量的均一性要求外观质量（大小、性状、色泽）一致，内在质量和风味一致，其安全质量要求绿色、有机产品相对应的标准。美国核桃产业实现了品种化和商品化，其质量安全性较强，在国际核桃市场属高档核桃。但是，美国核桃生产中大量使用农药、除草剂等化学物质，加之人工成本巨大，无法进行有机核桃生产。美国核桃并不是有机核桃，在某种意义讲，相当于中国的“绿色核桃”。我国核桃产品多属低档类型（如，实生老品种、新品种混杂），中、高档（纯品种）占比较小，难于满足消费者对高档核桃的需求，缺额的高档核桃只能从美国进口。因此，我国核桃产业要进行供给侧改革，缩减低端核桃生产，加快中、高端产品生产步伐，树立商品化意识，由“结得繁”转变为“结得好”，再由“结得好”最终变为“卖得好”（商品果占比90%以上），生产适销的绿色核桃、有机核桃，实现核桃产业商品化和安全化的统一。

（四）销售品牌化、电商化

传统营销模式，经纪人（贩子）串乡进村入户收购散户核桃，售给扎点的客商，客商运至销售地市场批发给零售商，环节多、渠道长，销售成本加大，不利于打造品牌，果农收益也得不到保证。客商收集各地核桃，一般不标注产地（客商拒收标注产地的核桃），哪里的核桃销路好，就冒充哪里的，恶性竞争。凡是注册企业商标和精选分级的核桃，一般销量小，渠道窄，多处于礼品或特产市场。近年来，电子商务异军突起，已渗透到各行各业的多个渠道，国家大力发展农村电子商务和电商进村，核桃产区要抓住这一千载难逢的机遇，最大限度利用现有电子商务平台推介本区核桃产品的独有特色，开展线上线下互动体验，提供超值服务，打造知名品牌，让消费者认知、接受，最终购买，以期缩短营销渠道，实现生产者与消费者的有效对接，让消费者吃上安全优质的“放心”核桃。因此，品牌化和电商化融入一体，是实现核桃效益最大化的有效途径。

四、商品化对策

（一）调思路，树立商品化生产意识

“思路决定出路”。核桃产业之所以出现上述诸多问题，关键在于果农、干部及当地政府的思想认识没有跟上，产业发展思路没有与市场经济发展、社会主要矛盾发展变化同步，也就是产业发展思路没有与时俱进。因此，调整思路，树立与时代同步的商品化生产意识非常关键，将关系到产业的持续发展和地方经济的发展壮大。

1.调整发展思路

以新时代中国特色社会主义理论为指导，以满足人们对精品核桃功能性食品需求为导向，面向市场，抓住“乡村振兴、产业兴旺”战略机遇，发展现代核桃产业，开展商品化生产，提高核桃产量、品质及商品率；进一步完善产前、产中、产后服务，

健全产业体系，提高核桃产品就地转换率和附加值；打造拳头品牌，开展电子商务，建立健全线上、线下营销体系，解决产后销售问题；通过一二三产业融合，切实实现产业增效、农民增收，助力乡村振兴。

2.树立商品化生产意识

思路确定的过程，实质是统一思想和认识的过程。一个产业的发展壮大，涉及政府、生产者及经营者等方方面面。首先，要改变地方各级政府领导的思想。在深入学习习近平新时代中国特色社会主义理论的基础上，加深对我国现阶段主要矛盾和市场经济的理解，认真分析2013年以来核桃市场疲软、价格逐年下滑的深层次原因。产业发展的最终目的是为社会提供人民需要的高质量产品和服务。如果脱离市场和人民的需求，即使再好的产品，也不被市场认可、人民接受，产品就转化不成商品，也就实现不了交易，换句话说产品买不了钱、变不成效益。地方领导及干部只有自己树立了商品化意识，才能按市场经济规律制定产业政策，指导工作，产业才能兴旺，产品才能有市场，农民收入才能持续增长。其次，果农和与产业生产加工营销有关的经营者，都应该树立商品化生产意识。教育和帮助生产经营者认识社会主要矛盾的变化和市场经济的内涵，明确生产者的目的是追求效益最大化，其生产的产品必须是适销对路的商品。经营者则是将产品通过市场手段（如：网络、实体店）对接消费者，实现商品的价值、效益。因此，果农及生产者要树立商品化意识，只有实现核桃商品化生产，才能使提质增效真正落地，产业才会持续发展。

（二）补短板，促进产业持续增效

木桶定律告诉人们，一只由多块木板构成的木桶，其价值在于其盛水量的多少，但决定其盛水量多少的关键因素不是其最长的板块，而是其最短的板块。同理，核桃产业有很多优势，也存在诸多问题，但其发展水平由“短板”决定。要认真分析梳理，找准核桃提质增效的“短板”，迎难而上。

1.品种纯化

核桃难以商品化的短板是新品种混杂，一园多个品种，增加了生产成本和管理难度，难于提供外观质量、内在质量及风味一致的商品（拳头产品）。要补这块短板，必须对现有核桃园进行品种纯化，选择和配置适销对路、商品率高、抗逆性强的核桃品种。符合这些条件的品种很多，必须在试验的基础上确定，进行科学布局和推广，最终实现产业布局区域化和品种化的有机统一。

2.降低生产成本

核桃生产包括土肥水管理、整形修剪、施肥、病虫害防控及采收与商品化处理等环节，生产成本中人工成本占七成以上。因此，在生产中开展省力化栽培技术研究，推广简易树形，简化修剪技术；应用机械开展耕作、施肥、采收、脱洗、取仁及分级等活动，降低生产成本；推广绿色防控理念，以核桃树为主体，建立核桃园生态系统，应用农艺、生物、物理等措施防控病虫害，将其损失降低到经济阈值之下，降低病虫防控成本。总之，研究应用一切有效的先进技术，使核桃园管理最终实现省力、省事、省成本与果品商品率同步提高。

3.攻克晚霜防御

晚霜低温灾害是制约核桃产业发展壮大的瓶颈。建议省、市、县政府把核桃防御晚霜技术研究经费纳入财政预算，进行常态化研究，力争早日攻克。同时，把核桃遭受晚霜低温灾害纳入农业长期保险范畴，在保障果农利益的前提下建立健全损失评估机制，最大限度减少群众的灾害损失。此外，建议纳入民政救灾体系，建立健全核桃产业抗灾御害机制，从技术和政策两个层面保障核桃产业持续健康发展 。

（三）塑品牌，增强市场竞争力

品牌是人们对一个企业及其产品、售后服务、文化价值的一种评价和认知，是一种信任。品牌是一种商品综合品质的体现和代表，与时尚、文化、价值密切联系。商标与品牌不同，只是品牌的标志和名称，便于消费者记忆识别。只有将某一商标打造成知名品牌时，才有很强的市场竞争力。

1.确立目标品牌

核桃主产县区的合作社、企业都有商标，其在当地有一定的知名度，但在全省范围内知晓的人较少，在全国范围内更少。把商标塑造成品牌，需要海量的宣传、推介等，需要大量人力、物力和财力，单凭企业的自身力量难以实现。如果握紧拳头，整合各企业资源，都印制使用地理标志商标等公用商标，政府应出台优惠政策给予支持，通过网络、推介会、招商会等多种形式倾力打造。

2.塑造品牌

塑造品牌是品牌营销的重要内容，而成功的品牌又是品牌营销的基础和重要保障。成功品牌的价值在竞争中体现其品牌活力。品牌的活力或竞争力由科技力、形象力及营销力合成。科技力是基础，建立在企业商品质量和服务上，包含商品的科技含量、外观质量的改进、内在独特质量的保持及其商品成本的降低等。形象力是企业的生命线，重点是将产品人格化、人性化，体现产品文化内涵，与消费者产生“共鸣”，树立良好的社会信誉。营销力是企业团队开拓市场、征服顾客的能力。欲将公用商标塑造为成功品牌，以龙头企业为主体，首先，利用网络新媒体大力宣传当地核桃品质特色、环境优势及靓点；其次，利用各类展销会、洽谈会，举办核桃节，推介核桃，开展体验，加深对消费者的影响；再次，挖掘核桃文化，讲核桃故事，述民间核桃传说，颂核桃诗歌，唱核桃歌曲，赏核桃工艺品，在消费者心中留下深深烙印，以致忠诚这个品牌。

3.提高竞争力

通常市场份额越高，竞争力越强。市场份额是指某企业某一产品（或品类）的销售量（或销售额）在市场同类产品（或品类）中所占比重，也称“市场占有率”。提高竞争力，也就是提高市场份额或市场占有率。提高当地核桃竞争力，必须采取五项措施：一是产品质量。质量是产品的生命，物美价廉是赢得市场永恒不变的规律，没有质量的产品只能是昙花一现。重点是建立健全核桃外观质量、内在质量及安全质量控制体系，控制生产成本。二是产品价格。面对偌大的市场，针对消费人群的收入水平和消费水平的不同，根据当地核桃产品的特点，在细分目标市场的基础上进行科学定位，配置制定不同的价格，从而占有更多的市场。如：百年核桃，一树一个样，但其香味、口感是其他品种无可比拟的，可以确定“一棵树”核桃，进行差异化销售，可以适度高价。三是产品设计。样式多样化，满足不同人群的需求。既有特色而不失个性，能满足那些个性鲜明顾客的需求。如：满足现代女性、上班族等对鲜食核桃的需求，开展鲜贮，将鲜食货架期延长2～3个月。四是宣传产品及其文化。通过各种媒体宣传核桃，加深顾客的印象是非常必要的。使之耳濡目染，顾客就会纷至沓来。通过强有力的宣传，赋予产品文化内涵，产品就有了灵魂，从而达到家喻户晓。五是产品销售。在传统销售网络和渠道的基础上，建立电商平台，建立健全线上线下互动体验和服务体系，逐步实现生产者与消费者直接有效对接，缩短营销渠道。

（四）建体系，融合一二三产业

1.建立健全服务体系

实践证明，完备的产业体系是产业持续健康发展的重要保障。尤其在市场经济深入发展的今天，要求产供销贸工农一体化。因此，采取四项措施，完备核桃产业体系：一是完善公益性服务组织机构。在核桃主产县，除设立县级专业机构外，在主产乡设立核桃技术服务站，承担主产村、果农及合作社的技术、信息服务及技术服务队的管理，健全县乡村三级服务体系。二是提高农民专业合作社发展水平。在完善合作社制度建设的基础上，加强对理事长及其主要成员的培训教育，按照市场法则开展经营，主动出击，充分调动社员的积极性，树立“社荣我荣，社损我耻”主人翁意识，进一步提高发展水平。三是壮大龙头企业。以核桃地理标志保护产品为契机，按照市场法则，组建核桃产业集团，合并商标，握紧“拳头”，打造核桃产业集群，内接产前、产中和产后的“地气”，外联市场，统一打造核桃品牌，逐步实现产供销和贸工农一体化，引领产业健康发展。四是增强农村金融体系和保险服务能力。建立核桃融资平台，支持栽培、加工、新产品研发及品牌打造。同时，将核桃保险常态化，建立科学的申保、理赔体系，从政策角度提高核桃产业抗害御灾能力。

2.融合一二三产业

产业融合是指不同产业或同一产业不同行业相互渗透、相互交叉，最终融合为一体，逐步形成新产业的动态发展过程。核桃产业属林业范畴，但核桃园主要分布在农村，与“三农”关系密切，如何融合？一是主动融入大农业。抓住当前乡村振兴战略机遇，科学布局，突出“一村一品”，在狠抓核桃园科学管理的基础上，适度开展果粮、果油、果药、果花间作以及果禽、果畜养殖，充分与种植、养殖结合，融合其他一产，增加产值，提高果农收入。二是融合一二产业。以核桃产业为基本依托，通过产业联动、产业集聚、技术渗透、体制创新等方式，将资本、技术以及资源要素进行跨界集约化配置，使核桃生产、产品加工和销售及其他服务有机整合在一起，拓展范围，延伸产业链条。三是挖掘核桃文化，融合三产。在核桃文化挖掘的广度和深度做文章，将文化深植于核桃产品之中，使产品充满活力，建设示范园，融合餐饮、休闲、田园生活以及旅游，适时开展核桃节、核桃采摘及观光等活动，通过新媒体让消费者体验核桃与相关服务，以使得一二三产业之间紧密相连、协同发展，最终实现产业链条延伸、产业范围拓展和农民增加收入。

第二章
商品化栽培技术

Chapter 02

核桃商品化生产与常规生产比较，只是生产方式的要求不同。核桃生物学特性、生态学原理相同，本书不再介绍。

第一节　商品化适宜品种

我国广大科技工作者经过多年的科研和实践，选育出了许多优良核桃品种。截至2019年年底，审定的国家级核桃优良品种13个，省级239个，加上引进的国外良种近300个。尽管这些优良品种的丰产性好、品质好、出仁率高、适应性强，但是良种的优良特性是相对的，具有一定的区域性。同一品种在甲地是良种，在乙地未必是良种；即使在同一地区在不同立地条件下良种的优良特性表现也不尽相同。即使优质丰产，也未必高效。有人说，“一粒种子可以改变世界”。在实际工作中，如果不注重良种的区域性和商品率，盲目推广，那么造成的损失也是巨大的，既影响了政府形象，也挫伤了干群关系，这样的伤农事件屡有发生。因此，科技工作者在实际工作中要坚守严谨的科学态度，坚持“先引种，试验成功后再推广”的工作思路和“适地适树”的原则，适应市场需求，结合农民意愿搞好良种推广工作，为实现我国核桃良种化、品种化栽培及商品化生产奠定基础。

我国核桃产业整体商品化生产水平不高，表现为商品率低，主要症结是品种化程度太低，不是良种率不高，而是品种繁杂，缺乏专用品种和高档品种。根据市场需求，暂将核桃品种分为鲜食、加工及特异3个类别。各个品种因气候类型、立地条件及管理水平不同，在物候期、果个大小等方面有差异。作者以品种审定的研发地为主，介绍各个品种的植物学特性、坚果品质、物候期及抗逆性等。

一、鲜食品种

鲜食核桃的仁皮极易剥掉，食用方便，口感细腻、脆滑、鲜嫩、香甜。在一二线城市，吃鲜核桃已成为一种时尚。核桃在烘烤或晾晒的过程中，损失了维生素、不饱和脂肪酸等营养物质和诸多活性物质，鲜食核桃营养物质更丰富。随着人民生活水平的不断提高，鲜销市场愈来愈大。与干品比较，性价比高，消费者喜欢，尤其年轻女性更青睐，果农收益较高。核桃成熟大多集中在白露前后，在常温条件下贮藏期7～10天，难以满足消费者需求。因此，作为鲜食核桃的品种要求个大壳薄、营养丰富、口感香甜而不腻，成熟期也要避开白露，要么早熟（8月底前成熟），要么晚熟（9月下旬成熟），抢占市场先机，或延长鲜食核桃的货架期。经过试验研究，在冷库条件下，清香、元林的货架期可延长到元旦左右。鲜食品种除直接食用外，也可加工为菜谱及其他产品。

（一）绿早

从新疆核桃自然实生株中选育而成，2007年12月通过河北省林木品种审定委员会审定。属早实品种，早熟。

树势中庸，树姿开张，树冠半圆形。幼树生长较旺盛。以短结果枝结果为主，侧芽形成混合芽率95%以上，果枝率71.1%，双果率38.2%。小叶5～9片，顶叶较大。雌花序1～3朵雌花。坚果圆形，纵径3.89厘米，横径3.66厘米，侧径3.57厘米，平均单果重11.75克。壳厚0.73毫米，横隔膜膜质，易取整仁。出仁率65%以上，核仁含脂肪49.3%，蛋白质含量19.3%。仁脆味香。

在河北临城3月下旬萌芽，4月上旬雌花开放，4月中旬雄花散粉，雌先型品种，7月底至8月初果实成熟（比香玲早近30天），11月上旬落叶。

该品种抗逆、抗病和抗寒性均较强。适宜土层深厚的梯田、缓坡地或平地，最好有灌溉条件。

（二）香玲

由山东省果树研究所经人工杂交选育而成，杂交组合：上宋6号×阿克苏9号。1989年定名。主要在山东、河南、山西、陕西、河北等地栽培。属早实品种，中偏早熟。

树势较强，树姿直立，树冠呈半圆形，分枝力强。1年生枝呈黄绿色，节间较短。混合芽近圆球形，大而离生，芽座小。侧生混合芽比率81.7%。小叶5～7片。每雌花序多着生2朵雌花，坐果率60%左右。坚果近圆形，基部平圆，果顶微尖。纵径3.65厘米，横径3.17厘米，侧径3.53厘米。壳面刻沟浅，浅黄色，缝合线窄而平，结合紧密。壳厚0.9毫米左右。内褶壁退化，横隔膜膜质，易取整仁。核仁充实饱满，黄白色，核仁重6.9克，出仁率62%。仁脆味香。

在山东泰安地区3月下旬萌芽，4月10日左右为雄花期，4月20日左右为雌花期，雄先型。8月下旬坚果成熟，11月上旬落叶。

该品种丰产性强，大小年不明显。在土层薄、干旱地区及结果量大时，坚果较小。适合土壤肥沃的塬地、梯田栽植。

（三）西林3号

由原西北林学院（现西北农林科技大学）从早实核桃实生苗中选育而成。属早实优系，早熟。1986年参加全国早实核桃品种区试。

树势中等，树冠开张，呈自然开心形。分枝力高，侧芽结果率92%，每果枝平均坐果1.2个。奇数羽状复叶，小叶7～9片。每小花有雄蕊13～22枚。雌先型，雌花序顶生，2～3簇生。果实长椭圆形，表面光滑，浅绿色。坚果长圆形，取仁较易，三径平均4.4厘米，单果重13.3克，壳厚1.4毫米。核仁色浅至中色，仁重11.79克，出仁率61%。

在陕西杨凌4月上旬萌芽，4月下旬雌花盛开，雄花散粉为4月下旬至5月上旬，雌先型。8月下旬坚果成熟，10月下旬落叶。

该品种适应性强，果形大，早期丰产，但在水肥不足时易出现落花落果和坚果空粒现象。适宜西北、华北立地条件较好的平原地区栽植。

（四）绿波

由河南省林业科学研究院从该院的新疆核桃实生后代中，于1989年选育而成。属早实品种，中偏早熟。

树势强，树姿开张，分枝中等。1年生枝呈褐绿色，节间较短，果枝短，属短果枝型，常有二次梢。侧生混合芽比率80%。每雌花序着生2～5朵雌花，多为双果，坐果率69%左右。坚果卵圆形，果基圆，果顶尖。纵径4.0～4.3厘米，横径3.2～3.4厘米，侧径3.3～3.5厘米，单果重11～13克。壳面较光滑，缝合线较窄而凸，结合紧密。壳厚0.9～1.1毫米，内褶壁退化。核仁较饱满，浅黄色，核仁重6.1～7.8克，出仁率54%～59%。仁脆味香。

在河南3月下旬萌芽，4月上中旬雄花盛花期，4月中下旬雄花开始散粉，属雌先型品种。8月底坚果成熟，10月中旬落叶。

该品种长势旺，适应性强，抗果实病害，适宜华北黄土丘陵区栽植。

（五）绿香

由山东省林业科学研究院核桃课题组2002年从实生核桃中选育的鲜食型优良株系，2009年8月山东省林业局的科技成果鉴定定名为“绿香”。属早实品种，早熟。

树姿直立，树势强，树冠呈自然纺锤形或半圆形。枝干银白色，皮目小，结果枝长3.0～20.0厘米，粗0.5～1.0厘米；枝条新梢绿褐色，1年生枝灰褐色，结果母枝褐色。每结果枝3～7片复叶，每个复叶5～9片，多7片；小叶长卵形，长20.23厘米，宽10.9厘米；叶片浓绿色，叶尖微尖，叶缘光滑，叶脉14～17对；混合芽半圆形，柱头微红色；雄花序多，花序长12～15厘米。雌先型，果实黄绿色，倒卵圆形，青皮厚约0.58厘米，平均果重54.53克，青皮易脱落。坚果长圆形，缝合线微凸，结合紧密，壳厚0.9毫米左右，内褶壁退化，易取整仁，核仁充实饱满，乳黄色，核仁重8.14克，出仁率63.1%，味浓香。

在鲁中地区4月初萌芽，4月中旬雄花盛花期，8月下旬成熟。

该品种抗寒，综合性状优良，适合鲜食和仁用。适宜北方水肥条件优越的区域栽植。

（六）元林

由山东省林业科学研究院和泰安市绿园经济林果树研究所通过人工杂交育成，杂交组合：元丰×强特勒（父本）。2008年7月通过了国家林业局审查，授予植物新品种权。元林的母本为“元丰”核桃，父本为美国核桃强特勒，经杂交选育获得。属早实品种，中晚熟。

树姿直立或半开张，生长势强，树冠呈自然半圆形。多年生枝条呈红褐色，枝条皮目稀少，无茸毛，坐果率60%～70%。混合芽呈圆形，侧生混合芽率85%左右。小叶

7～9片。果实长椭圆形，黄绿色，果点较密。坚果长圆形，纵径4.25厘米，横径3.6厘米，侧径3.42厘米，单果重16.84克。核仁充实饱满，核仁重9.35克，出仁率55.42%。

在泰安地区4月初萌芽，4月中旬抽新梢，较同一块香玲晚5～7天，可避晚霜。9月中旬成熟，10月下旬落叶。

该品种有一定的避晚霜作用，适宜晚霜易发区，需在土层深厚、肥沃的立地条件下栽培。

（七）清香

晚实品种，由日本长野县清水直江从晚实核桃实生群体中选育，1958年在日本注册登记。1983年引入河北农业大学。2002年通过专家鉴定，2003年通过河北省林木良种审定委员会审定。属晚实品种，结果较其他品种早，中晚熟。

树体中等大小，树姿半开张，幼树期生长较旺，结果后树势稳定。枝条粗壮，芽体充实，嫁接亲和力高，成活率高，结果枝率60%以上，连年结果能力强。奇数羽状复叶，7～9枚。雄先型，每雄花序着生雄花100～180朵，每雄花内有雄蕊12～35枚，每雌花序有雌花1～3朵。嫁接苗栽植第4年见花初果，高接树第3年开花结果，坐果率85%以上，双果率80%以上。坚果近圆锥形，较大，坚果重16.9克，外形美观，缝合线紧密。壳厚1.2毫米，内隔膜退化，易取整仁。核仁饱满，色浅黄，出仁率52%～53%，蛋白质含量23.1%、粗脂肪含量65.8%、碳水化合物含量9.8%、维生素B_1含量0.5毫克、维生素B_2含量0.5毫克，风味脆香。

在河北保定地区4月初萌芽展叶，中旬雄花盛开，中下旬雌花盛期，雄先型。9月中旬成熟，11月上旬落叶。

该品种对炭疽病、黑斑病及干旱、干热风的抵御能力强，对土壤要求不严；果形大而美观，商品率高，适宜机械化采收、脱青皮、清洗及取仁，宜于鲜贮。可作为山区的主导品种大力推广。

（八）强特勒

美国主栽早实核桃品种，杂交组合：皮特罗（Pedro）×UC56-224。1984年由奚声珂引入中国。在辽宁、北京、河南、山东、陕西及山西等地有栽培。属早实品种，中晚熟。

树体中等大小，树势中庸，树姿较直立，小枝粗壮，节间中等。雄先型，侧生混合芽率90%以上。嫁接后2年开始结果，4～5年后形成雄花序，雄花较少。坚果长圆形，纵径5.4厘米，横径4.0厘米，侧径3.8厘米，单果重11克。壳厚1.5毫米，壳面光滑，缝合线平，结合紧密，取仁易，出仁率50%，核仁重6.3克。核仁色浅，品质极佳，风味香，是美国主要的带壳销售品种。

在陕西宜君县4月15日左右发芽，雄花期4月20日左右，属雌先型，雌花期5月上旬。9月中旬成熟（较清香早5～7天），11月上旬落叶。

该品种发芽晚，抗晚霜及黑斑病，在冷凉干旱区果实严重变小。适宜在温暖气候区有灌溉条件下栽植。

（九）鲁光

由山东省果树研究所经人工杂交选育而成，杂交组合：新疆卡卡孜×上宋6号。1989年定名。属早实品种，早熟。

树姿开张，树冠呈半圆形，树势中庸，分枝力较强。1年生枝呈绿褐色，节间较长。芽圆形，有芽座，侧生混合芽比率80.76%。小叶5～9片，叶片较厚。每雌花序多着生2朵雌花，坐果率65%左右。坚果长圆形，果基圆，果顶微尖。纵径4.24厘米，横径3.57厘米，侧径3.53厘米。壳面刻沟浅，光滑美观，浅黄色，缝合线窄平，结合紧密。壳厚0.95毫米。内褶壁退化，横隔膜膜质，易取整仁。核仁充实饱满，黄白色，核仁重8.1克，出仁率58%。

在山东泰安地区3月下旬萌动，雄花期4月中旬，雌花期4月中下旬，雄先型。8月下旬坚果成熟，10月下旬落叶。

该品种丰产性强。适宜塬地、山地梯田、四旁（地埂）栽植及平地建园。

（十）温185核桃

由新疆林科院从温宿县木本粮油林场核桃“卡卡孜”子一代中选育，“七五”期间参加全国早实核桃品种区试，1989年通过原林业部鉴定。属早实品种，早熟。

树势强，树姿较开张。枝条粗壮，发枝力极强，当年生枝条深绿色，具二次枝生长枝，叶大，深绿色，3～7片小叶组成复叶，有畸形单叶。混合芽大而饱满，雌雄花芽比为1∶0.7，无芽座，具二次枝及二次雄花。结果母枝较粗壮，平均抽生4～5个枝，结果枝率100%，其中短果枝率69.2%，中果枝率30.8%，果枝平均长4.85㎝，果枝平均坐果2.17个，其中单果占31.5%，双果占31.5%，三果占29.6%，四果占7.4%。坚果圆形，果基圆，果尖渐尖，似桃形，平均单果重12.84克，纵径4.7厘米，横径3.7厘米，侧径3.7厘米。壳面光滑美观，淡黄色，缝合线平，结合较紧密，壳厚0.8毫米。内褶壁退化，横隔膜膜质，易取整仁。果仁充实饱满，色浅，味香，仁重10.4克，出仁率65.9%，含脂肪68.3%。

在新疆阿克苏地区4月上旬萌动，雌花期4月中旬至5月上旬，比雄花散粉早6～7天，有二次雄花，雌先型。8月下旬坚果成熟，11月上旬落叶。

本品种早果连续丰产性强，品质优良，抗寒、抗病、耐旱。生产中常因结果多，坚果变小，产生漏仁现象，修剪强度宜重，且疏花疏果。适宜交通便利、水肥条件优越的缓坡地、平地栽植。

（十一）中林5号

由中国林科院林业研究所经人工杂交选育而成，杂交组合：涧9-11-12×涧9-11-15。1989年定名，已在河北、山西、陕西等地大量栽培。

树势中庸，树姿较开张。树冠长椭圆形至圆形，分枝力强，枝条节间短而粗，短果枝结果为主。侧芽形成混合芽率约为98%。雌先型，每雌花序着生2朵雌花，果枝平均坐果1.64个。坚果圆形，果基平，果顶平。纵径4.0厘米，横径3.6厘米，侧径3.8厘米，单果重13.3克。壳面光滑，色浅，缝合线较窄而平，结合紧密。壳厚1.0毫米，内褶壁膜质，可取整仁。核仁充实饱满，纹理中色，核仁重7.8克，出仁率58%。

在北京地区4月中旬发芽，4月下旬雌花盛开，5月初雄花散粉，雌先型。8月初果实成熟，10月末或11月初落叶。

该品种宜在立地条件较好地块栽植。

（十二）中核4号

由中国农业科学院郑州果树研究所从新疆阿克苏地区温宿县收集的核桃优株资源中选育，2014年3月通过河南省林木品种审定委员会审定，定名为“中核4号”。属早实品种，早熟。

树冠长椭圆形，树姿开张。1年生枝条灰绿色，多年生树干灰褐色，皮目小且稀。先端叶片较大，长卵圆形，平均长17.8厘米，宽12.1厘米，浓绿，小叶5～9片，长椭圆形。母枝分枝力中等，平均着生果枝2.59个；结果枝平均长6.8厘米，粗0.69厘米，节间长2.2厘米，每果枝平均坐果2.8个，以短果枝结果为主，单枝结果以双果为主，大小年现象不明显。苗木定植后第4年，单株平均结果302个，株产干果2.3公斤。果实近圆形，果壳极薄，浅黄色，壳厚0.3毫米。坚果平均重7.6克，内褶壁膜质，横隔膜膜质，易取整仁。出仁率92.1%，核仁饱满，淡黄色，无斑点，纹理不明显，香而不涩。

在河南省济源市3月下旬萌芽，4月13日至月底雌花盛开，4月25～27日为雄花盛期，雌先型，雄花量大。8月20日成熟，11月下旬落叶，生育期240天。

该品种对黑斑病和冬季寒冷有较强抗性，适宜北方城郊立地条件优越的地块栽植。

二、加工品种

适宜加工的品种要求个大壳薄、种仁饱满、易取全仁、口感香脆，能进行粗加工和深加工，以坚果、仁、乳、露及功能食品等形式进入市场。目前推广的大宗核桃品种都具备这些条件，总体要求商品率高。从有利于省力化栽培和商品化处理的角度，建议从以下12个品种中优选。

（一）辽宁1号

由辽宁省经济林研究所经人工杂交培育而成，杂交组合：河北昌黎大薄皮核桃10103优株×新疆纸皮11001优株。1980年定名。已在辽宁、河南、河北、陕西、山西、北京、山东、湖北等地大面积栽培。

树势强，树姿直立或半开张，分枝力强，枝条粗壮密集。1年生枝常呈灰褐色，果枝短，属短枝型。顶芽呈阔三角形或圆形，侧芽形成混合芽能力超过90%。小叶5～7片，顶叶较大。每雌花序着生2～3朵雌花，多双果，坐果率60%。坚果圆形，果基平或圆，果顶略呈肩形。纵径3.5厘米，横径3.4厘米，侧径3.5厘米。壳面较光滑，色浅，缝合线微隆起，结合紧密。壳厚0.9毫米左右，内褶壁退化，核仁充实饱满，黄白色，核仁重5.6克，出仁率59.6%。

在辽宁大连地区4月中旬萌动，5月上旬雄花散粉，5月中旬雌花盛期，雄先型。9月下旬坚果成熟，11月上旬落叶。

该品种连续丰产性强，比较耐寒、耐干旱、抗病性强。适宜土壤条件较好的渭北塬地、梯田及平地建园。

（二）辽宁2号

由辽宁省经济林研究所经人工杂交培育而成，杂交组合：河北昌黎大薄皮核桃10104优株×新疆纸皮11001优株。1980年定名。已在辽宁、河南、河北、陕西、山西、北京、山东、湖北等地大面积栽培。

树势强，树姿半开张，分枝力强，枝条粗壮，树冠紧凑，较矮化。1年生枝常呈紫褐色，果枝短，属短枝型。顶芽呈阔三角形或圆形，侧芽形成混合芽能力超过95%。小叶5～7片，比一般品种大。每雌花序着生2～4朵雌花，双果或三果较多，坐果率80%。坚果圆形或扁圆形，果基平，果顶肩形。纵径3.6厘米，横径3.5厘米，侧径3.6厘米。壳面光滑，色浅，缝合线平或微隆起，结合紧密。壳厚1.0毫米左右，内褶壁膜质或退化，核仁充实饱满，黄白色，核仁重7.4克，出仁率58.7%。

在辽宁大连地区4月中旬萌动，5月上旬雄花散粉，5月中旬雌花盛期，雄先型。9月下旬坚果成熟，11月上旬落叶。

该品种连续丰产性强，比较耐寒、耐干旱、抗病性强。适宜土壤条件较好的渭北塬地、梯田及平地建园。

（三）辽宁4号

由辽宁省经济林研究所人工杂交选育而成，杂交组合：辽宁朝阳大麻核桃×新疆纸皮11001优株。1990年定名，已在辽宁、河南、河北、山西、陕西等地大量栽培。

树势中庸，直立或半开张，树冠圆头形，分枝力强。1年生枝常呈绿褐色，枝条多而较细，属中短枝型。芽呈三角形，侧芽形成混合芽能力超过90%。小叶5～7片，少有9片，叶片较小。雄先型。每雌花序着生2～3朵雌花，坐果2～3个，多双果，坐果率75%。雄先型，晚熟品种。坚果圆形，果基圆，果顶圆并微尖。纵径3.4厘米，横径3.4厘米，侧径3.3厘米。壳面光滑，色浅，缝合线平或微隆起，结合紧密。壳厚0.9毫米，内褶壁膜质或退化，核仁充实饱满，黄白色，核仁重6.8克，出仁率59.7%，风味好，品质极佳。

在辽宁大连地区4月中旬萌动，5月上旬雄花散粉，5月中旬雌花盛期，雄先型。9月下旬坚果成熟，11月上旬落叶。

该品种连续丰产性强，比较耐寒、耐干旱、抗病性强。适宜土壤条件较好的渭北塬地、梯田及平地建园。

（四）辽宁7号

由辽宁省经济林研究所通过人工杂交育成，杂交组合：新疆纸皮核桃实生后代21102优株×辽宁朝阳大麻核桃。1995年通过省级鉴定，1998年被列入国家推广品种。

树势强壮，树姿开张或半开张，分枝力强。1年生枝常呈绿褐色，中短果枝较多，属中短枝型。芽呈三角形或阔三角形，侧芽形成混合芽能力超过90%。小叶5～7片，少有9片。雄先型。每雌花序着生2～3朵雌花，多双果，坐果率60%左右。坚果圆形，果基圆，果顶圆。纵径3.5厘米，横径3.3厘米，侧径3.5厘米。壳面极光滑，色浅，缝线窄而平，结合紧密。壳厚0.9毫米，内褶壁膜质或退化，横隔退化，核仁重6.7克，出仁率62.6%。核仁充实饱满，黄白色，风味佳。

在辽宁大连地区4月中旬萌动，5月上旬雄花散粉，5月中旬雌花盛期，雄先型。9月下旬坚果成熟，11月上旬落叶。

该品种连续丰产性强，抗病（尤其抗细菌性黑斑病），抗寒，坚果品质优良。对土壤和环境条件适应性强，适合在具有一定灌溉条件的平地、缓坡地栽植。

（五）维纳

美国主栽早实核桃品种，杂交组合：福兰克蒂（Franquette）×培尼（Payne）。1984年由奚声珂引入中国。在辽宁、北京、河南、山东、陕西等地有栽培。

树体中等大小，树势强，树姿较直立。每雌花序着生2朵雌花，雄花数量较少。雄先型，侧芽形成混合芽率80%以上。坚果圆锥形，果基平，果顶渐尖，单果重11克。壳厚1.4毫米，壳面光滑，缝合线略宽而平，结合紧密。取仁易，出仁率50%，核仁色浅。

在北京地区4月中下旬发芽，4月22～26日雄花散粉，4月26～30日雌花期，雄先型。9月上旬果实成熟，11月上旬落叶。

该品种抗寒性强于其他美国品种，发芽晚（比北方品种晚10天左右），有避晚霜作用，对核桃举肢蛾、黑斑有一定抗性，早期丰产。适宜在晚霜易发区栽植。

（六）中林3号

由中国林科院林业研究所经人工杂交选育而成，杂交组合：涧9-9-15×汾阳穗状核桃。1989年定名，已在河南、山西、陕西等地大量栽培。

树势较强，树姿半开张，分枝力较强，雌先型，侧花芽率为50%以上，幼树2～3年开始结果。枝条成熟后呈褐色，粗壮。坚果椭圆形。纵径4.15厘米，横径3.42厘米，侧径3.4厘米。壳浅黄色，较光滑，在靠近缝合线处有麻点，缝合线窄而凸起，结合紧密，壳厚1.2毫米，内褶壁退化，横隔膜膜质，易取整仁。核仁充实饱满，仁色浅，核仁重7.3克，出仁率60%左右。

在北京地区4月中旬发芽，4月下旬雌花盛开，5月初雄花散粉，雌先型。9月初果实成熟，10月末落叶。

该品种适应性强，品质较佳，树势较旺，生长快，可作农田防护林的林果兼用树种。

（七）宜核一号

由宜君县核桃产业办公室从棋盘镇徐春仁核桃园选育，属辽核3号的芽变品种，2006年年初定名。2007年送“十一五”“十二五”全国核桃科研协作组，分别在北京房山、山西汾阳、陕西商洛及四川南江等地进行品种区域试验。2009年荣获中国第二届核桃大会金奖。

树势旺，树冠圆头形，分枝力强，丰产稳产。雄先型，晚熟品种。侧生混合花芽率90%，每果枝平均坐果2.5个，丰产性强，8年生平均株产6.9公斤，最高达9.0公斤，大小年不明显。坚果圆形，果基圆，果顶圆并微尖。三径平均3.8厘米，坚果重11.8克。壳面光滑美观，缝合线微隆起，结合紧密，壳厚1.1毫米。内褶壁膜质或退化，可取整仁。核仁充实饱满，黄白色，出仁率62.7%。风味佳，品质极佳。

在陕西省宜君县4月上旬发芽，雄花期在4月中下旬，雌花期在4月底至5月初。9月中旬成熟，10月上旬落叶。

该品种果枝率和坐果率高，连续丰产性强；坚果品质优良，商品率高；适应性强，抗病性一般。适宜在我国北方核桃栽培区发展，要求水肥条件良好。

（八）西扶1号

原西北林学院（现西北农林科技大学）从扶风隔年核桃实生后代中选育。1989年通过林业部（现国家林业和草原局）鉴定。

树势旺盛，树姿较开张，呈自然圆头形。无性系栽植后第2年开始挂果，枝条粗壮，分枝力1∶2.22个，侧花结果率85%，果枝平均坐果1.73个。奇数羽状复叶。雄先型，每小花有雄蕊13～25枚。雌花序顶生，2～5簇生。果实椭圆形，表面光滑。坚果壳面较光滑，缝合线微隆起，结合紧密，单果重10.3克，三径平均3.2厘米，壳厚1毫米，出仁率56.21%，核仁色浅。

在陕西关中地区3月底至4月初萌芽，4月下旬雄花散粉，5月初雌花盛开。9月中旬坚果成熟，10月下旬落叶。

该品种适应性强，耐旱，丰产。适宜水肥条件优越的塬地、梯田建园。

（九）陕核1号

由陕西省果树研究所从扶风隔年核桃的实生后代中选育而成。“七五”期间参加全国早实核桃品种区试，1989年通过原林业部（现国家林业和草原局）鉴定。

树势较旺，树姿开张，枝条粗壮，分枝力强，中短枝结果为主，枝条密，分枝角度较大。第2年开始结果，侧花芽结果率47%，每果枝平均坐果1.4个。小叶7～9片，顶叶较小。每小花有雄蕊13～32枚。雌先型，雌花序着生2～5朵雌花。坚果近卵圆形，果顶和果基圆形，三径平均3.4厘米，单果重11.7～12.6克。壳面光滑美观，麻点稀而少，壳厚1毫米左右，可取整仁或半仁。核仁饱满，色浅，仁味油香，出仁率61.84%。

在陕西关中地区4月上旬萌芽，4月中旬雌花盛开，下旬雄花散粉，雌先型。9月中旬坚果成熟，10月中旬落叶。

该品种适应性强，抗旱、抗寒、抗病力强。适宜土壤条件较好的丘陵、塬地栽植。

（十）秋香

由山东省果树研究所从美国核桃品种泰勒的实生后代中选育。2015年12月通过山东省林木品种审定委员会审定并命名。

树势健壮，树姿开张，分枝力较强。嫁接苗定植后，第1年开花，第2年开始结果，坐果率为85%以上。侧花芽率79.6%，多双果和三果。果圆形，纵径4.92厘米，横径4.28厘米，皮厚3.7毫米。坚果圆形，单果质量12.6克，壳面光滑，缝合线平，结合紧密，壳厚1.0～1.1 毫米，横隔膜膜质或退化，易取整仁，核仁浅黄色，出仁率62.3%，蛋白质含量22.3%，脂肪含量63.6%，味浓香，综合品质优良。

在山东泰安地区4月中上旬发芽，雌花期在5月上旬，较香玲晚2周左右，可有效避开早春晚霜危害。果实9月上旬成熟，11月上旬落叶。

该品种抗炭疽病和细菌性黑斑病，避晚霜。适宜晚霜多发区域的水肥条件优越、土层深厚肥沃的缓坡地或平地栽植。

（十一）寒丰

由辽宁省经济林研究所通过人工杂交育成，杂交组合：新疆纸皮核桃×日本心形核桃。1992定名。2006年11月通过辽宁省林木品种审定委员会审定。

树势强，树姿直立或半开张，分枝力强。1年生枝呈绿褐色，枝条密集，以中短果枝为多，属中短枝型。芽呈圆形或阔三角形，侧芽形成混合芽能力超过92%。小叶5～9片。雄先型。每雌花序着生2～3朵雌花，多双果，在不授粉的情况下坐果率60%以上，具有较强的孤雌生殖能力。坚果长阔圆形，果基圆，果顶微尖。纵径4.0厘米，横径3.6厘米，侧径3.厘米。壳面光滑，色浅，缝线窄而平或微隆起，结合紧密。壳厚1.2毫米，内褶壁膜质或退化，核仁充实饱满，黄白色，核仁重7.3克，出仁率54.5%。

在辽宁大连地区4月中旬萌动，5月中旬雄花散粉，雄先型。雌花盛期最迟可延长至5月末，比一般雌先型品种晚20～25天。9月下旬坚果成熟，10月下旬或11月上旬落叶。

该品种抗春寒，适宜晚霜频发地区土层深厚肥沃的地块栽植。

（十二）新新2号

由新疆林科院1979年从新和县依西力克乡吾宗卡其村实生群体中选育而成。1990年定名。

树势旺盛，树冠紧凑，发枝力强。小枝较细长，绿褐色，具二次生长枝；叶片较小，深绿色，复叶3～7片，具畸形单叶；单芽或复芽，雌雄花芽比1∶1.29，混合芽大而饱满；结果母枝平均分枝1.95个，结果果枝率100%，果枝平均长5.13厘米，其中短果枝率12.5%，中果枝率58.3%，长果枝率29.2%；果枝平均坐果1.87个，其中单果率26.4%，双果率48.6%，三果率22.2%，多果率2.8%。坚果长圆形，果基圆，果顶稍小、平或稍圆，纵径4.4厘米，横径3.3厘米，侧径3.6厘米，单果重11.63克，壳面光滑，缝合线窄而平，结合紧密，壳厚1.2毫米，内褶壁退化，横隔膜中等，易取整仁，果仁饱满，色浅，味香，仁重6.2克，出仁率54%，脂肪率65.3%。

在新疆阿克苏地区4月上旬萌动，花期4月中旬至5月初，雄花比雌花先开10天左右，有二次雄花，雄先型。9月上中旬坚果成熟，10月下旬落叶。

该品种适应性强，产量高而稳，抗病力强。适宜土壤条件较好的丘陵、塬地栽植。

三、特异品种

特异品种是指该品种含有特殊的功能成分、特别的功效及特殊的品质，并且能够在子代遗传和保持。《中国核桃种质资源》收集了国内7个特异核桃种质资源，均为晚实类群，需要进行杂交试验、选育。目前除“红仁核桃”外，还没有选育审定的其他特异栽培品种。

红仁核桃由美国加利福尼亚大学1978年用霍华德与法国品种（RA1088）杂交育成 。2015年3月，商洛盛大实业股份有限公司从美国加利福尼亚州引进。2018年12月通过陕西省林木品种审定委员会审定，定名为“红仁核桃”。因其资源稀有奇缺，种皮鲜红，营养价值高，备受用户的青睐。

经上海复旦大学复昕化学分析技术中心检测表明，红仁核桃核仁种皮中的花色苷和鞣花酸含量是“香玲”和“西洛3号”的6～9倍。据《肿瘤研究》等相关文献报道，花色苷对于老年痴呆症、抗糖尿病、保护血管、预防高血压、抗肿瘤具有良好的预防和治疗作用。鞣花单宁对于化学物质诱导癌变及其他多种癌变有明显的抑制作用，还对延缓皮肤衰老，凝血止血和防止细菌感染，抑制溃疡等有众多功能。

树姿直立或半开张，树干呈半圆形。树势强、健壮，生长量大。树干光滑，灰白色，1年生枝条绿褐色，无茸毛。发枝率强，枝条密集。叶色浓绿色，复叶小叶5～9片，全缘，叶长10.5厘米，宽5.8厘米。混合芽圆形，饱满肥大，雄花序长9.5厘米。与对照品种“香玲”和“西洛3号”比较，具有树势强旺，生长量较大，叶色浓绿等特性。属于雄先型品种，雌雄花期相差3～5天。嫁接苗栽植或高接后当年就有个别树开花，第2年即可结果，第3～4年大量结果。平均结果枝率达83.1%，侧芽结果率83.4%，每果枝平均结果1.46个，平均株产1.08公斤，表现出明显的早实品种的特点。坚果卵圆形，果面较光滑，中等大小，平均三径3.44厘米，果重12.75克，果壳厚度1.28毫米，取仁极易，横隔膜膜质，内褶壁不发达，出仁率53.59%。核仁种皮鲜红色，种仁饱满，仁味酥脆油香。干果重分别比“香玲”和“西洛3号”高出2.37克和2.25克，出仁率分别比“香玲”和“西洛3号”高出2.25%和0.42%，其他如壳厚度、果面美观程度、取仁难易、仁味等性状与“香玲”和“西洛3号”相近。

在陕西洛南萌芽期为4月10日，展叶期为4月16日，雌、雄花盛开期为4月19～23日，果实膨大期为6月20～30日，果实硬核期为7月18～31日，果实成熟期为9月21日，落叶期为10月底。萌芽期比“香玲”和“西洛3号”分别晚8天和12天；果实成熟期分别比“香玲”和“西洛3号”晚12天和18天，其他物候期相差3～9天。红仁核桃物候期晚，对于北方核桃产区早春低温、晚霜有一定规避作用。

该品种发芽较晚，品质特异，耐寒，对黑斑病和溃疡病有较强的抵抗能力。适宜北方晚霜频发区域的水肥条件优越的地块栽植。

第二节　商品化苗木繁育

品种纯正的壮苗是核桃园商品化生产的基础条件。

一、砧木苗培育

砧木是果树嫁接繁殖时承受接穗的植株，是嫁接苗的基础，它嫁接亲和性好，苗木寿命长，培植容易。核桃砧木要求生育健壮，根系发达，适应当地环境条件，具有一定抗性（如抗寒、抗旱、抗盐碱、抗病虫能力强），与接穗具有较强的亲和力。砧木质量直接影响嫁接成活率及建园后的经济效益。核桃砧木苗有实生本砧苗和无性系高抗砧木苗两个类型。

（一）本砧苗培育

本砧苗是指利用核桃种子繁育而成的实生苗，是培育嫁接苗的主体。在生产中，应选普通核桃作种子培育砧木。由于核桃楸（即山核桃）嫁接后期不亲和现象严重，故核桃楸、山核桃、麻核桃不宜作砧木。

1.采种与贮藏

（1）采种

作种子的核桃应从生长健壮、无病虫害、种仁饱满的中龄树（30～50年生）上采集。要求充分成熟，在至少30%以上青果皮开裂时，用木杆敲打，堆沤法脱皮，清水漂洗，晾晒。作种子的核桃不宜放在水泥地、石板或铁板上曝晒，以免影响其生活力。烘干的核桃不能用于育苗。

（2）贮藏

春播种子贮藏有干藏和沙藏两种方法。

①干藏。

将脱去青皮的核桃放在干燥通风的地方阴干，晾至其隔膜一折即断，种皮与种仁不易分离，种仁颜色内外一致时贮藏。一般将干燥种子装入麻袋内，置于通风、阴凉的室内，经常检查，防鼠防潮。

②沙藏。

春播的种子最好沙藏。即选择排水良好、背风向阳、无鼠害的地方，挖深0.7～1米，宽1～1.5米，长度根据贮藏量而定。先将精选种子浸泡2～3天。在坑底铺一层湿沙（手握成团不滴水），厚约10厘米。其上放一层核桃，然后用湿沙填满空隙，依次分层铺放，直至坑口20厘米处，再用湿沙覆盖与坑口取平，上面用土培成脊形，同时于贮藏沟四周开出排水沟，以免积水浸入坑内，造成种子霉烂。坑长超过2米时，每隔1米竖一草把直到坑底，以利坑内空气流通。坑上铺土厚度可依据当地气温高低而定，气温高可浅些，气温低可深些，还可盖玉米秆。早春，应注意检查坑内种子状况，勿使霉烂，当有50%开口“露白”时，即可播种。

2.苗圃地选择与整地

（1）苗圃地选择

苗圃地应满足背风向阳、地势平坦、土壤肥沃、土质疏松、排水良好，有灌溉条件，交通便利。切忌选用撂荒地、盐碱地、胶泥地、死板地、地下水位浅（距地表2米以内）以及重茬地作苗圃。

（2）整地

苗圃地最好于秋季深翻，覆草烧地表，搁置。播前，撒施农家肥，每667平方米500～1000千克，再用机械旋耙，整畦做床，床宽100厘米，床面喷0.2%硫酸铜液消毒。缺水地区，根据地块走向做垄，覆盖地膜，四周用土压实。地膜宽60厘米，垄间距40厘米。

3.播前种子处理

秋播种子不需任何处理，可直接播种。经沙藏的种子，播前可用清水冲洗1遍，即可播种。未经沙藏的干种子先用0.5%高锰酸钾溶液浸泡3～5分钟后，采用以下几种催芽方法。

（1）冷水浸种法

用冷水浸泡7～10天，每天换水1次，或将盛有核桃种子的麻袋放在流水中，使其吸水膨胀裂口，即可播种。

（2）冷浸日晒法

将冷水浸泡3～5天的种子置于阳光下曝晒，待大部分种子裂口时，即可播种。

（3）温水浸种法

将种子放在80℃温水缸中，然后搅拌，使其自然降至常温后，浸泡8～10天，每天换水，种子膨胀裂口后，捞出播种。

（4）开水浸种法

当时间紧迫时，将干种子放入缸内，然后倒入种子量1.5～2倍的沸水中边倒边搅拌，2～3分钟后捞出播种。也可搅到水温不烫手时捞出，倒入净水中，浸泡一昼夜，再捞出播种。此法可杀死种子表面的病原菌。多用于中厚壳核桃种子，薄壳种子不宜用开水浸种。

4.播种

（1）播种时间

可分为秋播和春播。秋播宜在土壤结冻前进行（一般在10月下旬至11月下旬）。秋播不宜过早或过晚，过早气温高，种子在湿土中易发芽或霉烂，且易受牲畜、鸟兽、鼠盗食；过晚播土壤结冻，操作困难。秋播的优点是不必进行种子处理，春季出苗整齐，苗木生长健壮。渭北地区秋播可以在9月中下旬核桃采收后带青皮播种。也可将青皮剥去，用0.3%～0.5%高锰酸钾溶液消毒后播种。播种时，土壤含水量以50%～60%为宜，不可太湿，否则易发霉。

春播宜在土壤解冻后进行。渭北地区宜在3月下旬至4月初播种。春播的缺点是播期短，田间作业紧迫。若延迟播种则气候干燥，蒸发量大，不易保持土壤湿度，同时生长期短，生长量小，会降低苗木质量。

（2）播种方法

核桃属大粒种子，应点播。作业时，配置文武行，文行宽50厘米，武行宽30厘米，株距10～15厘米。起垄覆膜的，需用4～5厘米宽的小铲，在覆膜距边缘15厘米处打孔，深度不小于15厘米，孔间距15～20厘米，行距30厘米，将处理好的种子摁入孔内。播种时种子的放置方法是缝合线与地面垂直，种尖向一侧（见图2-1），这样出苗最好。播后覆土10～15厘米，稍作镇压。有条件的地方春季播前先开沟灌1次透水，待水下渗后进行播种。

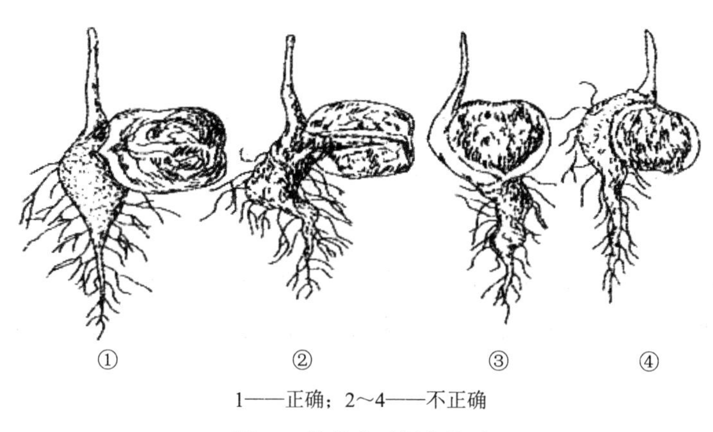

1——正确；2～4——不正确

图2-1　核桃种子摆放位置

5.播种量

秋播青皮，每667平方米用种400～500千克。春播干核桃，大粒需100千克/667平方米，小粒种子需60千克/667平方米。每667平方米产苗5000～8000株。

（二）无性系砧木苗培育

核桃无性系砧木是中国林业科学研究院林业研究所从核桃（*Juglans regia*）和北加州黑核桃（*Juglans hindsii*）、魁核桃（*Juglans major*）的杂交后代中选育的中宁强、中宁盛、中宁奇、中宁异4个品种（详见附录一）的扦插苗，具有主根不发达，侧根非常发达，至少50多个，是实生本砧的2倍多，在抗寒性、抗旱性、抗病虫能力（如根腐病）方面强于本砧苗。科研试验结果表明：该4个品种砧木对同一核桃品种“宁优”的嫁接亲和性与核桃本砧组合无显著差异，该砧穗组合在地上部和地下部生物量、生长量等特征指标上显著或极显著高于本砧组合，该砧穗组合的光合性能显著高于本砧组合。中国林业科学研究院林业研究所在商洛盛大实业股份有限公司的基地开展高抗砧木（中宁强、中宁盛、中宁奇、中宁异的扦插苗）嫁接红仁核桃试验，研究核桃无病毒繁育技术，有望实现高抗砧木和抗逆性强高品质品种的完美组合，为核桃高质量发展探索新途径。

由于核桃扦插育苗技术是中国林业科学研究院林业研究所的发明专利，书中不涉及有关内容。生产中若需该4个品种扦插苗，可与林科院林研所授权的生产单位联系。

（三）苗期管理

1.本砧苗管理

核桃播种后20天左右开始出苗，40天左右出齐。要培育健壮的砧木苗，必须加强苗期的田间管理工作。

（1）补苗

当苗木大量出土时，应及时检查，若发现缺苗严重，应及时补苗，以保证单位面积的成苗数量。补苗用水浸催芽的种子，重新点播。

（2）追肥

当苗出齐后，并追施沼液或腐熟的人粪尿（液体），也可结合浇水施尿素。7～8月喷施2次0.5%～1%的草木灰清液或磷酸二氢钾溶液壮干，促进苗木木质化，增强越冬抗寒能力。

（3）中耕除草

及时中耕，可以抑制杂草，疏松表土，减少蒸发，可以防止地表板结，促进气体交换，提高土壤中有效养分的利用率，给土壤微生物活动创造有利条件。幼苗期，中耕深度为2～4厘米，后期可逐步深到8～10厘米，中耕次数可视具体情况进行2～4次。

（4）断根

在夏季对砧木苗断根。核桃为深根性树种，1～2年生树主根垂直生长很快，地上部分生长缓慢。1年生核桃主根占总重的88%左右，主根垂直长度为干高的5倍；2年生核桃主根占根重的57%左右，主根垂直长度为干高的2倍。而侧根生长相对较弱，致使起苗困难，且移栽后成活率低，缓苗期长，育苗时切断主根可促进侧根发育，提高苗木质量，从而提高栽植成活率。方法：用断根铲，在距苗根部20厘米的一侧行间开沟，深15厘米左右，再用铲向下斜插沟底内侧，将苗木主根切断。

（5）防日灼

幼苗出土后，如遇高温曝晒，其幼茎先端往往容易焦枯，即日灼，俗称“烧芽”。为了防止日灼，除注意播前的整地质量外，播后可在地面上覆草或麦糠，以降低地表温度，减缓蒸发，增强苗木长势。

（6）防控病虫害

核桃苗木的病害主要有黑斑病、炭疽病、白粉病等。防控方法：播前进行土壤消毒和深翻，在发病前每10～15天喷200倍波尔多液。虫害主要有刺蛾、潜叶蛾、金龟子等，最有效的办法是在苗圃养鸡、养鸭，鸡鸭食幼虫或虫卵，降低虫口密度（具体技术详见有害生物防控技术）。

（7）秋施基肥

在落叶前，顺行开沟深20～30厘米，施人粪尿、沼液及牛羊粪，每667平方米用量1000～1500千克，为来年快速生长奠定基础。

（8）越冬防寒

北方易发生冻害的地区，在11月中旬将苗木就地弯倒，然后用土埋梢即可。

2.无性系砧木苗管理

苗圃选择、整地与本砧苗相同。主要涉及无性系砧木苗的定植，机械开挖定植沟，沟宽、深要求各40厘米，将搅拌均匀的表土与腐熟的农家肥填入沟内（10厘米左右），再填表土6厘米左右，将苗木按株距20厘米，沿沟两侧定植，即一沟双行。沟间距50～60厘米。田间管理与本砧苗相同。注意，定植苗木时不能施速效氮肥，成活后可适当喷施尿素和磷酸二氢钾混合液。

二、嫁接苗培育

（一）良种选择

如果说“一粒种子可以改变世界”，那么一个“对路”的核桃优良品种能使果农终身致富。核桃优良品种应具备丰产性、稳产性 、坚果质量好、商品性强、抗逆性强等特点。但优良品种不是绝对的，有一定的区域性。某个品种在甲地优质丰产，在乙地不一定适宜。目前通过省级、国家级鉴定的核桃品种分早实和晚实两个类型。早实核桃一般结果早、丰产性强，嫁接后2～3年即可挂果，早期产量高，适于密植，但有的品种抗病性、抗逆性较差，适宜在肥水充足、管理良好的条件下栽培。晚实品种早期丰产性相对较差，嫁接后3～4年挂果，但树势强壮，经济寿命长，较耐干旱，可在立地条件较差，管理粗放的地方栽植，具体每个品种的特性参考品种介绍部分。因此，在生产中，要根据当地的环境条件和品种的特性等因素综合考虑品种，做到适地适树，务必先经过引种试验确定适宜本地的主栽品种，再走品种化道路。

苗木生产者应根据当地或委托者的需要，选择优良品种，培育嫁接苗。所选品种必须是省级或国家林木良种委员会审定或认定的，属当地主栽品种，而且来源清楚，纯度高。如：陕南秦巴山区宜选香玲、辽核1号、辽核4号、中林3号等品种，渭北地区宜选香玲、清香、元林等。

（二）砧木的选择与处理

春季土壤解冻后至萌芽期，对砧木苗进行施肥、中耕及喷施石硫合剂。有灌溉条件的地方，应浇1次透墒水。如果选用双嫩枝嫁接和芽接的，砧木应在萌芽前平茬，及时抹芽、中耕、施肥、浇水，促发旺枝。

（三）接穗采集与处理

1.采集

选择专业采穗圃或品种清楚、生长健壮、无病虫害，处于结果期的丰产园采集接穗。硬枝穗条要求直径（即粗度）大于1.2厘米，木质化程度较好，接芽成熟饱满，要求在发芽前1个月采集，贮藏、运输（详见品种纯化部分）。嫩枝穗条要求是半木质化的当年生发育枝，要在生长期采集，随采随用，一般不超过7天。

2.接穗的处理

主要是剪截。一般需要在嫁接前进行。苗木嫁接时，枝段要求有1～2个饱满芽，长3～5厘米。一般来说，若接穗梢头木质疏松、髓心大，不充实，芽体虽大但质量差，不宜用作接穗。

（四）嫁接

1.嫁接方式

根据嫁接时期和使用接穗的木质化程度，将核桃苗嫁接方式分为硬枝嫁接、绿枝嫁接及芽接。

（1）硬枝嫁接

硬枝嫁接是指砧木和接穗均为硬枝。嫁接时期以萌芽初期为佳，陕南和关中地区3月下旬至4月上旬嫁接，渭北地区4月中、下旬嫁接，要求气温稳定在10℃以上。方法采用单芽劈接、双舌接、切接或木质芽接，砧木地径要求0.8厘米以上，且无病斑和机械损伤。

（2）绿枝嫁接

绿枝嫁接是指接穗为当年生半木质化的发育枝，也称嫩枝嫁接。如果砧木也为嫩枝，则称为双嫩枝嫁接。实践证明，双嫩枝嫁接成活率高于嫩枝嫁接，且生长发育快。嫁接时间为苗木速生期停止前，陕南和关中地区5月下旬至6月上旬嫁接，渭北地区6月中、下旬嫁接，要求气温低于32℃；气温过高时，应避开当天高温期，在早晚嫁接（即9：00前，17：00后）。采用双嫩枝嫁接，接前除施肥、中耕、浇透水外，萌芽期务必将砧木平茬（高度不高于10厘米），及时抹除无效芽。方法采用单芽劈接、双舌接及切接，砧木要求与硬枝嫁接相同。

（3）芽接

传统的核桃芽接采用工字形芽接和方块芽接，但此两种方法操作较烦琐，果农难掌握。作者发明了改良方块芽接，操作简便，成活率高。嫁接时间与绿枝嫁接基本一致。砧木1～3年均可，地径0.6厘米以上。

2.嫁接方法

（1）单芽劈接

①技术特点。

嫁接时，用嫁接刀在砧木剪口上面垂直劈入，将接穗插入劈口中。核桃苗的劈接与其他果树的区别在于，要求砧木和接穗粗细基本一致，接穗保留1～2个芽。砧木和接穗韧皮部两侧均对齐，接穗下端有一定厚度，包扎后下部始终有缝隙，可疏导伤流，有效避免了嫁接部位伤流的累积和浸泡，有利于成活。劈接苗木接口牢固，成活后不易被风吹折，嫁接部位愈合好，且苗干通直。在砧木萌芽至展叶期均可劈接，嫁接时间较长。夏季也可嫩枝单芽劈接。

②操作要领。

选用1～4年生，地径0.8厘米以上的砧木，于地面上20厘米处剪断砧木，用刀在砧木横截面中间垂直劈入，深约5厘米。将接穗两侧各削长5～6厘米、下端厚0.2厘米左右的对称斜面，然后，迅速将接穗削面插入砧木劈口中，应使两侧形成层对齐，做到“上露白（0.5厘米）、下蹬空”。然后用3～4厘米宽聚乙烯薄膜由下向上，先松后紧，将嫁接部位扎紧，接穗包严。注意，用单层薄膜包扎接芽，以利芽萌发后顶破薄膜（见图2-2）。

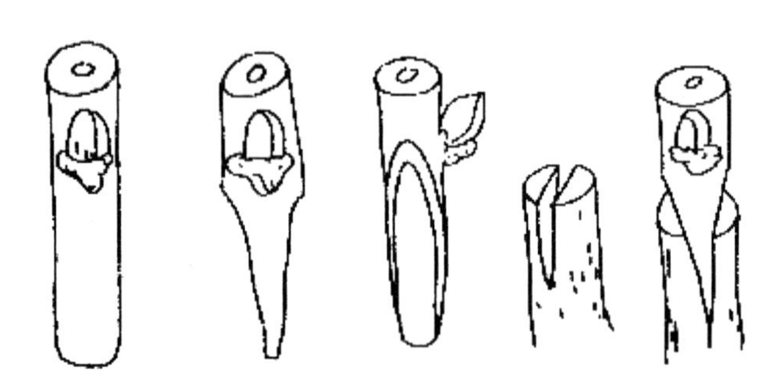

图2-2 单芽劈接

（2）双舌接

①技术特点。

嫁接时，接穗和砧木以舌状形式接合。要求砧木和接穗粗度相当，砧木和接穗的削面大小一致，双方的小舌相互插入，加大了接触面，成活率较高且稳定，接口愈合良好，牢固，且苗干通直。嫁接以不离皮至萌芽期成活率较高，展叶后成活率渐低。夏季嫩枝双舌接成活率达95%左右。

②操作要领。

选用1～3年生地径0.6厘米以上的砧木，于地面上20厘米处剪断后，将砧木削成长6～8厘米（嫩枝嫁接5厘米即可）的马耳状斜面，在斜面上端1/3处垂直向下切一刀，深2～3厘米。选择与砧木粗细相似的接穗，保留2个饱满芽，在下端削一个和砧木相同的马耳形斜面，斜面长6～8厘米，再在斜面上端1/3处垂直向下切一刀，深2～3厘米。将接穗和砧木的斜面对齐，由上往下移动，使砧木的舌状部分插入接穗中，同时接穗的舌状部分插入砧木中，由1/3移动到1/2处，使双方削面相互贴合（见图2-3）。然后用薄膜包扎严实，和劈接相同。

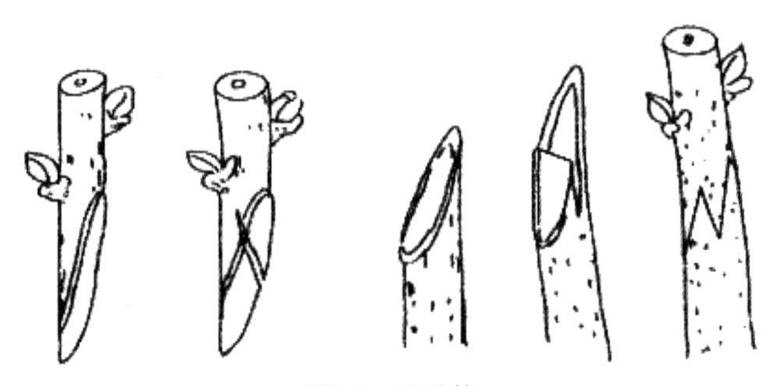

图2-3 双舌接

（3）带木质芽接

①技术特点。

适宜地径0.6厘米左右的苗木嫁接。砧木切口和接芽大小形状相同，嫁接时将接芽嵌入砧木中。在萌芽期进行带木质芽接，速度快，成活率较高，但不稳定。在秋季，也可用此法进行闷芽嫁接。

②操作要领。

在砧木距地面15～20厘米光滑处，由上向下斜向切一刀，深入木质部3～4毫米。再在切口上方5～8厘米处由上而下斜向下连同木质部削至下部刀口处，取下此块砧木。接穗切削和砧木相同，主芽下方向斜向切一刀，再在芽上方5～8厘米处由上而下连同木质部削至刀口处，两刀口相遇取出接芽。将接芽嵌入砧木切口中，下边要插紧，最好使双方接口上下左右的形成层均对齐。用专用接膜，自下向上包扎紧实，芽子外露（见图2-4）。

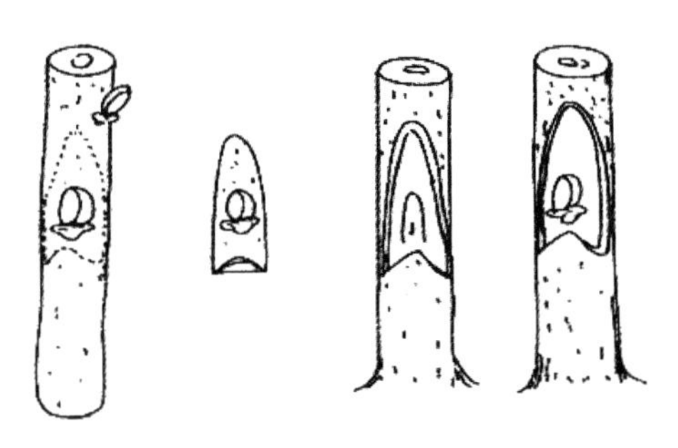

图2-4　带木质芽接

（4）改良方块芽接

①技术特点。

适宜地径0.6厘米以上的砧木嫁接。嫁接时，从接穗上取一方形接芽插入砧木方形口树皮内，也称插皮芽接。由方块芽接的双刃刀改成单刃刀，操作灵活简便，速度快，成活率比方块芽接高。宜于夏季芽接。

②操作要领。

在接穗的接芽上方2厘米处用刀横切一刀，再在左侧竖切一刀，然后将接芽撕至5厘米左右，将接芽取下，保全生长点（即芽原基、芽髓）。同法在砧木上撕下与接芽相似的长方形树皮，由上而下将接芽插入撕开的皮中，将多余的皮切掉，接芽皮与砧木皮一边对齐，另一边露白（见图2-5）。用专用嫁接膜由下而上包扎，芽子外露。最后，在砧木嫁接部位上留2个复叶，剪去苗梢，在嫁接部位下斜切两刀，放水。

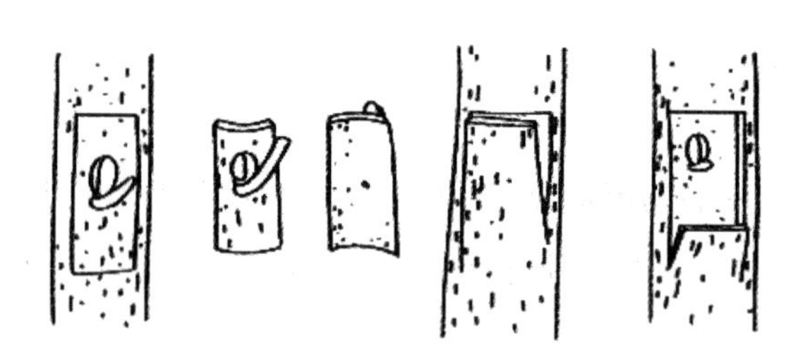

图2-5　改良方块芽接

（五）接后管理

从嫁接到完全愈合及萌芽抽枝需30～40天的时间。为保证嫁接苗健壮生长，应加强以下6项管理。

1.谨防碰撞

刚接好的苗木接口不甚牢固，尤其劈接、切接、双舌接的苗木，最忌碰撞造成的错位或劈裂。应禁止人畜进入，管理时切勿碰伤苗木。

2.除萌抹芽

接后20天左右，砧木上易萌发大量幼芽，应及时抹掉，以减少不必要的养分消耗，以免影响接芽萌发和生长。除萌宜早，一般当接芽新梢长到30厘米以上时，砧木萌芽很少，或不再萌发。

3.剪砧解膜

剪砧只涉及芽接苗木。带木质芽接苗木，接后10天左右，在其嫁接部位上6～8厘米处剪第一次砧，待嫁接成活后新梢长10厘米以上时于接口上2厘米处剪第二次砧。改良方块芽接苗木，在其嫁接部位上留2～3片复叶或3～4芽，第一次剪砧；第二次剪砧与带木质芽接相同。解膜因嫁接方法不同而异。枝接苗木，嫁接新梢长达20厘米时，解除绑缚物。芽接苗木，接芽长达10厘米时解除。方法是顺苗干方向，将绑缚薄膜刈割，勿伤苗干韧皮。

4.绑防风支架

接芽萌发后，生长迅速，枝嫩、复叶多，易遭风折。因此，必要时可在新梢长到30厘米时，在苗旁插一木棍，用绳将新梢和木棍按“∞”形绑结，起固定新梢和防止风折的作用。

5.追肥、浇水及病虫防控

当新梢长到10厘米以上时应及时追肥，对有条件的圃地及时浇水。为使苗木充实健壮，7月下旬后勿施氮肥，8月中下旬喷施2～3次0.5%磷酸二氢钾溶液，以壮干。也可在8月摘心2次，以增强木质化程度。病虫害防控同砧木苗。

6.越冬防寒

上冻前，用熬制的聚乙烯醇溶液涂抹苗干，方法是：将20份水加热50℃，加入1份聚乙烯醇，搅拌至沸腾，再用文火熬制20～30分钟，待不烫手时使用。也可用卫生纸蘸水，缠裹苗干。

实践证明，核桃嫁接苗培育在南方只需2年，北方需2～4年（有灌溉条件，需2～3年；无灌溉条件，需3～4年）。南方多用方块芽接，成活率高，成本较低。北方无灌溉条件的，应将硬枝嫁接、绿枝嫁接及芽接配合使用，可实现“一年育砧、二年嫁接、三年出圃”。

三、苗木出圃

出圃前对苗木进行调查和抽查，并做出详细的出圃计划和安排，具体内容有起苗、分级、包装、运输和假植等。

（一）苗木出圃与分级

我国北方核桃幼苗，在圃内越冬“抽条”现象严重。因此，宜在秋季落叶之后出圃假植，春季再栽。留床苗要采取防止“抽条”的措施。对于较大的苗木或抽条轻微的地区，也可在春季解冻之后，芽萌动之前起苗，随掘随栽。

核桃是深根性树种，起苗时根系容易损伤，且受伤之后愈合能力差。因此，起苗时根系的质量对栽植成活率影响很大，要求起苗前1周要灌1次透水，使苗木吸足水分，而且便于掘苗。

苗木挖出后要进行分级，以保证出圃苗木的质量和规格，提高建园成活率和整齐度。建园用的嫁接苗要求结合牢固，愈合良好，接口上下的苗茎粗度要接近，苗茎通直，充分木质化，无冻害、风折、机械损伤及病虫害等，苗根的劈裂部分粗度在0.3厘米以上时要剪去。按照国家标准GB7907—1987将核桃嫁接苗分为一级苗、二级苗及等外苗。

一级苗：苗高在60厘米以上，嫁接部位不高于30厘米，嫁接部位上方直径大于1.2厘米，主根保留长度大于20厘米，侧根数量在15条以上。

二级苗：苗高在30～60厘米，嫁接部位不高于30厘米，嫁接部位上方直径1.0～1.2厘米，主根保留长度为15～20厘米，侧根数量在15条以上。

（二）苗木包装和运输

根据苗木运输的要求，每20株或10株打成一捆，然后装入湿草包内，喷上水。在标签上注明品种、等级、苗龄、数量、起苗日期等，然后挂在包装外面明显处。

苗木外运，最好在晚秋或早春气温较低时进行。起运前，要履行检疫手续。长途运输时，应加盖苫布，途中要及时喷水，防止苗木失水、发热和冻害。运到目的地之后，立即将捆打开，进行假植。

（三）苗木假植

起苗后不能立即外运或栽培时，必须进行假植。根据假植时间长短分为临时假植和越冬假植。临时假植一般不超过10天，只要用湿土埋严根系即可，干燥时洒水。越冬假植时间长，可选择地势高、排水良好、交通方便、不易受人畜危害的地方挖假植沟。沟的方向应与主风方向垂直，沟深1米，宽1.5米，长依苗木数量而定。假植时，先在沟的一头垫些松土，苗木斜放成排，呈30°～45°，埋土露梢，然后再行第2排，依次呈覆瓦状排列；若沟内干燥，应及时喷水，假植完毕后，埋严苗顶。土壤结冻前，将土层加厚到30～40厘米，春天转暖后，及时扒土并检查，以防霉烂。

四、商品大苗培育

核桃商品大苗是作者在生产实践中创立的，方法是将1年生半成品嫁接苗移栽于口径30厘米的容器内，容器内加入一定的营养基质，通过3～4年培育成健壮的大苗。

（一）商品大苗特点

1.栽植成活率高

苗木根系发达，侧根增加30%以上，须根和毛细根增加1～2倍。苗木根系始终在容器内发育生长，在起苗和栽植过程中很少损伤根系，四季均可栽植（北方冬季除外），无缓苗期，成活率达100%。

2.早产丰产

苗木健壮，地径达3厘米以上，高度2米以上。营养生长期在容器内完成，早实品种结果量逐年增加，晚实品种开始结果，栽后直接进入结果期。

3.便于省力型栽培

第一层主枝和部分侧枝形成，树形构架初步形成、统一化，既节省了幼树期管理整形，也简化了结果期树体修剪，同时便于机械化管理。

4.品种纯正

先见果，后栽树，事前鉴别品种优劣，剔除劣质品种，克服良种混杂的问题，有利于实现“一园一品”，提高商品率和经济效益。

5.利于标准化管理。

容器大苗规格统一，品质纯正，果园整齐度高，便于标准化管理。

（二）商品大苗培育

1.半成品嫁接苗培育

按照核桃苗木繁育技术选择和处理种子，选择适宜的苗圃，适时播种，及时中耕除草，加强病虫害防治。当苗高大于20厘米（6月上、中、下旬）时，先喷施10ppm（ppm=mg/L，全书同）的植物蛋白或0.3%的尿素溶液，加快高生长。2周后喷施2～3次0.5%磷酸二氢钾溶液，促其粗生长，加快木质化。8月中旬，采集核桃良种采穗圃品种接穗，对地径达到0.6厘米的苗木进行闷芽嫁接，方法是采用带木质芽接法将接芽嵌入砧木而又不剪砧，当年不会萌芽。2周后，检查成活情况，对未成活或地径达到0.6厘米的砧木进行闷芽嫁接。成活的苗木即为半成品苗。注意，按品种分区嫁接，使品种纯度达100%。

2.营养基质配制与消毒

使用的基质要求来源广、成本低，有机质含量高、保水保肥，疏松通透、理化性状良好，不带病菌、虫卵及杂草种子。最好选择阔叶树下的褐土，过筛，将枯枝落叶粉碎，与褐土混匀即为腐殖质土，加入20%的细沙及适量的硫酸亚铁，充分拌匀。于8月中下旬圈堆，覆盖薄膜，堆置1个月，达到杀虫灭菌和彻底杀死草籽的目的。然后，翻堆，释放热量，当温度降到常温时，过筛备用。

3.容器选择与整地

培育大苗应选择专用容器，材质以不溶性无纺布最佳，也可选用软塑料盆，规格为口径30厘米、深28厘米。使用前，将底部打直径1.5厘米的圆孔3个，侧壁打直径1厘米的圆孔3排12个，梅花形排列。同时，选择背风向阳的壤土苗圃地或核桃幼园培育大苗。于苗木落叶前深翻，整成深35厘米、宽70厘米的阴畦（也可称为壕），将装一半基质的容器排放在畦内。

4.苗木处理与移植

移植宜在晚秋进行，也可带叶移栽。先掘苗，主根长度不低于25厘米，侧根较完整。剔除实生苗后，再按根茎粗度分类，及时修剪受伤根系，并浸泡于50ppm的

ABT生根粉溶液内24小时。然后将苗木栽于容器内，填满营养土。再用配制好的肥土（按3∶7的核桃专用肥与腐殖质土混匀）填满容器间的空隙，四周做埂，其间填肥土10～16厘米宽。浇透水后，再覆腐殖质土（山皮土）厚6厘米。移栽好一畦，再栽下一畦。埂的高度20厘米，宽度40厘米。一般1亩可定植3亩（1亩=667平方米）。

5.苗期管理

次年萌芽前，将半成品嫁接苗于接芽上1厘米处短截，并涂抹伤口愈合剂。然后，覆盖80厘米宽的黑地膜，及时中耕除草。当接芽嫩梢达20厘米以上时，先喷施10ppm的植物蛋白或0.3%的尿素溶液，加快高生长。2周后喷施2～3次0.5%磷酸二氢钾溶液。9～10月在埂上开沟，施核桃专用肥，并清理地膜。

6.树形培养

第3年萌芽前对苗木定干，有效干高不低于120厘米。自定干剪口下第一芽向下每隔20厘米刻1个芽（直至距地面100厘米处），共刻3个芽，呈螺旋状排列，均匀分布在苗木干四周。然后缠膜，晚霜发生频繁的地区，外裹报纸。萌芽6厘米左右，去除薄膜和报纸，抹除整形带以外的萌芽。当新梢达50厘米时，用捋揉法开张主枝角度，使其达60°～70°。

第4年萌芽期，在主枝50厘米处的侧上位芽处短截；中央领导干距地上主枝150厘米处的饱满芽处短截，并在剪口下50厘米左右寻找2个方向适宜的饱满芽刻芽，培养第二层主枝，二芽相距20厘米且不与第一层主枝的任何枝平行。萌芽后，及时疏除主枝的背下枝，其上留2～3个侧枝，并将侧枝拉平。第二层主枝达30厘米时，捋枝，开张角度达60°，在一、二层之间，适当留3～4个辅养枝，并拉平，多余枝疏除。

7.掘苗运输及栽植

整畦掘挖，不能损伤容器。逐个装车，竖直排放紧实，不能叠放。栽时，去除清理容器，按照“四大一膜”栽植，不同的是在坑穴中直接使用速效肥。

缺点是运输困难，最好就近培育。

五、真假嫁接苗识别

（一）造假的形式和方法

1.“刻伤苗”

即人工造假苗木，看似嫁接苗，实为实生苗。可分为春季和夏季造假苗。

（1）春季造假苗

在砧木上部选一个侧芽，直接用芽接刀在其周围深刻成伤口，将伤口以上砧木剪截，在芽的周围形成貌似嫁接愈合状，其侧芽长成植株后冒充嫁接苗。有的虽采用优良品种接穗嫁接，但接芽没有成活，在嫁接点附近选一萌芽培育成苗。

（2）夏季造假苗

在6～7月，新梢处于半木质化时，在砧木上部选一个侧芽，直接用芽接刀在其周围刻成长方形、盾形或“T”形伤口，将伤口以上砧木剪截，在芽的周围形成貌似嫁接愈合状，其侧芽长成植株后冒充嫁接苗。因近年来核桃苗木嫁接主要采用夏季大方块皮芽接技术，造假最多的方法是刻成长方形伤口。

2.假接穗苗

用本圃的实生苗作接穗，直接嫁接成的苗，也称“自砧嫁接”。

（1）坐地假苗

在春季嫁接时，将砧木剪短，将剪掉的砧木部分作接穗，直接嫁接在原砧木上。由于砧木和“接穗”粗度一致，不论采用劈接还是双舌接，形成层极易紧密对接，成活率达98%以上。

（2）芽接假苗

在夏季嫁接时，在砧木上取一个带芽的大方块芽皮，将其直接镶在原来的切口上。由于“接芽皮”来自砧木本身，亲和力强，接穗新鲜，随采随接。同时，芽块大小、形状完全一样，接芽对接紧密，嫁接成活率非常高。这种苗木欺骗性更大，从外形看嫁接口明显，确实也是嫁接过的苗木，但其本质上仍然是实生苗，也称“自砧苗”。经验不足的群众一看是嫁接苗，很容易作为良种核桃嫁接苗购买、栽植。

3.混杂苗

接穗应是从良种核桃采穗圃或已经结果的良种核桃园采集，方能保证核桃嫁接苗的品种纯度。目前，省内由于核桃良种采穗圃较少，部分县区没有采穗圃，良种接穗产量满足不了需求，况且品种纯的良种核桃接穗价格比较高。为了获取高额的利润，有些人不是从正规的技术部门采购良种接穗，而是用很低的价格购买所谓的良种接穗，品种根本说不清楚，鱼目混珠。有的虽花钱购买了新品种接穗，但却把不可利用的秋梢、副梢上的瘪芽也用到嫁接上，苗木质量大为降低，形成劣质苗木，严重影响栽植成活、生长和结果。

（二）识别

1.看嫁接部位

（1）看嫁接口

嫁接苗有嫁接口，而无嫁接口的是实生苗。

（2）看接穗

春季嫁接的苗木，采用单芽劈接的，其接穗明显；采用双舌接的，其愈伤组织成“双舌”状；夏季大方块芽接的，接芽周围愈伤痕迹明显。

（3）看新梢着生部位

无论嫁接季节和嫁接方法如何，成活新梢必须是接穗或嫁接芽皮上的芽萌发而成，否则都是实生苗。

（4）看愈合线

对于春季嫁接的苗木，在接穗和愈伤组织不很明显时，可在嫁接口侧面削开，嫁接苗在接穗和砧木之间有愈合线。

（5）看愈伤口形状

核桃嫁接苗在接口处都有愈伤组织存在，嫁接后形成“V”字形愈伤组织的是真嫁接苗。“V”字形内部尖端较外部突出较多，“V”字下端成一锐角，无剪口状交叉现象。采用夏季大方块“下搭皮”芽接的，在嫁接口下端有明显的残留干皮（下搭皮）；假嫁接苗“V”字形愈伤组织内部尖端和外部一样，“V”字下端有时出现剪刀状的交叉线。

（6）看接穗颜色

真嫁接苗嫁接口愈伤组织内的接穗或接芽的皮色与愈伤组织外的砧木颜色不同，而假嫁接苗嫁接口愈伤组织内的接穗或接芽的皮色与愈伤组织外的砧木颜色一样，多为“刻伤苗”或“自砧嫁接”的假苗。

（7）看嫁接口愈合程度

优质嫁接苗伤口愈合紧密。劣质嫁接苗嫁接伤口不够紧密，栽植后难以成活，或成活后生长不良。

2.看苗木外观形态

（1）看表皮

真嫁接苗的新梢，同砧木的皮色、气孔完全不一样，有明显的区别。假嫁接苗的新梢，与砧木的皮色、气孔一样，多为“刻伤苗”或“自砧嫁接”的假苗。

（2）看形态

真嫁接苗的新梢粗壮、芽体饱满呈圆形，接口上部明显比下部粗，与砧木节间长短明显不一样；假嫁接苗萌芽抽条处外皮皱纹多，枝条细长，芽体瘦瘪，呈长尖状，接口上下一样粗或上细下粗。

（3）看长势

合格的良种核桃嫁接苗，应该是外表形态基本一致，生长健壮，木质化程度高，芽体饱满，根系发达，无病虫害、无机械损伤；凡苗木外表形态差异大，苗木细弱，芽体瘦瘪，抽梢木质化程度差，病虫危害严重，根系不发达，特别是须根少的苗木，均为劣质苗。

同一批核桃嫁接苗，品质纯正的苗木其嫁接口以上枝条的皮色、皮孔分布、芽形及节间长度等应基本一致。否则，就是品质混杂或非良种苗木。

在选择良种核桃苗木时，应从以上几个方面注意。最好到科研、技术部门或具有苗木生产、经营许可证的正规苗木繁育场（圃）购买，购买时要查看品种来源证明，并要求出具发票，挂苗木品种标签，最好有品种承诺书，一旦发现品种问题，要索赔经济损失。

第三节　建园技术

核桃为多年生植物，根系分布广而深、寿命长，又具有喜光、喜温凉、怕涝、畏晚霜、不抗风等特点。因此，商品核桃建园既要因地制宜、合理布局、统筹规划、尽量连片，也要遵循国家绿色食品或有机产品标准及适地适树与品种区域化的原则，应对园地的土壤、大气、水质、气候、立地条件等进行全面检测和综合评价。从规划设计、栽植到生产管理，力求实现生产规模化、基地化，管理规范化、科学化与销售一体化。

一、园址选择

园址选择要科学，应把好“六关”。

（一）气候条件

最适宜年均温度8～15℃，极端最低气温＞-30℃，极端最高温度＜38℃，无霜期＞150天。花期适宜温度15～17℃。年降水量600～1000毫米，年日照时数＞2000小时。

（二）环境条件

委托国家农产品质量检测机构对拟建区域的大气、土壤、灌溉水进行抽样检测。其中有机产品产地大气条件达到GB3095－2012《环境空气质量标准》中二级标准，土壤条件达到GB15618－2008《土壤环境质量标准》中二级标准，灌溉水质达到GB5084－2005《农田灌溉水质标准》。

（三）地形地势

选择背风向阳的山丘缓坡地、平地，坡度应在15°～25°以下，应避开山谷、风口及低洼易积水的地方。

（四）土壤条件

尽量选择土层深厚，有机质含量高，透气性良好，排水良好，壤土和沙壤土为宜，以石灰岩风化的钙质土壤为佳，土层厚度在1.5米以上；pH值为7～7.5，地下水位距地表2米以上。

（五）水源和交通条件

尽量选择距水源较近的地方，尤其是早实品种应达到旱能浇、涝能排的要求，尽量避免因缺水对核桃所造成的产量和品质的影响。同时，园地交通相对便利，应考虑因此而造成的运输成本。

（六）考虑前茬树种

在杨树、柳树、刺槐、中槐生长的土壤栽核桃，易染根腐病。同时，挖除地边的臭椿、苦楝树。核桃多年连作，对生长亦不利。

二、园地规划

规划设计是商品核桃园的基础环节，科学地进行园地规划设计对农民持续增收、产业增效以及当地经济、社会发展有极其重要的意义。

（一）规划设计的原则、内容及步骤

1.基本原则

规划要遵循“着眼当前，兼顾长远；因地制宜，集中连片；重点突出，因害设

防”的原则。设计要遵循“良种主导，一园一品；机械耕作，省力栽培；技术创新，持续高效”的原则。

2.内容

包括各类土地区划及园地区划；园地环境改良，如土壤改良，水保措施等；品种选择和配置；栽植方式、密度及技术等；绘制定植图，编写规划设计，建档等。

3.步骤

首先，了解拟定核桃品种习性、经济性状及当地引进品种的适应情况，收集拟建园地气象、自然条件及社会经济情况等资料，整理分析。其次，深入拟建地块现场勘查地形地貌、植被、水源等自然因子，勾绘地形图，专题调查土壤等关键因子。最后，进行具体的规划设计，即制图、编制说明书等。

（二）规划设计

园地规划设计包括作业小区区划及道路系统、品种、排灌系统、水保系统设置等。地埂栽培重点考虑宜地要求和品种配置即可。

1.小区划分

小区是核桃园的基本单元，其目的是便于省力化栽培管理，其形状、大小、方向要与地形、土壤条件及气候条件相适应，与园内的道路系统、排灌系统、水保系统的规划设计相配合。小区的气候、立地条件及土壤条件基本一致，面积一般为60～100亩（1亩≈667平方米）。小区形状多为长方形，平地长边垂直主风方向，坡地的长边也应与等高线走向一致，核桃栽植行的方向与小区的长边一致。

2.道路系统设置

为方便经营管理和运输，根据小区区划、防护林及排灌系统的统筹规划需要设置道路系统。一般大、中型核桃园的道路系统由主路、支路和作业路三级道路组成。主路要求宽4～5米，贯通全园，大卡车能通过；支路是连接主路通向小区的道路，宽度要求3～4米，拖拉机能通过；小路是小区内从事生产活动的道路，宽度要求2米左右，小三轮能过。为减少非生产用地，小型核桃园可不设主路和小路，只设支路。

3.排灌系统

排灌系统是加强核桃园科学管理及丰产稳产的重要措施之一。黄土高原南部地区，年降雨量大于500毫米，但分布不均，尤其春季干旱。大、中型核桃园，无论平地还是坡地，要获得丰产和效益，应尽量建立灌溉系统。筑淤积坝或打深水井，埋设地下管道，将水抽到园中地势高的水池或水塔，再埋设主管、支管道，配置毛管。主管道要贯通全园，支管道将水从主管道引到小区，毛管接在出水口，将支管中的水引至行间、株间，顺行配置，露地。毛管可采用小管径流或滴灌方式灌溉。如果在主管道设置培肥罐，可实现肥水一体化。小型果园，可根据地形，修筑集雨窖，在干旱季节利用机械抽水灌溉，尤其在核桃萌芽期和硬核期灌溉十分重要，可提高产量和品质。一般8～10立方米的集雨窖，可满足10亩核桃园的需求。

核桃树喜湿润怕涝，忌地下水位过高，当地下水位距地表小于2米时，核桃的生长发育即受抑制。因此，应充分重视核桃园的排水。一般采用明沟排水，由集雨沟和排水支沟与排水干沟组成。集雨沟与小区长边和核桃行走向一致，集雨窖的沟纵坡朝向支沟，支沟的纵坡朝向干沟。干沟应布置在最低处，很好接纳径流，以排出园外。小型核桃园，也应在低洼处设置排水沟。

4.水土保持系统设置

在我国水土流失区建核桃园，应采取水土保持措施。如黄土高原，多选择坡地或山地建设核桃园。在雨季，降雨过量形成地表径流，轻者冲走园地表层肥土和有机质，导致核桃根系裸露；重者造成大面积滑坡或泥石流，毁坏果园。因此，科学建立水土保持系统是坡地和山地核桃园成败及丰产稳产的关键。水土保持系统包括水土保持工程和防护林工程。

（1）水土保持工程

常见的核桃园水土保持工程有修筑梯田和鱼鳞坑两种形式。连片建园的坡地或山地，在栽植前修筑梯田。通过修筑梯田，能够改长坡为短坡，改陡坡为缓坡，改直流为横流，从而有效地拦蓄降水，降低地表径流量和流速，减少冲刷，做到土不下坡，水不出地。同时，有效增强土壤保水保肥能力，有效提高园内气温和生长积温，减少核桃冻害发生。还有利于园地土壤改良，便于机械化耕作，也为排灌系统及省力化栽培管理创造条件。梯田沿等高线走向设置，用铲车或挖掘机等大型机械修筑，内低外高，长度依地形而定，宽度因坡度大小而异，宽度一般不低于5米。

在地埂、四旁或破碎地块栽植前，修筑鱼鳞坑，以蓄水保墒。鱼鳞坑按品字形布置，规格为长2米、宽1.2米、深1米，先挖成半圆形坑，在坑的下外沿修筑30厘米高的土埂，再在坑的左右角各开一条小沟，便于引蓄径流。坑距5米左右，树植于坑中内侧。

（2）防护林工程

防护林的作用是防止和减少风、沙、旱、寒的危害和侵袭，达到降低风速，减轻土壤蒸发和土壤侵蚀，保持水土，削弱寒流，调节温度等效果，有增加空气湿度、调节温度等改善环境的作用。同时，防护林将专业生产区与常规生产区隔离，发挥自然隔离带作用。防护林带设置在果园的北边（包括东北和西北），与当地主要有害风向垂直，林带宽度20～30米，栽植速生杨和紫穗槐，乔灌混交。林带距核桃树10米左右。同时，在园内水平梯田的过陡坎坡上栽植紫穗槐，以固土护坎。

5.辅助建筑物配置

辅助建筑物包括果园管理用房、库房及商品化处理厂房等。建筑物要靠近主路，水源近，地势高，便于生产管理。建筑物数量和规模，因建园规模、经营管理水平而异。也可在规划时留足场地，先建设必要的，其他因果园经营管理和发展状况而建设。

6.品种选择与配置

实践证明，良种化是核桃园优质丰产的基础，品种化则是商品化生产和产业化发展的基础。商品的均一性要求同一批或同一区域的同种产品的品质、规格基本一致。美国核桃产业实现了良种化、品种化，美国核桃的商品性被世界公认，占有国际核桃市场60%以上的份额。渭北旱塬“红富士道路”启迪：标准化是核桃产业发展的方向，良种品种化是产业化的目标，核桃生产尽量做到“一县（区）一品（即一个主栽品种）”。因此，主栽品种的选择非常重要。在生产中，选择通过国家有关部门鉴定的，引种多年且非常稳产，商品性、抗逆性均强的良种作主栽品种。切忌品种过多，影响商品性和效益，务必做到“一园一品”。

核桃为雌雄同株、异花、花期不遇，风媒授粉，在生产中要注意授粉品种的配置。核桃散生大树较多的区域，如果园地周围100米范围内有散生核桃大树，不需配置授粉品种。否则，按8∶1的比例配置授粉品种，如：香玲授粉品种配置维纳，清香配置陕核5号。注意，授粉树必须垂直主风方向。

7.栽植方式

商品核桃栽培应连片栽植，初植密度22～27株/667平方米，株行距4～5米×5～8米。在栽植前，必须按株、行距测量定植点，按点定植。行的配置与长边平行，或与等高线走向一致，距梯田的外沿和内坎1米以上。如果梯田宽5米左右，就在其中间规划定植点。

三、整地技术

核桃要求土层深厚、土壤有机质含量丰富、地下水位低、土壤透气性好等条件，无论平地或山地，栽植前都应进行细致整地或土壤改良工作。坡地宜修筑反坡梯田，平地为水平梯田。

采用机械整地，铲车或钩机均可。坡度20°以下的斜缓山坡宜修筑反坡梯田，须经专业人员测量、规划设计后，沿等高线修筑外高内低、高差6～10厘米左右、宽3～10米的田面，埝埂坚固结实，有条件的地方砌成石埂埝，层间距根据坡度和栽植行而定。反坡梯田，从根本上改变了土地的基本条件，土层深厚疏松，蓄水保墒，提高了土壤肥力，便于林粮间作和抚育管理，有利于核桃生长，也是山坡地栽植核桃的基本措施。

拟建园地块，最好于上一年冬前用机械深翻，深度30～40厘米，蓄积雪水，熟化土壤，栽前按要求细致整地。

四、栽植技术

（一）苗木准备

以2～4年生良种嫁接苗栽植成活率较高。标准是一、二级嫁接苗，若长途调苗，要求进行严格的病虫检疫和保湿包装。如果没有成品嫁接苗而急需建园时，可先用2年生实生苗（苗高40厘米以上，根径1厘米以上）按设计密度先定植砧木苗，待成活2～4年后，采用主栽品种接穗，一次改接成园。

（二）栽植方式

核桃建园常用长方形栽植和等高栽植。平地常用长方形栽植，其优点是便于间作、机械化作业及管理，山坡地多采用等高栽植，有利于蓄水保墒及核桃生长。

（三）栽植密度

应根据立地条件、品种特性、土壤肥力、地势、栽植方式和管理水平等因素，综合权衡后确定。一般地势平坦，土层深厚、肥沃、有灌溉条件的可建早实密植园，栽植株行距一般为5米×5米、5米×6米，栽植密度22～27株/667平方米；对于土层深厚肥沃、平坦、灌溉条件差者，可建早实或晚实园，株行距以5米×6米为宜；土层较薄、无灌溉条件的坡地，宜建晚实园，株行距以6米×7米为宜。

（四）栽植时间

核桃栽植分春栽和秋栽两种。北方冬季气温较低，冻土层较深，早春多风，为防止“抽条”和冻害，以春栽为宜。春栽宜早不宜迟，否则，墒情不好影响苗木成活率和生长。在黄土高原地区，春天雨少，浇水困难，秋栽最好，但要在土壤结冻以前将苗木慢慢弯倒用土埋，也可用草把包裹苗木，再弯倒、覆土。

（五）栽植模式

根据经营目标、立地条件及商品化生产要求，一般分为坑穴栽植、水平沟栽植及起垄栽植3种模式。无论哪种模式，栽前应先剪除伤根、烂根，放在水里浸泡半天，再蘸泥浆，使根系充分吸水，这样才能保证成活和旺盛生长。

1.坑穴栽植

一般定植穴为长、宽、深均为0.8～1米的方穴或直径0.8～1米、深1米的圆穴（详见图2-6）。若土质黏重或下层为石砾不透水层，应加大加深定植穴，并采用客土、填草皮或表土等措施来改良土壤。

栽时，将表土和腐熟的农家肥等混合均匀后，回填坑内，踩实。填至40～60厘米时，将苗木立于坑中间，行对齐，然后按照“三埋二踩一提苗”的程序栽植（详见图2-7），即用表土填埋根部1/2时，提苗轻摇，舒展根系，踩后，再边填土边踩实。当埋到苗木根颈处的土痕印时，在根部再填3～4厘米的细土，整理坑穴成“锅底状”，用铁锨将埂拍实，每株浇水1桶定根，也称“救命水”（约15～20千克）。

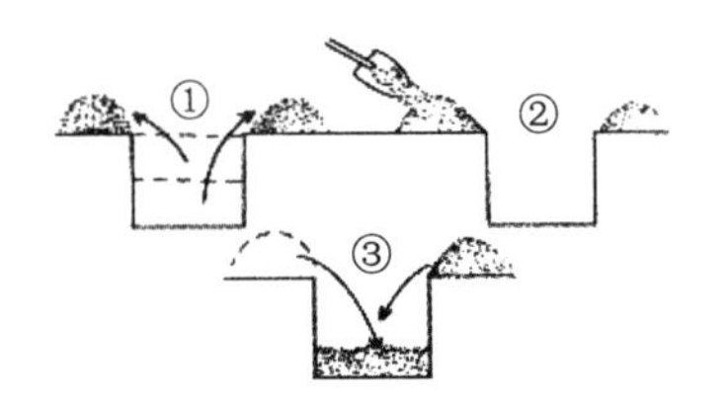

图2-6　挖定植穴

1.表土和心土；2.表土加肥；3.回填表土

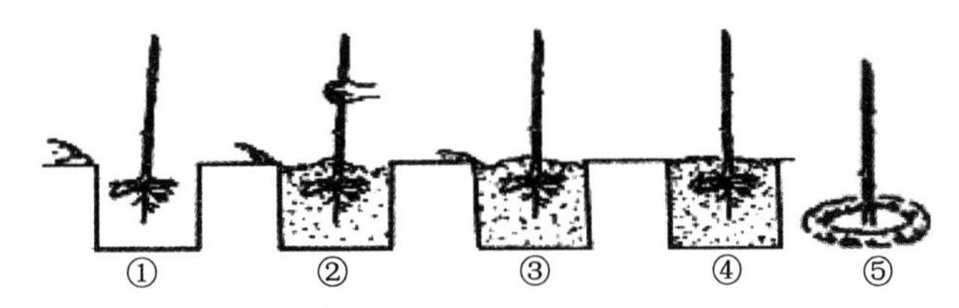

图2-7　核桃苗栽植方法

1.放苗；2.埋土后踩实提苗；3.埋土后再踩实；4.再埋土再踩实；5.整理“锅底状”坑穴

待水下渗后，覆土，用一块1～1.5平方米的地膜覆盖。在苗干与地膜结合处，盖细土半锨，封实。地膜覆盖的优点，是提高地温，提升地下水，拦截水分蒸发，有效蓄积雨水，加快苗木根系活动，促进苗木扎根、萌芽及生长。

2.水平沟栽植

（1）特点

水平沟栽植也称撩壕栽植，适宜土层深厚、降水量偏少（500～700毫米），且无灌溉条件的地区。特点是蓄水保墒，可提前补充肥力、熟化土壤，为苗木根系迅速扩展和苗壮发育打下坚实基础。

（2）栽植方法

在栽前一年上冻前，用挖掘机按照设计的行距挖宽、深各1米的水平沟（俗称壕），将粉碎的作物秸秆、树叶、枝条及食用菌渣等混匀后，填入沟内，深度不低于50厘米，撒施适量的尿素、碳酸氢铵等速效氮肥，上下搅拌后，覆土20厘米。沟内填埋的物料收集雪水，产生厌氧生物菌，持续发酵，第2年春季被充分腐熟，变为有机肥。栽前用机械将腐熟物与表土混匀，填埋至60厘米左右，按株距将苗木固定在定植点，填土，按照“三埋二踩一提苗”的要求栽植，沿栽植走向整理水平沟（宽90～100厘米），中间低，边上筑埂（高20～30厘米）。每株浇水不少于15千克，有条件者，可整条沟浇水。待水完全下渗后，再次整理边埂，用3～4丝、宽1.5米的黑色地膜进行全行覆盖。

3.起垄栽植

（1）特点

起垄栽植是果树栽植新模式。起垄可以起到提高地温的作用，能增强土壤的透气性，促进果实根系生长发育，缓苗快，成形快。尤其是耕作层以下土壤黏重的地块，起垄效果更好。起垄能将土壤表面活土都集中到垄上，能使果树根系生长在肥沃的活土中，从而使根系营养充足，为果树优质丰产打下良好基础。垄沟可以积存部分雨水，如果雨量过大时，也可通过垄沟将积水排出果园，能减轻果树涝害。对不耐水涝的核桃比较适宜。

（2）栽植方法

①培肥地力。

在栽植前，每667平方米施入5～8立方米优质腐熟的有机肥和100～150千克过磷酸钙，将过磷酸钙与有机肥混合，均匀撒在果园地面上，进行耕翻，深度不低于25厘米。

②集表土起垄。

首先要平整地面，规划出种植线，以行距6米为例，把中间3米宽、15～20厘米厚的表层土起到两侧，形成高30～40厘米、宽3米的垄背。

③定植。

在垄背中央，依据株距打线定点，挖40～60厘米见方的坑，保证苗木根系全部展开即可。定植时将苗木放在定植坑中央，前后一定对齐，并将根系理顺，使其向四周伸展，填土，稍稍向上提动苗，使根系舒展，与土壤密接，然后培土踏实，栽植深度以嫁接口高出地面5～10厘米为宜。然后浇水，一定要浇透。

④垄背覆盖。

春季栽植的，浇完第二次水渗透后，整理垄背土，用黑地膜覆盖整个垄背。秋后栽植的，开春浇萌芽水，然后再覆盖地膜。覆盖地膜可起到保墒、抑制杂草丛生的作用。

（六）栽后管理

“三分栽，七分管”。栽后管理措施到位与否，直接关系到苗木成活率及建园的成败。栽后管理，重点采取以下5项措施。

1.截干缠膜

栽植后，苗木扎根土壤需要一定的时间。黄土高原地区春季干旱多风，低温冻害时有发生。为了减少苗木地上部分的蒸腾，采用截干，即在苗木1年生的茎干中部饱满芽处短截。如果苗木高度1.5米以上，在1.2米短截定干。不足者，均在饱满芽处短截，然后，将地膜裁成宽5～10厘米，从苗木基部用地膜缠裹，直到顶部，单层过芽。也可套果树袋，在萌芽时要及时放风，否则烧芽。套袋没有缠裹薄膜省工。实践证明，截干和缠裹薄膜是有效的抗旱造林措施，如果浇水和覆膜到位，无论天气变化万千，核桃栽植成活率稳定在90%以上。缠膜或套袋，均应裹报纸，裹报纸有调节温度的作用，可保持其内温度相对恒定。否则，因外界温度急剧变化，造成冻芽或烧芽现象的发生，影响建园成效。

2.间作套种

核桃在幼树时期，怕荒芜。建园后，为了提高成活率及前期的效益，降低成本，幼树期必须间作。方法是突出核桃树的主体地位，留足1～1.5米宽的育林带，套种谷类、豆类为主的秋杂粮作物或野豌豆、油菜、豆类等绿肥作物。间作时，不能损伤幼树和覆盖的地膜。同时，做好中耕除草。

3.抹芽

萌芽后，及时抹除多余的萌芽。高度在1米以上时，在整形带的不同方位留3～4个萌芽；高度在0.5～1米时，留2～3个萌芽；0.5米以下留1个萌芽。

4.施肥及病虫防控

栽植成活后，当年生长期不施肥。落叶前，每株施3公斤腐熟的农家肥。主要防控金龟子、叶甲等叶部害虫，详见第三章第四节病虫害防控部分。

5.补植

栽植后，当年秋季要进行成活率调查，对未成活的要及时补植同龄苗木。建园后第2年保存率应在95%以上。

五、快速建园技术

在生产中，果农、合作社及投资商期望投资低、见效早、回报率高的先进技术。作者经多年实践，探索出核桃快速建园技术，具有成本低、品种纯、商品率高、见效快的特点，园地选择、规划设计与常规建园相同。

（一）特点

1.根系生长快，抗逆性强

撩壕深翻，为根系生长发育提供了良好空间。直播树的主根比栽植的深1倍，根系发达，能吸收土壤深层的水分和养分，促进了地上部分的快速生长发育，抗逆性强。

2.品种纯，商品率高

一园一品，有利于商品化生产。同时，比常规建园提前3～5年进入盛果期，丰产稳产。

3.管理便捷

有利于机械化作业，节约成本，省工省时，一次投资长期受益。

（二）建园技术

1.整地施肥

在栽植前一年上冻前，用机械（铲车、推土机）将坡地沿等高线平整成水平阶，再用挖掘机每隔5米，挖深、宽各1米的深壕，将秸杆、杂草、树叶或山皮土放入壕内，撒些碳酸氢铵，填草厚约80厘米，再填土30厘米。淀实后，填土，低于地面10厘米，利于收集雨雪。

开春土壤解冻后，尽早在壕内施入农家肥、油渣、磷肥或尿素、磷酸二铵（每667平方米各10千克），与土拌匀，在壕内填表土，在中间做垄，加盖80～100厘米宽的地膜。

2.种植

在3月下旬，选用饱满、无病虫害的核桃种子，按照实生苗繁育技术处理种子，在覆膜中间隔50厘米打孔种植。留1米宽后，行间套种豆类，在农事生产中不能撞破地膜。在苗出齐后，及时拔草；在7～8月喷施2次0.5%的磷酸二氢钾以壮干，力争每株根茎达1厘米以上。在上冻前，埋土或缠裹卫生纸防寒。

3.培育

第2年春，土壤解冻后，结合中耕，每株施核桃专用肥0.05千克。按照“一园一品”的原则，选择纯度100%的主栽品种接穗。在萌芽期，采用双舌接或木质芽接法进行嫁接。早实品种选香玲和清香，嫁接8株香玲后嫁接1株清香，如此往复。及时抹芽，绑设支架，按原品种配置于6月初进行补接。及时中耕除草，6月中旬喷施0.5%～1%的尿素液，7～8月喷施2次0.3%～0.5%的磷酸二氢钾液及500倍石硫合剂或波尔多液，8月下旬摘心。冬季在根部培土防寒。

第3年春，每隔9株选1株高度1.5米以上、粗壮的主导品种苗木作为永久株定植，定干高度1.2米，按主干分层形逐年培养（详见第三章第三节简化修剪技术部分）。其余为临时树，目的是结果，定干高度1米，留2～4个主枝，大致为开心形，短截主枝，疏除过密枝，拉平侧枝和辅养枝，促进早结果。侧枝和辅养枝结果2年后，适度回缩，突出主从关系即可。回缩后的新梢，视其长势，可摘心增加结果部位，也可捋枝或拉枝，促进花芽分化，尽早丰产。第4年株产0.25千克，每667平方米产量可达40千克。只要肥水充足，修剪合理，6～7年主栽品种永久树的丰产树形结构已形成，开始挂果。临时树已进入丰产期，枝条密布全园空间，每667平方米产量达150千克以上。此后，为永久树腾让空间，逐步疏除影响其生长发育的枝，伐除有影响的临时树，产量逐年稳步增加，产量稳定，每667平方米产量可达300千克以上。

第三章
田间管理省力化技术

Chapter 03

核桃园田间管理是一项系统工程。以核桃树为参照物，可分树下管理和树体管理。树下管理也称园地管理，主要是土肥水的综合管理；树体管理包括品种纯化、整形修剪、花果管理、病虫害防控、晚霜防御及采收等。

在核桃传统生产中，从施肥、中耕除草、病虫害防控、修剪到采收全过程，环节多、技术复杂、费时费工，加之树体高大，相应增加了人工成本。随着农业人口城镇化进程的不断加快和劳动力价格的大幅提升，有效劳动力锐减，劳动力老龄化程度逐年加重，核桃管理成本越来越高，收益与成本支出矛盾日益增大，甚至出现“增产不增收”或“增产难保本”的现象。在国内核桃市场供需基本平衡的当代，要获得较好收益，除提高质量外，只有降低生产成本。因此，研究应用省时、省事、省力、省钱的省力化管理技术十分紧迫和关键。在不降低单位面积产量和品质的前提下，改变生产理念和管理模式，树立商品化生产意识，从品种化做起，简化技术，研究应用代替人工的机械，减少人工和劳动强度，大幅度提高果品商品率，最大限度提高效益。

第一节　品种纯化

核桃是雌雄同株，异花授粉，形成的坚果绝大多数是杂合体。若采用实生繁殖，遗传基础较复杂，其后代会发生变异，不同单株间差异很大，其产量相差几倍，甚至几十倍，其坚果大小不一，品质良莠不齐，结果期早晚不一，相差3～4年甚至7～8年。因此，实生繁殖无法实现商品化。而无性繁殖则能完全复制母本的性状，且稳定地保持，是果品商品化生产的必然途径。目前，核桃无性繁殖的方法主要是嫁接，在保持原品种优良特性的同时，提早结果（接后，早实核桃一般在第2年可挂果，晚实型核桃需3～5年便可结果，而实生核桃一般需8～10年才开始结果），实现了良种品种化，又显著提高产量和改善品质。

在20世纪80年代，美国率先采用嫁接技术，实现了核桃良种化，在国际市场上挤掉了我国核桃，才引起国人重视，在全国范围内开展了核桃良种选育和嫁接技术研究与推广。其实，我国云南漾濞已在300年前应用“破头法”嫁接铁核桃。80年代以来，广大科技工作者试验总结了子苗嫁接、温床嫁接、微枝嫁接等多种方法和模式，使核桃嫁接技术日趋成熟、简捷，由室内走向露地，嫁接成本也日渐降低。嫁接技术也广泛应用于嫁接苗培育和高接换优。

一、嫁接原理

（一）砧、穗愈合过程

在适宜的温度、湿度条件下，砧穗接合，5天内未产生愈伤组织，5～7天内开始产生愈伤组织，接后15天左右砧穗愈伤组织开始连接，接后15～20天形成层开始分化、连接，20天以后输导组织开始分化、连接，形成新植株。

（二）嫁接成败机理

在营养充足和生理机能旺盛的条件下，伤口产生的愈伤组织迅速填充砧穗间空隙，相邻的薄壁细胞之间出现胞间连丝，原生质互相沟通，使砧穗间输导组织相连接，形成共同的形成层，使接穗得到砧木根系供应的养分和水分，逐渐成长为一个新的植株。因此核桃嫁接成活的关键，主要决定于砧穗间形成层和薄壁细胞的再生能力及产生愈伤组织的程度。

二、采穗圃建设

为了保证核桃嫁接苗繁育和高接换优的良种纯度和质量，必须建立良种采穗圃。

核桃良种采穗圃可以分为临时性采穗圃和永久性采穗圃。临时性采穗圃是利用

5～15年生的实生核桃幼树，高接改良后，第2～5年大量采集接穗，第6年不采或少采接穗，让其结果。永久性采穗圃是采用良种嫁接苗定植专供采穗的园地。生产经营者一般采用临时性采穗圃。地方政府业务部门或苗圃，为了产业永续发展，务必建立永久性采穗圃。

（一）圃地和良种选择

为了保证核桃嫁接苗繁育和高接换优的良种纯度和质量，必须建立良种采穗圃。

1.圃地选择

采穗圃应选在地势平坦，土层深厚肥沃，灌溉条件良好的沙壤土或壤土地块。交通便利，以利接穗调运。面积一般在50～200亩（1亩≈667平方米）。

2.良种选择

原则上选择当地已确定的主栽品种。以当地业务部门引进试验成功的国家或省级林业部门审定的品种及引进的国外品种为主。注意早实、晚实品种结合，品种集中，以2～4个为宜，从源头保证接穗品种的纯度，为品种化奠定基础。

（二）定植

1.整地施肥

先撒施腐熟的农家肥（施用量1500～3000千克/667平方米），再深翻（深度20～30厘米），然后挖穴（规格为长、宽各1.5～2.0米，深1米），坑内施农家肥50千克（与熟土混合施入），并分层施入粉碎的秸秆10千克左右。

2.密度

根据采穗圃面积、类型及经营目的而定，一般为2米×3米或2.5米×3米。

3.定植

选用一级嫁接苗，于春季或秋季，按品种分区定植。

4.登记建档

定植后，必须按品种登记，绘制定植示意图，建立档案。

（三）圃地管理

1.整形修剪

定植后，第1年重短截后留3个旺枝，培养成开心形。第2年萌芽前1个月进行短截，让其发出侧枝，保留3～4个侧枝，其余抹除。当一级侧枝长到30～50厘米时，摘心。5～6月和7～8月进行2次摘心。通常，定植后1～2年不采穗，第3年少采穗，第4年后大量采穗。每年要及时摘除雄花和疏果，以减少养分消耗，促进多发枝，尽可能多生产接穗。

采穗圃的主要目标是生产合格穗条，修剪的目的是促发旺枝和壮枝，方法以短截为主，疏除过密枝、细弱枝、重叠枝，修剪时冬剪和夏剪相结合。冬剪在萌芽前1个月进行，黄土高原宜在立春至萌芽前1个月修剪，与接穗采集同时进行。夏剪，在5月下旬摘心、摘果。

2.施肥

每年4～5月，每株施人粪尿1担，10～11月施腐熟的农家肥20～30千克。随着树体的增大，施肥量逐年增大，采用环状、放射状或穴状施肥，施后及时灌水，无灌溉条件的地方要采用保墒措施。

3.病虫防控

主要防控食芽、食叶害虫及腐烂病、炭疽病、白粉病等病害，积极防治，控制在萌芽状态。防控方法与苗木相同。

三、良种接穗的选择、采集、运输及贮藏

（一）接穗选择

选择专业采穗圃，要求品种清楚、生长健壮、无病虫害，处于结果盛期。接穗的共性标准是生长健壮、发育充实、髓心较小、芽体饱满、无机械损伤且无病虫害及冻伤的1年生发育枝，不能是雄花枝。个性标准因嫁接方法而异，大树高接换优的接穗要求基部粗度大于1厘米，长度1米以上。

（二）穗条采集、运输、贮藏及处理

1.穗条采集

硬枝接穗宜在休眠期采集，最好在萌芽前1个月内进行。夏季芽接和嫩枝接所用接穗，随用随采，也可短暂贮藏，因其贮藏期较短，一般为3天。

采穗时，宜用手剪或高枝剪，忌用镰刀削，剪口要平，不要留斜茬。硬枝接穗采后，要根据品种、粗细及长短进行分级（弯曲的弓形穗条要单捆），每捆50根。打捆时，穗条基部要对齐，先在基部捆一道，再在上部捆一道。蜡封剪口以防失水，每捆必须挂标签，标明品种。芽接和嫩枝接用的接穗从树上剪下后要立即去掉复叶，留2厘

米左长的叶柄，每20根或50根打成一捆，标明品种。打捆时，要防止叶柄蹭伤幼嫩的表皮。

2.接穗的运输

硬枝接穗最好在气温低的晚秋或早春运输，此时气温较低又不会冻伤接穗。长途运输，应注意保湿，防止风吹失水，先用塑料薄膜分捆包好接穗，再用篷布蒙严。切忌严冬运输。

嫩枝接穗，采集时气温很高，高温天气易造成霉烂或失水，最好在本地随采随用，避免长途运输。如需长途运输，为防止运输中枝条相互摩擦，伤害枝皮和芽子，要在穗条间垫一些新鲜叶片，用湿麻袋片或布片包好起运。中途及时洒水，保持麻袋片湿润。运到目的地后，及时解捆，剔出叶片。把接穗平放在背阴处的地窖或窑洞中，温度控制在15℃，也可竖立于清水中，水深浸没剪口。有条件的地方可把接穗吊在深井距水面20厘米左右，一般可保存3天。田间嫁接时，用湿毛巾盖好，避免阳光曝晒。

3.接穗的贮藏

贮藏接穗的最适温度为0～5℃，最高不能超过8℃。硬枝接穗的贮藏方法有3种。

（1）地窖贮藏

在背阴处的土崖边挖深3～4米的土窑，在距窑口2米的侧方挖拐窑，拐窑大小、深度由接穗储量而定。没有土崖的地方，可挖深3米、直径2米左右的竖窖，在窖底部侧方挖拐窑。将接穗平放在拐窑内，加盖草帘，经常洒水，保持草帘湿润。也可用黄绵土或垆土分层将接穗盖严。用秸秆或草帘将口封严，在保证通气的条件下，避免太阳照射，以保证窖内阴凉、湿润的环境。实践证明，用湿沙比黄土盖的接穗萌芽早，贮藏期短。

（2）果库贮藏

选择半地下果库，在底部铺厚40厘米的细河沙，适当浇水，水分保持在60%左右，然后开沟，将接穗立于沟内，用沙埋壅下部。在密闭条件下，用甲醛和高锰酸钾熏蒸10小时，可有效控制木霉、黑霉等杂菌侵染穗条组织。然后，根据库内湿度和温度，调整果库通气口的大小。当沙子变干或湿度小于40%时，适度补水，湿度保持60%（即手捏成团，指缝不滴水，松开即散）。贮藏期，不宜对接穗直接洒水或喷水，否则造成接芽霉变。

（3）冷库贮藏

先将接穗装在长1.2米左右、厚6～8丝的聚乙烯塑料袋内，袋内装湿锯末，扎紧袋口，分层贮藏在库内铁架上，厚度不能超过3捆。将温度调控在0～3℃。

实践证明，3种方法各有利弊，地窖贮藏储存量小，贮藏期短，成本低，适宜果农自存；果库贮藏储存量大，成本低，可贮藏到5月中旬，如果温度和湿度控制不当，易造成接穗霉变、失水而降低生活力；冷库贮藏储存量大，成本高，可贮藏至5月底保持旺盛的生命力，但易受电力因素制约。

4.接穗的处理

主要是剪截。一般需要在嫁接前进行。高接换优时，将接穗剪成10～15厘米长，有3～5个饱满芽的枝段。一般来说，若接穗梢头木质疏松、髓心大，不充实，芽体虽大但质量差，不宜用作接穗。

四、品种纯化

品种纯化是指按照“一园一品”思路，采用嫁接方式把实生树或劣质品种更换成优良品种，也称嫁接改良、高接换种、换良种，又可称高接换优。最大优点是品种化、均一化、商品化的统一。在生产中，如果只注重良种率，就会造成优良品种混杂，一园多品，商品率低，常常增产不增收，效益低下。良种品种化是商品化的基础，撇开品种化，商品化是无稽之谈。因此，品种纯化是改善核桃商品化生产和提质增效的根本途径。

品种纯化目标是从“一园一品”抓起，实现“一县（区）一品”，甚至一个生态区域一个主导品种。改良后，3年恢复树冠，4～6年丰产，做到枝壮、叶茂、果繁，实现优质、丰产、稳产、高效的同步。

（一）纯化对象

一般来说，实生幼园、低产园、低质园、品种混杂园以及市场淘汰的品种应进行纯化。其主要对象是10年生以内未挂果的实生树和11～30年生结果少、品质差的低产树以及非目标品种树。改良时，要求树势健壮。对弱树和30年生以上的大树，应先进行土肥水及树体综合管理，树势旺盛后，再进行嫁接改良。

（二）接前准备

品种纯化技术性强、环节多、时间短，接前必须做好准备。准备好接穗与物料，做好砧木的处理。

1.物料准备

（1）嫁接工具

嫁接刀、修枝剪、手锯、油石和细磨石、人字梯或高板凳等。

（2）包扎材料

聚乙烯薄膜、线绳或聚乙烯绳、报纸（撕成4～8开）等。

2.砧木的选择与处理

选择生长健壮的植株，嫁接部位直径以3～8厘米为宜，最粗不能超过10厘米，过粗不利于砧木接口断面的愈合。因此，在高接时应本着树形不变的原则，对树体骨架进行整理，尽可能选择方向好，角度适当，粗度适宜的主枝、侧枝截头嫁接。尤其对10年生左右的树，高接部位因树制宜，可在主干或主枝上采用单头单穗、单头双穗或多头多穗进行高接。截面直径在3～4厘米时，可单头单穗；直径在5～8厘米时，可一头插入2～3支接穗。对10年生以上的树，应根据砧木的原从属关系进行高接，高接头数不能少于3个。对3～5年生幼树，适宜在主干或主枝的光滑部位高接。

据观察，核桃树除在采收后至落叶前无伤流外（或者伤流极小，不易观察），其他时期均存在伤流，温度变化和降雨等会加重伤流。如果伤流液聚积嫁接部位，造成接口缺氧，会影响砧穗愈伤组织产生和结合；严重时，接口腐烂，嫁接失败。因此，核桃苗木或大树嫁接前，必须对砧木放水，目的是减轻伤流。放水方法是在接前2～3天，从树干基部5～10厘米处向上呈螺旋状，锯3～5个斜口，深度达木质部或干径的1/8～1/10。采用插皮舌接时，放水稍重。

（三）改良适期和方法

1.改良适期

（1）硬枝高接时期

高接时期选择正确与否，直接关系到品种纯化的成败。一般以物候期为准，即萌芽呈佛手状（或顶芽萌发3厘米）至展叶期。此时气温平均20℃左右，树体伤流小，分生组织处于活跃期，利于愈伤组织的产生和伤口的愈合，成活率高。黄土高原地区，一般在4月上旬至5月上旬高接。

北方地区多用硬枝高接，即砧木和接穗均为硬枝（完全木质化）。多采用插皮舌接法，也可用插皮接法。接穗质量必须充分木质化且粗壮，每根含有效芽2～4个。实践证明，采用插皮舌接法，砧木和接穗必须都离皮，嫁接工序较多，成活率高，新梢生长量大。

（2）嫩枝嫁接适期

试验表明，黄土高原嫩枝双舌接、单芽劈接及芽接以6月为宜，7月中旬后嫁接难以越冬。

2.方法

（1）插皮舌接

①技术特点。

适于大树高接。在嫁接时，将接穗木质部呈舌状插入砧木树皮与木质部之间，砧木要削去外层老皮，露出内部“嫩皮”和接穗内侧相贴。也可形象地称为“木贴木，皮包皮”。砧木和接穗的伤口接触面积大，嫁接成活率高。要求接穗削面下端极薄，砧木和接穗都要离皮。嫁接时间较短。

②操作要领。

首先，将砧木在选定的嫁接部位（要求平滑，无疤痕）锯断，削平截面，选择匹配的接穗（要求端直，长10～15厘米，且有效接芽2～3个），在下部将接穗削成长6～8厘米的大斜面（注意刀口一开始就要向下凹切，超过髓心，再斜削，斜面下部越薄越好），然后，捏接穗削口下端两侧，使皮层与木质部分离。接着在砧木嫁接部位，由下至上削除老皮，露出皮层或嫩皮，皮层削面长度大于8厘米，宽度大于2厘米。再次，在削面上端与锯口结合处削“弯月形”凹面，在其中间纵切一刀。最后，将接穗木质部顺着砧木削面的纵切口方向，紧贴木质部与皮层之间插入，使接穗皮层贴在砧木韧皮部外部，接穗在接口以上须露白0.5～1厘米。接合后，先用薄膜包严接口，再用扎带扎紧（见图3-1）。除蜡封接穗外，接后均需采取保温保湿措施，其方法有3种：一种是暗光愈合法，即先套塑料筒袋，外裹报纸；二是装土法，即先将报纸于嫁接部位卷成筒状，固定后，再装湿土，外套塑料袋；三是缠膜法，将嫁接部位和接穗用聚乙烯薄膜缠严，注意单层过芽，也可外裹报纸。暗光愈合法和缠膜法，接后管理较简捷，在生产中广泛应用。

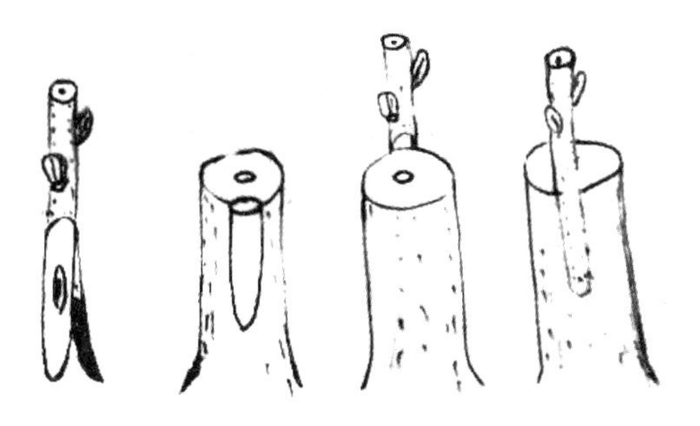

图3-1　插皮舌接

（2）插皮接

①技术特点。

适于大树高接。在嫁接时，在砧木锯口下纵切一刀，将接穗贴砧木木质部与皮层之间插入。要求砧木离皮，接穗可以不离皮。嫁接速度快，成活率没有插皮舌接高，成活后易被风吹折。

②操作要领。

首先，将砧木在选定的嫁接部位（要求平滑，无疤痕）锯断，削平截面，选择匹配的接穗（要求端直，长10～15厘米，且有效接芽2～3个），在下部将接穗削成长6～8厘米、下端厚0.2厘米以上的大斜面，削除其两侧外表皮。然后，在拟插接穗的部位垂直划一刀，深达木质部，长约1.5厘米，顺刀口用刀尖向左右挑开皮层，如果接穗太粗，不易插入，也可在砧木锯口上切入一个3厘米左右上宽下窄的三角形切口。最后，将接穗顺砧木刀口插入，使砧木皮包裹接穗两侧，接穗在接口上仍须露白0.5～1厘米（见图3-2），再用塑料薄膜包扎。暗光愈合法、缠膜法保湿保温效果较好。

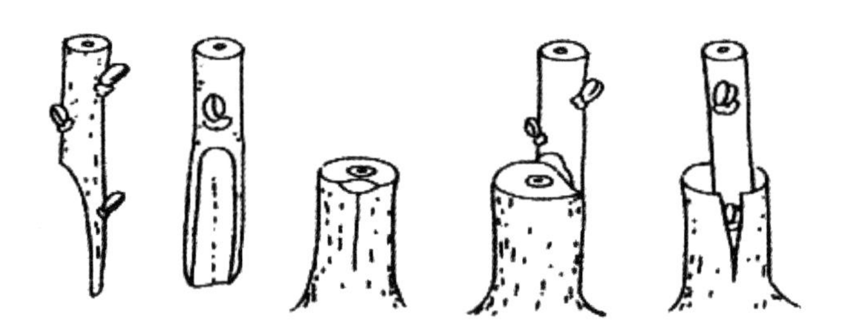

图3-2　插皮接

（3）净干芽接

净干芽接是指将砧木侧枝全部去除干净，在新梢进行芽接。此方法由河北省赞皇县林业科技人员探索发现，具有操作简便、成活率稳定、改良成本较低等特点。适宜胸径10厘米以上的大树改良。

在落叶前（黄土高原9月下旬，叶片发黄至落叶前）或发芽前1周（这两个时期，核桃树伤流最低），将砧木全部枝条去除干净，主干高度控制在3米以内。萌芽后，主干1米以上隔30～50厘米左右、呈螺旋状预留生长健壮的萌条。在6月芽接或嫩枝双舌接。

（四）接后管理

高接树的后期管理是嫁接成败的关键之一。生产中因接后管理不当而成活率极低甚至失败的实例很多。因此，加强接后的综合管理工作十分重要。

1.除萌

除萌即抹除砧木萌芽，应分段进行，做到除早除了。接后15天内，砧木上萌蘖适当疏除，可暂时保留1～2个；接后20～30天，视接穗成活情况而定，接芽萌发的，全部抹除接口以下萌蘖；接穗新鲜而未萌动的，接口下部要暂时保留1个萌条，并控制其生长；接穗已枯死的，保留1个萌条。嫁接30天以后，接穗虽然成活，但生长势极弱，将萌条摘心，新梢达20厘米以上时疏除；接穗全部死亡的应保留2～3个萌条。尽量选在接口附近的较高位置保留萌条，保护树干，再进行嫩枝嫁接或芽接，或恢复树冠后再行改接。

2.放风

采用缠膜法包扎的不必放风，套袋法和装土法应分3步放风。第1步，当接芽成活长至3厘米时，在塑料筒袋的顶部，剪一铅笔粗的小口或用烟头烧一小洞，让接芽通小风；第2步，新梢长到6厘米时，将保湿膜撕一小口，把枝梢引出膜外；第3步，待新梢长到8厘米以上时，把袋撕开，反卷向下至接口外。一般放风过早时，接芽受冻“感冒”，使成活率降低30%～50%；太晚时，造成接芽被“烧”，成活率降低10%～15%。各地气温差异较大，为了避免放风过早或过晚对成活率的影响，一般用接芽长度能准确判断放风的具体时间。当新梢紧贴袋顶部时，也可将顶部打开一小口或松动扎口（切不可使放风口过大，避免因水分蒸发过大造成死亡），让嫩梢顶部自然伸出，放风口由小到大要分几次打开，更不能把袋子取掉。当新梢伸出袋后，可将顶部打开以适应环境。放风应在上午9点前或下午4点后进行，阴天全天均能放风。若高接后，遇连续阴雨天时，要经常检查筒袋，用大号注射针管抽净套袋内伤流积液。

3.设立支架

当新梢长至30厘米左右时，及时在接口处设立长1.5米的支柱，将新梢绑缚在支柱上，以防风折，随着新梢的加长要绑缚2～3次。绑缚时，动作要轻，不能损伤嫩皮。

4.松绑

松绑与绑防风支架可同时进行。第一次在绑防风支架时同步进行，在接穗结合的对面或侧面纵刈一刀，深至树皮，将扎绳、薄膜等绑缚物刈断，但不去掉绑缚材料。第二次绑缚嫩梢时，可将接口的绑缚物全部去掉。如果不松绑，随着接口愈合组织生长，会形成环状缢痕，随着其粗度生长，缢痕愈来愈深，随时都有风折的风险。

5.定枝疏果

定枝的目的在于合理利用水分、养分，促进树体有序发展，早整形，快成形。嫁接成活后，由于砧木根系大，水分养分供应充足，接穗上主芽、副芽及隐芽均已萌发，在很短的枝段上出现了太多的枝。据调查，一个接穗上最多能萌发4～8个枝，早实品种还萌发二次枝。因此，要根据接穗成活后新梢的长势选留部分枝，疏掉多余枝。留下的枝，一部分可提早摘心，促进分枝，便于树冠舒展丰满，为第2年的整形修剪打下良好的基础。如果接后不管，任其生长，则树形紊乱，第2年整形时左右为难，留枝多，形不成骨干枝；留枝少，伤口多，影响树的生长势。因此，应在新梢长至20～30厘米时定枝。

早实品种的接穗，一般成活当年均开雌花。如果接穗愈合好，新梢长势旺，一般雌花会自行脱落。如果生长弱则会坐果，应该及早疏掉，尽快恢复树势。否则会因结果多，消耗养分大，树势难以恢复，造成烂根，甚至整株死亡。

6.摘心

为了充实发育枝，在8月底对全部枝条进行摘心。摘心长度3～5厘米。

7.加强肥水管理

接穗成活后，有条件的，可灌水1～2次，待叶片长出时，开始少量追肥。当新梢长到20～30厘米时，要追施1次沼液或腐熟的人粪尿，促进新梢生长。

8.高接树修剪

高接树修剪应以树体原有骨架结构为基础，随枝整形。改接后的前几年生长强旺，应以轻剪缓放为主，以缓和树势。具体技术详见整形修剪部分。

9.病虫害防治及越冬防护

接穗萌芽后，若有金龟子、蚜虫、蝼蛄等危害嫩芽，应及早喷药防治。上冻前，对主干、主枝进行涂白。涂白剂的配方为，水：生石灰：石硫合剂原液或硫黄粉：盐：动植物油=40：10：1：0.5：1。

五、影响核桃嫁接成活的因素

核桃嫁接技术不易掌握，后期管理复杂，成活率低而不稳，一直困扰良种的推广。直到2000年后，嫁接技术逐渐成熟，嫁接技术队伍不断壮大，成活率才提高到80%以上。影响核桃嫁接成活的因素很多，在生产中，尤其是露地嫁接中应特别注意以下几方面。

（一）砧木和接穗质量

从嫁接成活机理讲，只有砧木和接穗都能产生足够的愈伤组织，并分化形成连接组织，才能最后形成一个新的植株。这就要求砧木和接穗必须具有较强的生活力，特别是接穗的质量，由于硬枝接穗要完全靠自身营养度过贮藏期。如果接穗质量较差，成活率就会大大降低。因此，在生产上避免使用质量较差的接穗，休眠期的硬枝接穗，要求生长健壮、发育充实、髓心较小、芽体饱满，且无病虫害、无冻害、无创伤。贮藏期的温度、湿度同样影响接穗质量，贮藏温度如果低于0℃，造成接穗组织受冻、结冰，生活力降低，严重者芽体变黑，失去生活力。如果高于5℃，易造成接穗芽体膨大或萌发，严重者皮层变质发褐，不能形成愈伤组织，嫁接难以成活。如果湿度过低，接穗易抽干；湿度过大，接穗易霉变，丧失生命力。接穗贮藏不能超过2个月。嫩枝接穗要求半木质化，芽接接穗要求木质化，随采随用，注意保鲜保湿，避免机械损伤。砧木要求生长健壮、鲜活度高，表现为树势旺盛，树皮光滑，无斑疤，无病虫害；砧木过弱、过细小，嫁接成活率极低，甚至造成砧木死亡。实践证明：患有核桃腐烂病或溃疡病的砧木，即使病害很轻微，直接嫁接，虽然对当年成活率和新梢生长影响不大，但是越冬后次年将会整株死亡，包括根系在内。因此，砧木患病，必须治好病，树势恢复后，才可嫁接。

（二）环境因子

露地嫁接成活率与温度、湿度及降雨等环境因子密切相关。

1.温度

核桃嫁接时，愈伤组织的形成是核桃嫁接成败的关键，而愈伤组织的产生和增生与温度、湿度密切相关。据试验，核桃愈伤组织在20℃以下极少，在20℃以上开始增多，26～30℃最多，超过30℃则显著下降，高于32℃时不易形成愈伤组织，易出现霉烂。核桃愈伤组织分化的最佳温度为29℃，嫁接时的环境温度以25～30℃为宜。核桃嫁接成活一般需要45天左右，接后第5～20天是愈伤组织形成的关键时期，此期温度适宜至关重要。如果接后第5～20天突遇大风，温度剧降，成活率大大降低，甚至失败。因此，核桃硬枝嫁接不能过早，一般在萌芽期至展叶期进行。过早，气温不稳定，影响愈伤组织的形成；过晚，气温愈高，愈伤组织生成速度愈快，愈合时间愈短，愈伤组织幼嫩、松软，接穗易过早萌发，砧穗共同的连接组织没形成或连接不牢，砧木养分和水分不能及时供给，接穗自身的养分消耗尽后也就干枯了，也称“假活”。如果温度高于32℃，难以产生愈伤组织，成活率就低。因此，夏季嫁接也要避开高温，尤其中午11～16点，最好早10点前或下午5点后嫁接。

2.湿度

接口的微环境对愈伤组织的形成至关重要，主要是保持一定的湿度。接口干燥，容易使薄壁组织干死，不能分化出愈伤组织；湿度过高，则通气不良，愈伤组织也不能产生。据试验，核桃产生愈伤组织的最适湿度为相对湿度50%～60%，低于50%或高于60%，均不利于愈伤组织的形成。因此，在生产中使用塑料薄膜包装接口，目的是保湿保温；使用蜡封接穗，也是避免其水分散失。

3.降雨

愈伤组织形成需要较高的湿度，但降雨会严重降低嫁接成活率。春季枝接降雨，会加大伤流的发生；夏季降雨，会使嫁接部位氧气不足而易发生霉烂。据观察，接后阵雨对成活率影响不大，连续降雨2天以上对嫁接成活率影响大，4天以上嫁接几乎失败。春季嫁接时，如遇“倒春寒”、下雪、刮大风及急剧降温等不良气候，对嫁接成活率的影响非常大。实践证明，无论采取何种方法嫁接，必须对砧木放水，苗木放水宜轻，大树宜重。

（三）嫁接适期的选择

核桃嫁接成活难，关键原因是核桃枝条内单宁含量高，伤流大。嫁接时，单宁容易在接口处氧化缩合形成黑色的“隔离层”，阻碍砧、穗接合和物质交流。伤流液造成接口缺氧，抑制砧、穗的呼吸作用，从而阻止愈伤组织的形成，接口容易霉烂。因此，在生产中，要避开伤流高峰期和单宁高发期，选择最佳嫁接时期，气温宜在20～30℃。一般核桃萌芽后，伤流逐渐减轻，单宁含量降低，适宜嫁接。硬枝嫁接宜在萌芽期至展叶期进行，双舌接可适当提前，但在砧木离皮时停止；插皮舌接可适当延长到展叶后，新梢20厘米左右。嫩枝嫁接和芽接，宜在6～7月进行。实践证明，嫁接适期的选择比嫁接技术重要。

（四）嫁接技术

熟练的嫁接技术，可以缩短嫁接过程中砧木、接穗切口在空气中暴露的时间，减少单宁等酚类物质的氧化。同时，平滑的切削面可使砧、穗紧密接触，愈伤组织容易连通。嫁接时，绑缚越紧实、牢固、密闭，成活率越高。枝接和芽接，以砧、穗接触面积大的成活率高，反之则低。

（五）接后管理

“三分嫁接，七分管理”。许多嫁接失败的直接原因是接后疏于管理。大树嫁接后要绑缚支架，避免新梢被风吹折。苗木嫁接后，及时松绑、解除塑料薄膜，减少水分、养分供应的阻碍。如果解除较晚，塑料抑制绑缚部位的生长，产生缢痕，严重者从缢痕处折断。枝接和芽接，必须及时抹除砧木的萌芽或萌条，以集中养分供给接芽生长，能显著提高成活率及生长量。

第二节　园地管理

园地管理是核桃生产的基础和根本措施，其内容包括土、肥、水的管理。实践证明，只有做好果园的土、肥、水管理，才能使核桃早果、丰产、优质、长寿。

一、土壤管理

土壤是核桃（果树）赖以生存的物质基础，是其生长发育所需营养物质和水分的主要源泉，是各种物质转化的场所，还固定支撑树体。土壤疏松，通气良好，微生物活跃，土壤肥力提高，有利于根系的生长发育。因此，把核桃根系集中分布层改造成适宜根系生长的活土层，是土壤管理的核心内容。

土壤管理就是通过翻耕、间作、覆盖等措施，使土壤“上松下实”，实现水、肥、气、热良性循环，从而促进核桃生长发育。

（一）深翻

深翻是土壤改良的有效措施。深翻后，土壤有机质含量增加，团粒结构增多，土壤孔隙度增加，提高了土壤蓄水、保肥能力，通气条件得到改善，好气性微生物数量增加，加速了有机质分解，显著提高了土壤熟化程度和肥力。同时，加深了耕作层，促进根系向纵深发展，根的总量增加，特别是吸收根量增加3～6倍，为根系生长创造了良好的环境条件。根强体壮，在保持树体健壮的同时，增加了新梢生长量，叶厚大色浓，花芽分化好，增强了树体抗旱和抵抗病虫害能力，进而提高产量和品质。尤其是盛果期大树，其根系交错密布，伸展面积大，从早期开始逐年深翻耕，可使水平大根在深土层发育。若不深翻，会造成土壤通气不良，理化性质恶化，从而影响根系的正常生长，导致树势衰弱，产量和品质下降。

深翻的方法，一般包括扩穴深翻（放树窝子）、隔行深翻及全园深翻3种，深度60～80厘米，一年四季均可进行，陕西黄土高原以秋季深翻效果最好。传统深翻以人工为主，费时、费工、费力，在有效劳动力缺乏的今天已不适宜。当代果园深翻以机械为主，方法是在建园后的当年秋季，距果树50～60厘米用深翻犁在行间深翻，深度不低于60厘米，之后在树冠外缘的行间深翻，3～5年深翻1次。

深耕时注意保护根系，不要伤根过多，尤其是粗度在1厘米以上的根最好不伤。深耕可在深秋、初冬季进行，结合施用有机肥，在夏季结合压绿肥。如农谚“果树要好，深翻肥饱”，“深翻一寸，强如上粪”。

（二）耕作

果园除了深翻外，每年要对土壤进行耕作，尤其是秋耕。秋耕可拦蓄雨雪，使土壤水分提高3%～7%，同时铲除宿根性杂草，消灭地下害虫。

方法是用机械在树冠外缘的行间浅耕，深度20～30厘米。行内和树盘用小型旋耕机翻耕，深度15～20厘米。

秋耕宜在果实采收后（9～10月）结合施基肥进行。

（三）中耕除草

中耕除草切断了土壤毛细管，防止土壤水分蒸发；保持表层土壤疏松，改善土壤通气状况，促进土壤微生物活动，有利于有机质分解，提高土壤肥力。同时，能有效减少杂草对土壤养分、水分的消耗。中耕次数一般根据当地气候和园地杂草多少而定，全年约5～7次。农谚“麦前果园好好锄，夏秋灭草不用愁”，抓住夏收前杂草大量出土期和秋季杂草种子成熟期两个关键时期。

杂草乃土地的主人，陕西渭北地区夏秋降雨比较充沛，一年翻耕四五次，仍杂草遍地。杂草不仅是病虫害滋生蔓延的场所，而且与核桃争水夺肥，影响核桃树体生长发育、产量和品质。传统人工除草，成本太高，已经不适应省力化栽培和商品化生产的发展，当前多用旋耕机代替人工，可在春季核桃萌芽期、夏季杂草出土期和秋季草籽成熟前进行。

（四）间作

间作属土壤管理措施中的重要技术，目的是通过间作物抑制杂草，促进其和树木共同生长，形成果园穗条系统。其作用主要表现为：充分利用光能、地力和空间，提高核桃园的早期经济效益，以短养长，解决核桃树见效慢的矛盾；改善果园环境，在夏季能降温增湿，增加有机质，利于核桃树生长；同时，能保持水土，减少地面冲刷，抑制杂草生长，减轻病虫害，增强核桃树体抗逆性；在对间作物进行必须的中耕、松土、除草、施肥的同时，对核桃树也实现了管理，满足其对土、肥、水、气的需求，从而促进树体的正常生长发育，还能减少对核桃树的专门投入，节省人力、物力，降低了生产成本。

生产实践证明，在盛果期前均可间作，盛果期（树冠郁闭度达0.7）后，则可清耕或免耕。

1.间作物选择

核桃园间作作物应遵循5项原则：①根据气候、立地条件、管理水平及种植习惯，确定适宜的间作物；②根据果树生育期选择间作物，幼树期可选择喜光作物，结果期应选择耐阴作物；③间作物要秆矮、冠小、根浅和无攀缘习性，尽量避免与核桃树争水、争肥、争光；④被选择的间作物生长期应相对较短，与核桃树无共同的病虫害，不能与核桃树相克；⑤间作物应具有较高的经济效益和社会效益，同时便于生产和销售。

核桃一般不宜与多年生深根性药材、牧草及苜蓿间作。在春、夏雨水充沛，或灌溉设施完备的地区，核桃园可间作冬小麦、油菜等。若春夏干旱少雨，无灌溉条件或设施不完备，核桃园不宜间作冬小麦、油菜等，因为冬小麦、油菜在春季萌芽早，与核桃树“争夺”水肥，小麦在成熟期对核桃树有“烘烤”作用，使树势减弱，抗逆性降低。

2.间作技术

间作时，必须突出核桃树的主体地位，保证树体有充分的生长发育空间，不能人为或机械损伤核桃树体。栽植第1年预留果树带1.5米宽，间作4.5米，之后随树冠扩大，逐年增加果树带的宽度（以树冠投影平均宽度为宜），逐年减少间作宽度和面积。果树带每年至少深翻1次，也可扩盘至树冠外缘，深度30～50厘米为宜。在间作物的品种选择、中耕除草、病虫害防控等方面必须遵循产品生产技术规程。间作物收获后，采用机耕深翻法，进行秸秆还田。

果园郁闭度小于0.6，均可选择喜光的作物进行间作，如豆类、荞麦、糜谷、胡麻、荏子等秋杂作物。玉米虽能间作，因有转基因品种，即使非转基因品种，当前使用包衣（主要成分为呋喃丹，有剧毒）种子，有机核桃园应拒绝此类作物。

3.间作模式

（1）果菜间作

适合距集市较近，交通便利的幼园。幼园地表光照充足，与耕地差异不大。因此，在园内间作大白菜、萝卜、土豆、红薯、西瓜等温凉型、中弱光型果蔬。

（2）果油间作

在盛果期前，间作油菜、花生、豆类、荏、亚麻等油料作物。花生、豆类的根瘤菌可增加园地氮素养分，但豆类不宜重茬连作，因其根系腐解物对重茬豆类有抑制作用；民间谚语“豆见豆，必定瘦”，进一步验证了豆类重茬连作之危害。实践证明，荏与核桃能长期间作，即使在郁闭的核桃园内，仍然生长良好。核桃和荏均属温凉、耐旱作物，它们之间协同作用明显。因此，核桃与荏套种间作，可作为核桃园成功的间作模式应用推广。

（3）果药间作

有条件的果园，在幼龄时期间作夏枯草、板蓝根、黄芪、丹参等喜光药材。进入结果期后，间作半夏、黄精等耐阴药材。由于半夏粒小，野鸡喜食，不宜在土壤黏重或含砾石的地块种植，种植时须用渔网罩，以防控野鸡。黄精属补药和保健养生食材，南方人大量食用，野生黄精资源被大量挖掘，逐渐走向枯竭。作者根据黄精的生长条件，在核桃园仿野生栽培试验，在郁闭度达0.6以上的园中生长良好。方法是白露后将采挖的野生黄精种芽沙藏，次年清明后种植，也可随采随种。用腐殖质土拌种效果好。

（4）果菌间作

由于食用菌生长需要高温、高湿和弱光环境，因此利用核桃园郁闭后遮阴条件好、湿度大的特点，在园内栽培蘑菇、大球盖菇、口蘑、羊肚菌等食用菌，在收获优质食用菌的同时，有效利用修剪的树枝，栽培料还能增加土壤有机质。但是，食用菌栽培技术要求严格、投资较大，必须进行专业培训，切勿盲目行动。

（5）果禽养殖

有条件的核桃园，利用果园的地形特点将园地用钢网围起来，在园内养殖家禽等，在养殖过程中不得使用化学合成饲料和添加剂。核桃园养殖家禽，活动空间大，体型健壮、肉嫩蛋香、营养丰富，同时可食园内杂草和昆虫（包括害虫），禽粪肥园促进果树生长发育及结果，园地生草，果树生虫，形成了禽、虫、草、树共生循环的生态系统。每667平方米养殖家禽40～60只，务必“轮牧”，使嫩草、昆虫及园地有效修复，达到持续利用。养鸡时，必须与鹅混养，能有效防控鸡的天敌老鹰、黄鼠狼（黄鼬）等，同时人工养殖蚯蚓、黄粉虫等，以满足鸡的营养需求。

（五）地面覆盖

核桃园间作和清耕后，最好覆盖地面。对于丘陵山区肥力低、无灌溉条件的果园，更应进行园地覆盖。实践证明：地面覆盖具有调节地温，抑制地表水分蒸发，改善土壤物理性状，抑制杂草及减轻病虫害的作用。同时，促进土壤微生物活动，加速养分分解，增强地力，促进作物吸收养分。地面覆盖包括生物覆盖和地膜覆盖。

1.生物覆盖

生物覆盖也称覆草，是指用作物秸秆、糠壳、树叶、木屑以及杂草等覆盖在果树周围裸露的土壤上，具有培肥、保水、稳温、灭草、免耕、防止土壤流失及省工等多种效应，又能改善土壤生态环境，养根壮树，促进树体生长发育，进而提高产量和改善品质。

（1）覆盖效果

果园通过生物覆盖，为土壤微生物创造了温度、水分、氧气等最适宜而稳定的环境，利于微生物繁殖和分解活动，把土壤中不可吸收的潜在养分分解释放出来，能促进大量覆盖物腐熟还田，增加土壤有机质含量，促进土壤团粒化，改良土壤；能使表层温度和水分稳定，减轻或避免冬季土温过低、盛夏土温过高及春季干旱对浅层吸收根的伤害，稳定养分供应，促进果树生长，提高产量，改善品质。同时，在高温干旱时，有效降低地温，避免日灼。据测定，覆草后土壤有机质平均每年增加0.05%，土壤有效钾提高15～20毫克/千克；覆草使0～20厘米土层温度，冬春提高2～6℃，夏季降低3～5℃，使核桃根系处于适宜生长状态，促进了根系的生长发育。

生物覆盖可防止坡地雨水冲刷和水土流失，减少蒸发和径流，发挥蓄水保墒作用。据测定：果园覆草地表蒸发减少60%左右，0～30厘米土壤含水量始终保持在12.1%～22.9%，较不覆盖的提高5.03%；覆草的果园雨后水分下渗深度比未覆盖者深20～50厘米，雨后天晴地面蒸发大大减少，在持续干旱1个月的情况下，覆草果园0～30厘米土壤含水量比清耕园高13%～17.2%。覆盖还可抑制杂草生长，起到灭草免耕的作用。

（2）覆盖技术

覆盖时期。一年四季均可进行，一般在地温已经回升时实施最好，黄土高原在5月上旬。旱地果园应在20厘米土层温度达20℃时覆盖。易遭受晚霜危害的果园，宜在萌芽期后覆盖。

覆盖方法。进行间作的果园（包括幼龄园）应进行树盘或树行覆草，进行间作和郁闭的果园宜全园覆草。覆草厚度15～20厘米，应覆盖到树冠外缘。

春季覆盖干草，夏季压青草。树盘覆盖每株用干草70～100千克，树行及行间覆盖每667平方米需1250～1500千克，全园覆盖每667平方米需要干草2000～2500千克，鲜草加倍。

覆草前要结合深翻或深锄浇水，施用高氮有机肥满足微生物分解有机物对氮的需要。并在草上呈斑点状压土，以免被风吹散或引起火灾。长草应铡短，以便覆盖和腐烂。山地瘠薄果园，可采用挖沟填埋与覆草相结合的方法。

覆后管理。每年结合清园和秋施基肥进行深翻，将覆盖物全部深埋还田，次年春季再覆盖。追肥时，可扒开覆草，多点穴施。

特别注意，覆盖物与树干距离保持在20～30厘米，降低根部湿度，减少病虫危害。黏性重的土壤不宜覆盖，以免湿度过大、缺氧，使根系生长不良。排水不良的果园，覆草使土壤过湿而引起根部及根颈部病害，务必先解决好排水问题。

2.地膜覆盖

地膜覆盖保水增温效果比覆草好，却无覆草改善土壤性状、增进肥力之效。有机核桃园采用透明膜和黑地膜覆盖，黑地膜除草效果特好。

（1）黑膜覆盖效果

黑膜覆盖的效果主要表现在除草、温度及物理三大效应。

①除草效应。

黑膜遮光率高，透过光量几乎等于零，膜下无光线，杂草不能生长，对单、双子叶杂草都有极好的除草效果。据测定，用黑色地膜覆盖果园除草效果为98.2%，比透明膜未喷除草剂效果0.7%提高防效97.5%，树下基本没有杂草。

②温度效应。

黑色膜遮光率高，太阳光不能直接透过膜面给土表增温，而是通过黑膜吸收太阳能自身增温，再经过热传导使土壤增温，促使土温变化平稳，果树生长发育协调，减少病害发生，防止早衰，对树体生长极为有利。据测定，提高地温4～5℃，相对透明膜（2～10℃）稳定。

③物理效应。

物理效应主要表现在保墒增墒和土壤结构上的变化。据覆膜后6月5日对土壤墒情测试：壤土0～10厘米土壤含水量为17.2%，裸地为14.1%，提高3.1%；黏土含水量为18.2%，裸地为15.5%，提高2.7%。这不仅起到了增墒的作用，同时改善了土壤的理化性状。

（2）覆盖技术

一般选择在早春进行，最好是春季追肥、整地、浇水或降雨后，顺行覆盖地膜。覆膜时，四周要用土压实。追肥时，不得破坏地膜。秋季清园时，务必将地膜残余物彻底清理出园。

二、土壤培肥

土壤培肥是以作物“根系—微生物—土壤”的关系为基础，采取综合措施，培育营养齐全、缓冲能力强、供肥供水持续稳定、水肥气热诸因子相互协调的土壤，将“瘦土”培养成“肥土”，使肥土更肥。简单来讲，培肥就是培养土壤肥力。土壤肥力是反映土壤肥沃性的一个重要指标，是衡量土壤能够提供作物生长所需的各种养分的能力。因此，培肥的目的是把自然肥力和人工肥力转化为作物即时利用的“有效肥力”，也就是将用于有机核桃生产的土壤培养成优良土壤。

优良土壤的特征：土质松软、易碎，团粒结构，能吸收大量水分，排水良好，抗冲刷，营养损失少，春季低温回升快，作物栽培期地表不结壳，旱季也能保持湿润，土块少，没有硬质层或黏板层，土壤微生物种类和数量丰富，有浓厚的泥土味，在不增加投入的情况下也能高产，生产的作物健康，且品质高。

（一）培肥措施

果园的土壤培肥技术很复杂，必须树立农业土壤的系统观和整体观，综合考虑肥料、作物、土壤等各种因素，树立“平衡施肥”的观念，遵循“用地养地相结合、防止肥力衰退与土壤治理相结合”的原则，保持和提高土壤肥力水平，在获得优质、高产和安全有机产品的同时，实现果园生态系统动态平衡，永续发展。

1.根据土壤性质施肥

砂性土壤团粒结构差，吸附力弱、保肥能力差，但通气状况好，好气性微生物活动频繁，养分分解速度快。因此，施肥时要多施沼渣肥和土杂肥，改良土壤结构，以提高土壤的保肥能力。黏重土壤通透性较差，微生物的活动较弱，养分分解速度慢，耕性差，但保肥能力强。因此，施肥时要多施秸秆、山草、厩肥类、泥炭类等有机肥料，以改善土壤的通透状况，增加土壤的团粒结构，提高土壤对作物的供肥能力。强酸性土壤可适当施些石灰，强碱性土壤则可施些石膏粉或硫黄粉进行调节。阳坡地应施猪粪、牛粪等凉性肥料，阴坡地、下湿地宜施羊粪、鸡粪等热性肥料。生地应施有机肥，配合施用速效性矿物肥。

2.根据有机肥的特性施肥

常见的有机肥料有人畜粪尿、厩肥、堆肥、沤肥、作物秸秆、山草、绿肥、饼肥、沼肥和腐殖质肥料等，人畜粪尿和沼液为速效性肥料，其余均为迟效性肥料。

各种有机肥料的养分含量和性质差别很大，在施用时必须注意以下几点。

（1）各类有机肥料除直接还田的作物秸秆外，一般需要经过堆沤处理，使其充分腐熟后才能施入土壤，特别是饼肥、鸡粪等高热量的有机肥。鸡粪在堆肥中易发热，氮素易挥发，属有机肥中的速效肥，必须干燥存放，使用前沤制。

（2）人粪尿是含氮量较高的速效有机肥，适合作追肥使用。由于其含有寄生虫卵和一些致病微生物，还含有1% 左右的氯化钠（食盐），所以，在使用前要经过无害化处理，而且要视作物种类选择性地使用，若在忌氯作物上使用过多，往往会导致品质下降。另外，人粪尿中的有机质含量较低，不易在土壤中积累，磷钾的含量也不足。因此，长期单一使用人粪尿的土壤必须配施一定量的厩肥、堆肥、沤肥等富含有机质的肥料，以保证土壤养分的平衡供应。

（3）堆肥、沤肥、沼渣肥等含有大量的腐殖质，适合培肥土壤。由于其中还有大量尚未完全腐烂分解的有机物质，所以这些肥料宜作基肥使用，不宜作追肥使用。

（4）用秸秆或山草作肥料时，一是要提前施用；二是要切断使用；三是要配合施用一定数量的鲜嫩绿肥或腐熟的人粪尿，以缩小碳氮比和满足微生物繁殖时的氮素之需，并在早期补充磷肥；四是要同土壤充分混匀并保持充足的水分供应；五是土壤一次翻压秸秆或山草的数量不能太多，以免在分解时产生过量有机酸对作物根系造成危害；六是不能将病虫害严重或污染严重地带的作物秸秆或山草直接还田（可经堆沤发酵后还田），以免造成病虫蔓延或污染土壤。

（5）草木灰含有氧化钾，呈碱性，不能同腐熟的人粪尿、厩肥混合施用或贮藏，以免降低肥效。

（6）泥炭又称草炭或泥煤，富含有机质和腐殖质，但其酸度大，含有较高的活性铁和活性铝，分解程度较低，一般不直接作肥料施用，常用作基肥牲畜的垫圈材料。

3.根据核桃生长规律施肥

在制定有机培肥计划时，要明确所用有机肥源中氮、磷、钾和中微量元素的含量情况，了解肥料的当季利用率和需肥规律。在一般情况下，采用以氮定磷、钾，再定中微量营养元素的配方施肥方法，从而基本满足核桃生长的需要。核桃结果期喜磷钾，可配施一定数量的骨粉、磷矿粉、矿物钾肥、富钾绿肥或草木灰进行补充。作物对营养的最大利用期是在作物生长最快，或营养生长和生殖生长并进的时期，这时作物需肥量大，对肥料的利用率高，此时要适当追肥，以保证作物对营养的需要。可采用迟效有机肥同速效有机肥相结合，基肥、追肥相结合的施肥方法。

4.耕作、间作及覆盖配合，提高土壤自身的培肥能力

果园耕作、间作及覆草，是重要的土壤管理措施，也是重要的培肥措施。土壤耕作能有效改善土壤耕层和地面状况，为作物播种到出苗和健壮生长发育创造良好的土壤环境，同时，耕层的疏松有利于根系发育及保墒、保温、通气以及有机质和养分的转化。间作大豆、苕子、绿豆等绿肥作物，产量高，肥效好，在增加果园土壤有机质、改良土壤理化性质、保持水土的同时，还能作饲料，过腹还田。也可在花期刈割，深翻，压绿肥。实践证明，间作物2～3年轮作1次，能有效避免“重茬病”和病虫草害的发生，同时，增加土壤生物多样性，培肥了地力。同样，果园覆草，在发挥保水、稳温、灭草、免耕等多种效应的基础上，能增加有机质，释放氮、磷、钾、锌、铁等元素，降低土壤容重，增大土壤孔隙，改善土壤通气状况，利用土壤生物发育，养根壮树，促进树体生长发育。因此，三者配合应用，能有效提高土壤肥力。

5.防止土壤污染

在果园土壤的培肥过程中，防止土壤污染是一大关键环节。常见的土壤污染途径主要有施肥污染、水源污染、大气污染和土壤中有害重金属超标污染。在生产中要坚持不用未经无害化处理的人粪尿、城市垃圾和有害物质超标准的矿物质肥料，不用污染水灌溉，最好选择远离城市、土壤有害物质不超标的地带生产安全果品，并设立隔离区。

总之，果园的培肥不是一朝一夕的事情，不仅要做到土壤水、肥、气、热等因子之间的相互协调，还要做到使这种协调关系持续不断地保持下去，才能达到持续稳产的目的。

（二）施肥

核桃是多年生作物，长期固定在一个地块生长几十年，甚至上百年，树体的生长发育和开花结果每年都要从土壤中吸收大量养分和水分。要维持树体的生命活动，必须补充和增加土壤养分，最有效的手段就是施肥。要做到合理施肥、经济用肥，务必掌握“必要元素同等重要、不可替代律，养分归还学说，最小养分律，因子综合律，最小报酬律”5个基本规律。

1.施肥的依据

（1）需肥特性

在核桃生长发育、开花结果及生命活动中需要大量营养元素碳、氢、氧、氮、磷、钾和微量元素钙、铁、锌、硼、镁、锰、铜等。在生产中，生产者重视氮、磷、钾的使用，碳、氢、氧及关键微量元素的使用重视不够。其实是认识误区，虽然来源于空气的二氧化碳和水在叶绿体中进行光合作用形成有机物质，但是还必须从土壤中吸收大量有

机质和微量元素，才能满足核桃生命活动，为稳产、丰产、优质奠定基础。

①碳。

碳是构成有机物骨架的基础，每一个有机物分子，都是以碳原子为核心搭建起来的复杂结构，其中，碳水化合物更是植物营养的核心物质。比如木质素、纤维素、果胶质等，都是碳与氢、氧等元素结合形成的化合物，这些物质是细胞壁的组分；维生素与植物激素等也是碳与其他元素构成的活性物质，它们是植物体正常代谢活动的必需参与物质；此外，糖、脂肪等化合物，也是碳结构形成的植物临时储备能量库或是参与体内物质代谢（包括各种无机盐的吸收、合成、分解与转运等），相互转化后形成种类繁多的物质。

在低温寡照时，碳减少，光合作用减弱，光合产物合成减少，而呼吸作用照常进行，使得消耗大于合成，导致植株生长势头渐衰。缺碳的植株碳水化合物运输至根系时，往往被半路拦截，导致根系可利用的碳水化合物较少，出现根系生物量较少、根毛少、根系短等情况，最终影响其他养分的吸收。

②氢。

氢与碳和氧结合构成蛋白质、碳水化合物、脂肪、有机酸、维生素及纤维素等有机化合物，参与体内代谢活动，有利于DNA的复制和转录。氢和氧形成水，对于植物来说，当水充满细胞时，叶片与幼嫩部分挺展，细胞原生质膨润，生物膜与生物酶等重要细胞结构、物质保持稳定，使得所有生命反应得以正常进行。水也是细胞内一切生化反应的介质。H^+参与光合作用和呼吸作用，H^+还是保持细胞内离子平衡和稳定pH值所必需的离子。

不适宜的H^+浓度，不仅直接伤害细胞原生质的组分，而且还通过其他方面间接影响植物的生长发育。当介质pH值<4时，会伤害植物根系，变现为影响酶的活性，如发生定位错误，蛋白质、酶等发生变性或破坏，改变可逆生化反应的方向。对Ca^{2+}产生显著的拮抗作用，使植株吸收钙素不足而出现缺钙缺镁症状。

③氧。

氧除参与光合作用外，还参与有氧呼吸，呼吸作用在细胞内通常称为氧化还原反应，其过程最终产生ATP（能量物质），为植株吸收及运输养分、合成蛋白质等有机物、进行细胞分裂等生命活动提供能源。而在呼吸链的末端，电子与质子需要O_2作为受体才能完成整个过程。

有研究表明：作物吸收养分受供氧状况的影响，供氧充足时，根系呼吸作用旺盛，可利用的能量富盈，植物吸收的养分量明显增加。而在缺氧条件下，一方面，能量供应不足，养分吸收量减少，出现缺素症；另一方面，乳酸的积累导致细胞酸化，最终诱导乙醇（酒精）的合成，造成根系生长不良甚至沤根腐烂。

④氮。

氮是核桃生长的必需养分，是每个活细胞的组成部分，是氨基酸、蛋白质的主要构成元素，又是叶绿素、核酸、酶及植物体内主要代谢有机化合物的组成部分。当氮素充足时，植物可合成较多的蛋白质，促进细胞的分裂和增长，因此植物叶面积增长快，能有更多的叶面积用来进行光合作用。

缺氮的植株，生长期开始叶色变浅，叶片稀而小，叶子变黄，常提前落叶，新梢生长量降低，植株顶部小枝死亡，产量明显下降。在干旱和其他逆境，也可能发生类似现象。氮素过剩，会引起新梢徒长，枝条不充实，幼树不易越冬，结果树落花、落果严重，果实品质下降。

⑤磷。

磷是细胞核的主要构成元素，又是构成核酸、磷脂、酶及维生素的主要元素，仅次于氮和钾，参与光合作用、呼吸作用、能量储存和传递、细胞分裂、细胞增大等过程，在种子中含量较高。磷能促进早期根系的形成和生长，提高植株适应外界环境条件的能力，增强植株抗病性、抗旱和抗寒能力，促熟作用强大，提高果实品质。

缺磷时，树体很弱，叶子稀疏，小叶片比正常叶略小，叶片出现不规则的黄化和坏死，落叶提前。磷素过剩，则影响氮、钾的吸收，使叶片黄化，出现缺铁症状。

⑥钾。

钾是多种酶的活化剂，在植株代谢活跃的器官和组织中分布量较高，具有保证各种代谢过程的顺利进行，促进光合作用和生长发育，增强抗干旱、低温及病虫危害等功能。钾能明显地提高植物对氮的吸收和利用，并很快转化为蛋白质。钾在气孔运动中起重要作用，还能促进植物经济用水。

缺钾症状多表现在中部叶片上，开始叶片变灰白（类似缺氮），然后小叶边缘呈波状内卷，叶背呈现淡灰色（青铜色），叶子和新梢生长量降低，坚果变小。钾素过多，会使氮的吸收受阻，也影响钙、镁离子的吸收。

⑦钙。

钙是构成细胞壁的主要元素。缺钙时，根系短粗、弯曲，尖端不久褐变枯死。地上部分首先表现在幼叶上，叶小、扭曲、叶片变形，经常出现斑点或坏死，严重的枝条枯死。

⑧铁。

铁主要与叶绿素的合成有关。缺铁时，幼叶失绿，叶肉呈现黄绿色，叶脉仍为绿色。严重时，叶小而薄，呈黄白或乳白色。甚至，发展成烧焦状和脱落。铁在树体内不易移动，最先表现缺铁的，是新梢顶部的幼叶。

⑨锌。

锌元素是某种酶组成元素，能促进生长素的形成。缺锌时，吲哚乙酸减少，生长受抑制，表现在枝条顶端的芽萌发延迟，叶小而黄，呈丛生状，被称为“小叶病”，新梢细，节间短。严重时，叶片从新梢基部向上逐渐脱落，枝条枯死，果实萎缩。

⑩硼。

硼能促进花粉发芽和花粉管的生长，与多种新陈代谢活动有关。缺硼时，树体生长迟缓，枝条纤细，节间变短，小叶呈不规则状，有时叶小呈萼片状。严重时，顶端抽条死亡。硼过量可引起中毒，症状先表现在叶尖，逐渐扩向叶缘，使叶组织坏死，严重时坏死部分扩大到叶内缘的叶脉之间，小叶的边缘上卷，呈烧焦状。

⑪镁。

镁是叶绿素的主要组成元素。缺镁时，叶绿素不能形成，表现为失绿症，首先在叶尖和两侧叶缘处出现黄化，并逐渐向叶柄基部延伸，留下V形绿色区，黄化部分逐渐枯死呈深棕色。

⑫锰。

锰作为酶的活化剂，直接参与光合、呼吸等生化反应，在叶绿素合成中起催化作用。缺锰时，表现有独特的褪绿症状，失绿在脉间从主脉向叶缘发展，褪色部分呈肋骨状，梢顶叶片仍为绿色。严重时，叶子变小，产量降低。

⑬铜。

铜是酶的组成成分，铜对氮代谢有重要影响。缺铜时，新梢顶端的叶子先失绿变黄，后出现烧焦状，枝条轻微皱缩，新梢顶部有深棕色小斑点。果实轻微变白，核仁严重皱缩。

（2）需肥规律

核桃喜肥。在核桃年生长周期中，需肥（指养分的吸收和利用）有其独有的规律，表现在3个阶段。

第一阶段是指树体萌芽、花芽继续分化到春梢旺长期，是树体吸收养分最大的关键时期。由于春初地上部分气温比地温高，地上部分开始萌芽时，土壤开始融冻，土壤微生物活动微弱，对养分分解和输送能力差，根系还未活动，尚不能吸收养分。若此时施肥，不能立即补充树体所需养分。因此，树体所利用养分为上一年秋季树体内贮藏的养分，这些养分主要包括采果后至落叶前叶片和枝条内回流的养分与秋施基肥被树体吸收后储存在树体根系当中的养分。

第二阶段是指春梢旺长至果实采收期。树体内的养分，一方面用于树体本身的生长发育，进行光合作用和花芽分化，另一方面为果实生长提供必要的物质基础。此期养分吸收快，主要为速效肥。

第三阶段是指果实采收后至落叶前。养分回流，树体内的多种养分开始贮藏在树干和根系当中，以备第二年春天利用。此时，在冬季到来地温降低以前，根系还能进行养分的吸收、同化。因此，此期施肥是补充全年的营养贮备，为第二年树体生长和产量形成打好基础。肥料应为长效肥，宜施有机肥和矿物肥。

（3）营养诊断

近20年来，国外采用营养诊断方法确定和调整果树的施肥。营养诊断能及时准确地反映树体营养状况，不仅能查出肉眼见到的症状，分析出多种营养元素的不足或过剩，分辨两种不同元素引起的相似症状，而且能在症状出现前及早测知。因此，借助营养诊断可及时施入适宜足量的肥料，以保证果树的正常生长与结果。

营养诊断是按统一规定的标准方法测定叶片中矿质元素的含量，与叶分析的标准值（见表3-1）比较确定该元素的盈亏，再依据当地土壤养分状况（土壤分析）、肥效指标及矿质元素间的相互作用，制定施肥方案和肥料配比，指导施肥。

表3-1　7月核桃叶片矿质元素含量标准值参考

元素		缺乏	适生范围	中毒
常量元素（%，干重）	氮	< 2.1	2.1～3.2	
	磷		0.1～0.3	
	钾	< 0.9	> 1.2	
	钙		> 1.0	
	镁		> 0.3	
	钠			> 0.1
	氯			> 0.3
微量元素（毫克 / 千克，干重）	硼	< 20	36～200	> 300
	铜		> 4	
	锰		> 20	
	锌	< 18		

引自Walnut Orchard Management.

2.不同发育时期的施肥量

核桃树体高大，根系发达，寿命长，喜肥。据有关资料，每收获100千克坚果要从土中带走纯氮1.456千克、纯磷0.187千克、纯钾0.47千克、纯钙0.155千克、纯镁0.039千克。适当多施氮肥，可增加核桃出仁率。磷、钾肥可改善核仁品质。一般早实品种比晚实品种需肥量高。核桃在不同个体发育时期需肥量有很大差异。

（1）幼龄期

幼龄期是指实生苗从长出幼苗开始到开花结果前，嫁接苗从嫁接开始到开花结果前。一般早实品种需2～3年，晚实品种需3～5年，实生种植则需2～10年。此期，营养生长占主导地位，树冠和根系快速加长、加粗生长，为转入开花结果积蓄营养。栽培管理的主要任务是促进树体扩根扩冠，加大枝叶量。大量满足树体对氮肥的需求，同时注意施用磷、钾肥。

（2）结果初期

此期是指开始结果到大量结果前。总体特征为营养生长相对生殖生长逐渐缓慢，树体继续扩根、扩冠，主根上的侧根、细根及毛根大量增生，分枝量、叶量增加，结果枝大量形成，角度逐步开张，产量逐年增长。栽培管理的主要任务是保证植株良好生长，增大枝叶量，形成大量的结果枝组，促使树体逐步成形。此期对氮肥的需求量仍很大，同时注意磷、钾肥的施用量。

（3）盛果期

此期处于大量结果时期，营养生长和生殖生长处于动态平衡状态，树冠和根系扩展到最大限度，枝条、根系均开始更新，产量、效益均处于高峰阶段。此期，应加强施肥、灌水、植保和修剪等综合管理措施，调节树体营养平衡，防止出现大小年现象，并延长结果盛期的时间。因此，树体需要大量营养，除施用氮、磷、钾外，还需增施有机肥，保证高产稳产。

（4）衰老期

此期产量开始下降，新梢生长量极小，骨干枝开始枯竭衰老，内部结果枝组大量衰弱直至死亡。此期的主要任务是通过修剪对树体进行更新复壮，同时加大氮肥供应量，促进营养生长，恢复树势。

在生产中，根据品种特性、个体发育时期、土壤状况及管理水平，合理确定施肥量。表3-2为中等肥力晚实品种的施肥标准，仅供参考。

表3-2 核桃施肥量标准

时期	树龄	每株树平均需有效成分量/克			有机肥/千克
		氮	磷	钾	
幼龄期	1～3	50	20	20	5
	4～6	100	40	50	5
结果初期	7～10	200	100	100	10
	11～15	400	200	200	20
盛果期	16～20	600	400	400	30
	21～30	800	600	600	40
	>30	1200	1000	1000	>50

3.肥料与无害化处理

（1）肥料的种类

有机果园不允许使用化肥，允许使用的肥料包括堆肥、沤肥、饼肥、绿肥等有机肥和矿物肥料（详见表3-3）。

表3-3　肥料的种类及营养含量

单位：%

肥料名称	氮（N）	磷（P_2O_5）	钾（K_2O）
1.粪肥类			
人粪尿	0.60	0.30	0.25
人尿	0.50	0.13	0.19
人粪	1.04	0.50	0.37
猪粪尿	0.48	0.27	0.43
猪尿	0.30	0.12	1.00
猪粪	0.60	0.40	0.14
猪厩肥	0.45	0.21	0.52
牛粪尿	0.29	0.17	0.10
牛粪	0.32	0.21	0.16
牛厩肥	0.38	0.18	0.45
羊粪尿	0.80	0.50	0.45
羊尿	1.68	0.03	2.12
羊粪	0.65	0.47	0.23
鸡粪	1.63	1.54	0.85
鸭粪	1.00	1.40	0.60
鹅粪	0.60	0.50	1.00
蚕沙	1.45	0.25	1.11
2.饼肥类			
菜籽饼	4.98	2.65	0.97
黄豆饼	6.30	0.92	0.12
棉籽饼	4.10	2.50	0.90
蓖麻饼	4.00	1.50	1.90
芝麻饼	6.69	0.64	1.20
花生饼	6.39	1.10	1.90
3.绿肥类（鲜草）			
紫云英	0.33	0.08	0.23
大麦青	0.39	0.08	0.33
小麦青	0.48	0.22	0.63
玉米秆	0.48	0.38	0.64
稻草	0.63	0.11	0.85

表3-3（续）

肥料名称	氮（N）	磷（P_2O_5）	钾（K_2O）
4.堆肥类			
麦秆堆肥	0.88	0.72	1.32
玉米秆堆肥	1.72	1.10	1.16
棉秆堆肥	1.05	0.67	1.82
5.灰肥类			
棉秆灰			3.67
稻草灰		1.10	2.69
草木灰		2.00	4.00
骨灰		40.00	
6.杂肥类			
鸡毛	8.26		
猪毛	9.60	0.21	

①农家肥。

包括人粪尿、猪粪尿、牛粪、鸡粪等。人粪尿中尿素和氯离子含量高，并有寄生虫卵和各种传染病病菌。人粪尿要经过彻底腐熟，无害化处理后才能使用。禁止人粪尿与草木灰等碱性物质混存、混用。人粪也不能晒干使用，以免造成氮素大量损失。猪粪尿质地细，成分复杂，木质素少，总腐殖质含量高。猪尿中以水溶性尿素、尿酸、马尿酸、无机盐为主，pH值中性偏碱。氮、磷、钾有效成分高，在微生物作用下，极易分解和流失。因此，要勤垫圈、勤起肥、勤堆制，有利于腐熟，切忌用草木灰垫圈。牛粪成分与猪粪相似，粪中含水量高，空气少，有机质分解慢，属冷性肥料。未经腐熟的牛粪肥效低，但牛粪可以使土壤疏松，易于耕作，对改良黏性土较好。牛粪宜加入秸秆、青草、羊粪等一起腐熟，消灭病菌和虫卵，不宜与碱性物质混用。鸡粪养分含量高，含氮为1.03%，是牛粪的4.1倍，含钾0.72%，是牛粪的3.1倍。在堆肥的过程中，易发热，氮素易挥发。据测定，风干鸡粪氮素损失为8.7%，半风干发酵鸡粪氮素损失为37.2%，肥液鸡粪氮素损失为24.8%。因此，鸡肥应干燥存放，使用前再沤制，并加入适量的钙镁肥起到保氮作用。鸡粪适用于各种土壤，因其分解快可作追肥，也可与其他肥料混用作基肥。

②堆肥。

堆肥是利用秸秆、落叶、杂草、绿肥、人畜粪尿和适量的石灰、草木灰等进行堆制，经腐熟而成的肥料。特点是堆制肥料材料充分腐熟，达到无害化，其营养成分因堆积材料和堆积方法的不同而异。堆肥一般用作基肥，务必开堆立即施用，以免养分损失。

③沤肥。

沤肥是利用秸秆、山草、水草、畜牧粪便、肥泥等就地混合，在涝池、池塘或专门的池内沤制而成。其含有机质和多种营养成分，与堆肥相比，沤制在淹水条件下进行，发酵温度低，腐熟时间长，有机质和氮素损失少，其粗有机物，全氮、全磷、速效氮的含量较堆肥高。沤肥主要用作基肥和追肥。

④沼气肥。

沼气肥是有机物在专用沼气池（即密闭，嫌气条件下）中发酵制取沼气后的残留物，是一种优质的、综合利用价值大的有机肥料。6～8立方米的沼气池年产沼气肥9吨左右，其中：沼液占85%、沼渣占15%。沼渣宜作基肥，具有改土培肥的作用。沼液作追肥，具有杀虫和防腐作用，对蚜虫和红蜘蛛防控效果较好。

⑤绿肥。

凡以植物的绿色部分当作肥料的均称绿肥。利用途径可翻压，也可堆沤。绿肥植物主要有紫云英、毛苕子、三叶草、鸡眼草、黑豆、黄豆、黑麦草等，共同特点是偏氮有机肥料。

⑥矿物源肥料。

包括磷、钾、锌、硼、锰等矿物源肥。磷肥包括过磷酸钙、重过磷酸钙、弱酸性磷肥、钙镁磷肥、钢渣磷肥和难溶性的磷矿粉等，除钙镁磷肥的水浸液可叶片喷施外，其余均与农家肥经堆、沤后使用，便于核桃根系吸收。钾肥包括天然钾盐、草木灰、有机肥和骨灰钾肥等，可直接施用或叶片喷施。锌肥主要是硫酸锌，叶片喷施。硼肥常用硼砂，缺乏时叶片喷施。锰肥常用硫酸锰。

（2）无害化处理

大多数有机肥料因其含有杂菌，或者难于被核桃树体吸收，只有经过充分腐熟，无害化处理后，施用效果才好。有机肥料腐熟方法（也称无害化处理）包括堆制和沤制两种。

①堆制。

堆制是指将农家肥（包括粪尿）、秸秆、杂草、绿肥、矿物源肥料及污泥等按一定比例混匀后，进行堆积。堆积地块应选择地势高的积肥场（或院落）进行。方法是先顺长在地下挖宽度和深度均为10厘米的通风沟3～5条，然后在沟上横铺一层长秸秆、杂草，中央垂直插入一些秸秆以利通气，再将已切碎的秸秆等原料铺成宽3米、长度不限、厚度为60厘米左右的铺层，其上铺鸡粪、牛粪等农家肥，洒上粪水，再铺上其他混合物，撒上些生石灰或草木灰。如此一层层往上堆，堆成高2～3米长梯形大堆。并在堆外抹一层稀泥，堆后3～5天，堆内温度显著升高，最高达60～70 ℃，且维持半个月左右，能很好地杀灭其中的任何危害人体健康和作物正常生长的所有病原菌、寄生虫卵及杂草种子。另据实验结果证明：大肠杆菌的数量减少100%，并达到无害化标准（详见表3-4和表3-5）。

表3-4　高温堆肥的卫生标准

项目	卫生标准及要求
堆肥温度	最高温度达到50～55 ℃
蛔虫卵死亡率	95%～100%
大肠杆菌值	0.01～0.1
苍蝇	有效地控制，堆肥周围无活蝇蛆、蛹和新孵化的苍蝇
高温时间	持续5～7天

表3-5　堆肥肥料成品无害化指标

参数	标准限值
蛔虫死亡率（%）	95～100
大肠杆菌值（MPN/100克）	101
汞水化合物（以Hg计，毫克/千克）	＜5
镉水化合物（以Cd计，毫克/千克）	＜3
砷水化合物（以As计，毫克/千克）	＜30
铅水化合物（以Pb计，毫克/千克）	＜60

②沤制。

将农家肥、秸秆、绿肥、野草、肥泥等充分混合，在地边池坑或专门的池内沤制。发酵温度低，腐熟时间长。沤制好的标准是表面起蜂窝眼状，表层水呈红棕色，肥体颜色黑绿，肥质松软，有臭气、不粘锄，丢在水里不浑水。卫生标准和无害化标准与堆肥相同。同时，也可将人粪尿或猪粪尿分别加2～3倍水在专用池内发酵，充分腐熟后，作追肥用效果最好。

4.施肥时期

施肥时期，因施肥方式而异。施肥方式有基肥和追肥两种。

（1）早施基肥

基肥又称底肥，以迟效性农家肥为主，如厩肥、堆肥、沤肥、沼气肥等，它能够在较长时间内持续供给树体生长发育所需要的养分，并能在一定程度上改良土壤性质。施基肥最适宜的时期是秋季，具体为落叶前1个月。春季土壤解冻至发芽前，只能补施基肥。

秋施基肥能有充足的时间腐熟，并使断根愈合发出新根。因为此时正是根的生长高峰期，根的吸收能力较强，吸收后可以提高树体的贮藏养分水平，并促进花芽的发育充实，所以树体较高的营养贮备和早春土壤中养分的及时供应，可以满足春季萌芽、展叶、开花、坐果及新梢生长的需要。而落叶后和春季施基肥，肥效发挥作用的时间晚，对果树早春生长发育的作用很小，等肥料被大量吸收利用时，就到了新梢的旺长期。因此，果实采收后，务必施基肥。

基肥的使用因其性质和土壤条件而异，对厩肥、堆肥、沤肥等完全腐熟的有机肥，宜进行全园撒施，具体是将肥料均匀撒施于树冠外的行间，然后深耕，埋入土中。此法肥料施用量大，有利于改善土壤及环境。也可将有机肥和作底肥的磷、钾肥一同埋入树冠下的土壤中，使用辐射沟状、环状沟、条状沟等施肥方法，具有肥效较集中、较高效的特点，须与上一年施肥的位置错开。

山区干旱又无灌溉条件的果园，可在雨季利用墒情施基肥。有机肥必须充分腐熟，施肥速度要快，注意不伤粗度2厘米以上的根。在有机肥源不足时，可将秸秆、杂草或山皮土与有机肥混合使用，有限的有机肥要遵循“保证局部、保证根系集中分布层”的原则，采用集中穴施，充分发挥有机肥的肥效。注意磷钾肥、锌肥、铁肥等与有机肥混合使用。

（2）合理追肥

在生长期，果树根系吸收养分后，养分优先运往代谢最旺盛最活跃的部位，进一步促进该部位的生长发育。追肥作为基肥的补充，可满足某一生长阶段树体对养分的大量需求。因此，追肥具备速效、高效的特点，有机生产以腐熟的人粪尿、沼液、鸡粪、沤肥为主，在生长期施入。追肥一般每年进行 2 ～ 3 次，第一次追肥是在核桃开花前或展叶初期进行，主要作用是促进开花坐果和新梢生长，追肥量应占全年追肥量的50%；第二次追肥在幼果发育期（ 6 月份），仍以沼液为主，盛果期树也可追施氮、磷、钾复合堆肥液，此期追肥的主要作用是促进果实发育，减少落果、促进新梢生长和木质化及花芽分化，追肥量占全年追肥量的30%；第三次追肥在坚果硬核期（ 7 月份），以氮、磷、钾沤肥液为主，主要作用是供给核仁发育所需的养分，保证坚果充实饱满，此期追肥量占全年追肥量的20%。

5.施肥方法

传统土壤施肥方法包括穴状、环状、辐射状、条状施肥及全园撒施5种方式，均以人工为主，耗时费力。现代果业要求机械化、省力化施肥，包括开沟施肥、耧播施肥及叶面喷肥3种方式。

（1）开沟施肥

利用开沟机顺行在树冠外缘开沟，将肥料施入沟内，再用旋耕机旋埋，将肥料与土搅拌均匀，并覆土填埋。沟要求深30～40厘米、宽30～50厘米。多用于农家肥、有机肥、专用肥等长效性肥料的施用。

（2）耧播施肥

用播种机将肥料耧进园内，深度一般为10～15厘米。多用于追肥。耧前，最好将果园旋耕，保持土壤疏松。

（3）叶面喷肥

叶面喷肥又称根外追肥，是指将肥料直接喷施在枝叶上，弥补根系吸收不足或应急措施补充营养。它是一种经济有效的施肥方式，肥料借助水分的移动，从叶片气孔和表皮细胞间隙进入叶片内部，迅速参与养分合成、转化和运输，具有用肥量少、见效快、利用率高等优点，特别是树体出现缺素症时可以收到良好效果。叶面喷肥的种类和浓度及喷施时期见表3-6。

表3-6　叶面喷肥施用时期及浓度

肥料种类	喷肥时期	喷肥浓度/%
沼液	生长期	50～60
钙镁磷水浸液	膨大期	40～50
草木灰水浸液	膨大期	50～60
硼砂	开花期	0.5～0.7
硫酸锌	发芽期	0.5～1.5
硫酸亚铁	5～6月	0.2～0.4

喷肥宜在上午10点以前和下午4点以后进行，阴雨或大风天气不宜喷肥。叶面喷肥在生长前期浓度宜低，后期浓度应高。叶面喷肥不能代替土壤施肥，应互为补充，以发挥施肥的最大效果。

三、水分管理

核桃属耐旱果树，水分丰缺对其生长发育至关重要。核桃树根系、主干及枝叶含水量占总生物量的50%左右。叶片进行光合作用以及光合产物的运输和积累，维持细胞膨胀压，保证气孔关闭，蒸腾散失水分，调节树体温度，矿质元素进入树体等，一切生命活动都必须在有水的条件下进行。因此，水分丰缺状况是影响树体生长发育进程、制约产量高低及质量优劣的重要因素。

在核桃树年周期中，果实发育期和硬核期需要较多水分，供水不足会引起大量落果，核仁不饱满，影响产量和品质。缺水则萌芽晚或发芽不整齐，开花坐果率低，新梢生长受阻，叶片小，新梢短，树势弱。当新梢停止生长，进入花芽分化期，需水量相对减少，此时水多对花芽分化不利；果实发育期间要求供水均匀，临近成熟期，水分忽多忽少，会导致品质下降，采前落果；生长后期枝条充实、果实体积增大，也需要适宜的水分，干旱影响营养物质的转化和积累，降低越冬抗寒能力。雨养区的核桃耐旱性，晚实品种强于早实品种，据刘杜玲等的研究：12个早实核桃品种抗旱性强弱辽宁1号＞中林5号＞新早丰＞温185＞鲁光＞中林1号＞辽宁4号＞扎343>强特勒>香玲＞西林2号＞西扶1号。因此，年降水量600毫米以上，可基本满足核桃生长发育对水分的需求。季节降水很不均匀，尤其春旱地区，必须设法灌溉。核桃树所需水分来源于土壤，田间持水量能准确反映土壤水分丰缺状况。当土壤含水量为田间最大（饱和）持水量的60%时，说明土壤有效水已经超过上限，常出现徒长、叶片发黄等湿害现象，甚至死亡。当核桃树从土壤中吸收的水不足蒸腾消耗时，枝叶暂时萎靡，此时的土壤水分含量降至凋蔫点（萎蔫系数），处于土壤有效水的下限状态，需要给树体补水。一般核桃园含水量降至田间持水量的50%时，应进行灌溉。如果长时间发生凋蔫现象，树体已经受害，果实产量和质量降低，再供水也无济于事。

如果土壤中水分过多，土壤孔隙度全被水占满（在降大雨、暴雨或大水漫灌后常出现），根系所需氧气会被全部挤出，根系停止活动，地上部所需水分和矿质养分中断，会发生涝害现象。积水时间越长，根系死亡越多。积水土壤中的氧化过程受阻，还原物质（如CH_4、H_2S等）积累，使核桃中毒，这是涝害的又一个原因。

因此，核桃树水分管理因气候、立地条件、品种及管理水平而异。年降水500～700毫米的地区，在核桃需水敏感期和关键期灌水；年降水700毫米以上的，重点做好果园保墒；年降水达1000毫米的，重点做好排灌，以免涝害发生。

（一）灌水

1.灌水时期

确定果园灌水时期的主要根据是，核桃生长期内各个物候期的需水需求及当时土壤含水量。一般前半期树体生长发育和结果，应充分供水，后半期适度控制水分，便于适时进入休眠期。从物候期角度分析，宜在春季萌芽前后、坐果后及采收后灌水3次。从土壤含水量角度，在生长期土壤含水量低于50%时，应灌溉；超过80%时，需及时中耕散湿或开沟排水。因此，在生产中，务必分析当地、当时的降水状况、核桃所处生育期，最好灌溉与施肥同期进行。核桃应灌促萌水，并在硬核期、种仁充实期及封冻前灌水。

（1）促萌水

3～4月份，核桃开始萌动，发芽抽枝，此期物候变化快而短，几乎在1个月时间里完成萌芽、抽枝、展叶和开花等生长发育过程。此时又正值北方地区春旱少雨时节，故应结合施肥灌水。

（2）花后水

5～6月份，雌花受精后，果实迅速进入速长期，其生长量约占全年生长量的80%。到6月下旬，雌花芽也开始分化，这段时期需要大量的养分和水分供应。如遇干旱应及时灌水，以满足果实发育和花芽分化对水分的需求。尤其在硬核期（花后6周）前，应灌1次透水，以确保核仁饱满。

（3）采后水

10月末至11月初（落叶前），可结合秋施基肥灌1次水。此次灌水有利于土壤保墒，且能促进厩肥分解，增加冬前树体养分贮备，提高幼树越冬能力，也有利于翌春萌芽和开花。

2.灌水量

合理灌水量的确定，一要根据树体本身需要，二要看土壤湿度状况，同时考虑土壤的保水能力及需要湿润的土层厚度。一般来说，成龄结果树需水多，灌水量宜大；幼树、旺树可少灌或不灌。沙地漏水，灌溉宜少量多次；黏土保水力强，可减少灌溉次数，一次量适度大。

3.灌水方法

水源充足的核桃园，常采用漫灌，特点是灌水量大，湿度不匀，加剧了土壤中水气矛盾，对土壤结构有破坏作用。干旱山区多为穴灌或沟灌，特点是节省灌溉用水，不破坏土壤结构，但耗费劳力。集约化管理的果园，多采用滴灌，特点是供水均匀、持久，根系周围环境稳定，有利于核桃树生长发育，省水高效，但投资和维修成本大。

（二）蓄水保墒

我国核桃大多处于雨养区干旱区，绝大多数核桃园无灌溉条件。由于自然降水时空分布不均，且容易流失，多集中在7～9月，此期核桃需水相对减少，在萌芽期至膨大期需水量大，而降水偏少，尤其膨大期缺水，直接影响核桃的产量和品质及商品率。“君子生非异也，善假于物”，利用自然降水把丰沛时期的用到干旱时期，满足核桃生长发育的正常需求，十分必要和紧迫，也是当前核桃生产急需解决的问题。雨养区果园，蓄水保墒有效措施主要有集雨窖和覆盖两种。

1.集雨窖

集雨窖是干旱区果业生产推广主要的节水措施，节水机理是通过拦、截、引、蓄系统，将地表径流强行集留于蓄水窖中，待到果树需水时进行节水补灌，其核心是集雨窖，配套有沉淀池和集雨场等设施。由于需要大量沙子、水泥及钢筋，需要专业设计和专业工队建造，成本较大，普及率和应用率不高。

目前，先进的软体集雨水窖是由高分子“合金”织物增强柔性复合材料制成，具有高强度、耐拉伸、柔韧性好、耐酸盐碱性、耐高温严寒、密封好不渗漏等特点，坚实耐用，使用寿命长达10年以上。软体集雨水窖不用硬化土地，相比于传统水泥建成的集雨窖，成本大大降低，并且更环保。好处是安装简单，可以移动，性价比较高，适合干旱山区在林果业推广使用。一个占地168平方米左右、蓄水量184立方米的集雨窖，全年可以循环集雨约320立方米。

2.覆盖

旱地果园的保墒措施主要是地面覆盖，在土壤管理环节已介绍。在生产中，比较实用的覆盖模式是行内通行覆盖，行间套种。行内覆盖有两种：一是将修剪的枝条粉碎成3～5厘米或秸秆顺果树带走向覆盖厚15～20厘米、宽1～2米，覆土5～6厘米，待覆盖物腐烂后翻压；二是用地布覆盖，宽1.5～3米，用土将四周压实，以免被风刮开。该两种方法保墒效果好，除草功能也不错。

（三）防涝排水

集约化的核桃园，均设计和建设了排水系统。生产中，要使用和维护好排水系统。对低洼易积水的核桃园，在洼地上方开一截水沟，将水排出园外。也可在洼地用石砌排水暗沟，由地下将水排出园外。修筑台田，台面宽8～10米，高出地面1～1.5米，台田之间留出深1.2～1.5米，宽0.5～0.8米的排水沟。对因树盘低洼而积涝的，结合土壤管理，在整地时加高树盘土壤，使之高出地面，同时在树旁挖排水沟，以解除树盘低洼积涝。

四、水肥一体化

果树吸收养分的机理主要通过扩散和质流两种方式实现。扩散是指当肥料施入土壤以后，先吸收周围土壤的水分潮解，肥料缓慢地溶解形成土壤溶液。由于根系对养分离子的吸收，导致根表离子浓度下降，从而形成土体—根表之间的浓度差，在浓度差的作用下，肥料离子从浓度高的土体向浓度低的根表迁移，肥料不断地扩散，根系不断地吸收。质流是指由于果树叶片的蒸腾作用，形成蒸腾拉力，使得土壤中的水分大量地流向根际，形成质流，土壤溶液中的养分随着土壤水分迁移到根的表面被根吸收。质流和扩散都需要水作媒介，没有水这两个过程均不能完成，根系就吸收不到养分。通俗地讲，就是肥料必须要溶解于水，根系才能吸收，不溶解的肥料是无效的。生产当中，无论施用哪一种肥料，要被果树吸收利用，就必须首先溶解于水。一些肥料能快速溶解于水，肥效迅速，属于速效肥料；一些肥料不易溶于水，在土壤中缓慢地溶解，被果树缓慢地吸收，所以肥效很长，属于长效肥料；还有一些肥料，施入土壤后，需要漫长的分解转化过程，如有机肥等，最终形成小分子有机物被果树吸收利用，属于缓释肥。肥料施入土壤后形成肥料溶液的时间长短，很大程度上决定了肥效起作用的时间长短，肥料在土壤中存放的时间越长，肥料损失就越大，肥料的吸收利用率就越低。如果采取肥水一体化施肥，直接将肥料溶解于水，就大大地缩短了肥料吸收进程，减少了肥料挥发、淋溶、径流以及被土壤固定的机会，提高了肥料利用率。

简单来讲，肥水一体化是通过灌溉系统施肥，作物在吸收水分的同时吸收养分。通常施肥与灌溉同时进行，是在压力作用下将肥料溶液注入灌溉输水管道而实现的。在生产中，结合核桃园无灌溉设施的现状，探索出喷枪注射施肥和穴贮肥水两种实用的水肥一体化方法。

（一）喷枪注射施肥

1.概念

喷枪注射施肥是最简易的肥水一体化施肥方法，就是利用果园喷药的机械装置，包括配药罐、药泵、三轮车等，稍加改造，将原喷枪换成追肥枪，配套高压管子和加压泵即可。追肥时再将要施入的肥料溶解于水中，用药泵加压后用追肥枪追入果树根系集中分布层。具有显著的节水、节肥、省工的效果。

2.特点和优点

（1）特点

①投资少。

在原有打药设备的基础上，只需花几十元钱购买一把追肥枪即可。适合我国一家一户的小生产。

②适应性广。

由于每次追肥仅用少量的水，使许多干旱区域实现肥水一体化成为可能。

③设备维护简单。

追肥完毕后，将相关设备收入库房，避免设备长时间暴露在空气中老化。若发生堵塞现象，及时发现处理。

④对肥料的要求较低。

既可选用溶解性较好的普通复合肥，也可选用昂贵的专用水溶肥。

（2）优点

①速效性。

肥和水结合，非常有利于肥料的快速吸收，避免了传统施肥等天下雨的窘境。经过试验，肥料施入3天后，叶片变深绿色，果实生长迅速。

②高效性。

传统施肥由于肥料在土壤中待的时间比较长，肥料经过挥发、淋溶、径流以及被土壤固定，肥料利用率很低。据陕西省调查，传统施肥氮肥利用率只有26.9%，磷肥利用率只有5.9%，钾肥利用率只有43.6%，而采用该肥水一体化追肥，肥料利用率得到大幅度提高。

③精准性。

可以根据果树对养分的需求规律，将果树迫切需要的氨基酸、小分子腐植酸等有机营养，通过配方化的方式供应给果树，少量多次。使施肥在时间上、肥料种类上以及数量上与果树需肥达到完美的吻合，符合果树生长规律和节奏。

④可控性。

传统施肥，肥料施入土壤后，遇透墒雨，肥料才起作用，失去可控性，往往造成氮肥肥效滞后，与果树生长节奏不符，造成果树生长紊乱。该法追肥，可以准确控制肥效。

⑤省力化。

据初步调查，肥水一体化追肥，其用工量是传统追肥的1/10～1/5，大幅度节省用工量，一个枪2个小时可施2亩（1亩=667平方米）。如果用两个枪同时施，用时更少。

⑥无损化。

肥水一体化技术，不损伤果树根系，不损伤果园土壤结构。

⑦与覆盖技术完美配合。

旱地果园进行土壤覆盖是一项非常好的保水措施，但是土壤覆盖后追肥就比较麻烦。采用该肥水一体化施肥，无须将土壤覆盖物揭开，直接用枪追施，非常方便，而且补充的水分不易蒸发，效果很好。

⑧高效补水。

在施肥的同时，也非常高效地为果树补充了水分，对旱地果园非常重要。对于能灌溉的果园，可以减少灌溉次数，避免大水灌溉造成的土壤板结和肥料流失。

3.适用范围

（1）雨养区果园

以西北黄土高原为代表的旱地产区，土层深厚，但特别干旱，在春季往往受到水分胁迫，按照传统方法肥料无法施入，采用简易肥水一体化施肥，在追肥的同时补充水分，起到比肥料更为关键的作用。

（2）沙质土果园

沙质土土层一般较浅，土壤保肥保水能力很差，按照传统施肥并多次浇水，大量的肥料淋溶浪费，而采用简易肥水一体化施肥，通过少量多次的施肥，可以大幅度地提高肥料利用率，节约用水，避免土壤忽干忽湿、肥料供应饥一顿饱一顿、果树生长紊乱。

（3）设施果园

对于设施齐全的果园，采用简易肥水一体化施肥，可以避免传统施肥造成的土壤板结、地温上升缓慢、病害发生严重等问题。

（4）土壤覆盖的果园

对于采取覆草、覆膜、生草等土壤覆盖措施的果园，如果采用传统挖坑施肥，必须把覆盖物先去除掉再进行施肥，之后再进行覆盖，费工费时，而采用简易肥水一体化施肥就不存在这个问题，非常方便。

4.实施时期

喷枪注射施肥是解决春季干旱和春季树体对养分迫切需要矛盾的最佳方案。

（1）花前肥

约在3月下旬至4月初进行，以萌芽后到开花前施肥最好，时间过早，地温太低，果树根系活动缓慢，不利于肥料的吸收；时间过晚，达不到及时补充肥料的目的，影响生长。在春季，土壤解冻以后，根系开始活动，随着气温的升高，大量的生长根和吸收根发生，根系的全年第一次生长高峰到来，根系大量吸收土壤中的矿质营养，与根系贮藏的有机营养一道运输到枝条、花芽、叶芽，地上部分开始进行大量的器官建造，主要包括萌芽、开花、展叶、坐果、抽枝等。地上部分的这些生命活动，需要大量的有机营养和矿质营养，如果此时养分不足，将会出现花芽不饱满、开花不整齐、抗寒能力差、坐果率低、落花落果严重、叶片小而薄、叶片发黄、春梢生长缓慢以及幼果发育迟缓，幼果期果实发育不良，无论后期如何追肥，果实终究难以长大。这次肥主要满足萌芽开花、坐果及新梢生长对养分的需要，以促进开花坐果、新梢速长和功能叶片快速形成。

（2）坐果肥

在5月下旬至6月上旬果树春梢停长后进行。此期是核桃花芽分化临界期，也是幼果迅速发育期，同时也是果树根系第二次生长高峰期和果树氮素营养的最大效率期，由于春季果树一系列的生命活动消耗了大量的养分。到5月下旬至6月中下旬这一时期，树体贮存的养分基本消耗完，果树处于第一次营养转换期，对于一些上年营养贮藏较差的果园，就会出现养分青黄不接，这时期营养不良将导致果实生理落果，花芽生理分化不充分，长期得不到补充还将影响果实的膨大，降低产量和质量。这次追肥能增强叶片功能，促进花芽分化，提高坐果率，有利增大果个，提高果实品质。

（3）果实速长肥

一般在7月下旬至8月下旬。这个时期追肥能促发新根，提高叶片功能，增加单果重，提高等级果率和产量，充实花芽及树体营养积累，提高树体抗性，为来年打好基础。此次追肥主要是针对挂果量比较大、果实生长缓慢的树进行的，一般果园可不进行这次追肥。对于挂果量大的树，可根据果树生长情况，在这一时期进行1～2次的追肥。

（4）基肥

对于没有农家肥的果园，基肥也可以采用简易肥水一体化施肥方法进行施肥，具体时间在果树秋梢停长以后进行第一次的施肥，间隔20～30天再施1次。

5.施肥方法

（1）配肥

采用二次稀释法。首先用小桶将易溶解的复合肥和水溶有机肥化开，然后再加入贮肥罐，最后再加入专用冲施肥进行充分搅拌。对于少量水不溶物，直接埋入果园。

（2）设备的组装及准备

将高压软管一边与加压泵连接，一边与追肥枪连接，将带有过滤网的进水管、回水管以及带有搅拌头的另外一根出水管放入贮肥罐。检查管道接口密封情况，将高压软管顺着果树行间摆放好，防止软管打结而压破管子，开动加压泵并调节好压力，开始追肥。

（3）实施

施肥区域在树冠垂直投影外延附近的区域，深度大约在25～35厘米。根据树大小，每株打4～10个追肥孔，每个孔施肥10～15秒，注入肥液1～2千克，两个注肥孔之间的距离不小于50厘米。根据树龄和密度，每株追施肥水5～20千克。

6.注意问题

（1）对于树势偏弱、腐烂病、溃疡病较重以及挂果量大的果园，可适当多施。树势强旺的果园，适当少施。

（2）对于连年施农家肥的果园，由于地下害虫较多，可以在肥水中加入杀虫剂，对于根腐病严重的果园，可在肥水中加入杀菌剂或土壤调节菌剂。施用浓度与叶面喷施相同。

（3）如果采用一把枪施肥，加压泵的压力调在2.0～2.5个压力即可；如果用两把枪同时施肥，可根据高压软管的实际情况，将压力调到2.5～3.0个压力。用两个枪施肥时应避免两个枪同时停，防止瞬间压力过大，压破管子。

（4）肥料配备时切勿私自加大肥料浓度，以防烧根。一般复合肥浓度在4%左右，有机肥浓度在4%～5%。对于特别干旱的土壤，还应当增加配水量。对于新栽幼树，肥料浓度应降低到正常情况的1/4～1/2。

（二）地膜覆盖穴藏肥水

1.作用

地膜覆盖穴藏肥水技术，由山东农业大学束怀瑞院士发明，现在丘陵旱地苹果栽培应用，后又推广到旱地核桃栽培，实用价值很高，效果非常明显。

从局部看，在根系集中分布层内埋设草把穴贮肥水，加盖地膜提高地温，保持水肥，可提高早春土壤温度、湿度，为果树根系创造局部的、稳定的最适功能条件。地膜覆盖改善了土壤肥水的稳定性，提高早期土温，穴周围细根量较对照增加3～4倍。植株的枝条发枝率提高，小枝增多，总枝量增大，结果枝率及其连年结果能力明显提高。整体看，地膜覆盖穴藏肥水技术，有效保持了土壤水分，提高了土壤有效温度，增强了根系的数量及吸收土壤养分和水分的能力，加速土壤中速效氮、磷、钾及其微量元素的分解，提高肥料的利用率，能有效促进无灌溉条件的核桃园实现水肥一体化。

地膜覆盖穴藏肥水技术的特点，简单易行，投资少，见效快，一般可节肥30%，节水70%～90%。

2.操作方法

（1）选址

贮养穴应选址在根系集中分布区，一般在树冠投影边缘向内50～70厘米处，采用机械打穴。穴的数量要根据树冠大小和土壤条件决定，一般4～6个。以穴为中心，每穴肥水影响范围为60～80厘米。

（2）规格

贮养穴的直径比草把粗度稍大，便于挖掘和草把埋入。穴径为40厘米左右，不宜过大，过大伤根多，所生根不易很快长到草把处。穴深60厘米左右，也不宜过深，过深伤根多，吸收根也不易到达。

（3）草把处理

材料选用玉米秆、麦秸、稻草及杂草等，草把直径30厘米、长40厘米。捆好后，将其放入10%的人畜尿液中浸透。

（4）埋设

在穴底部施入有机肥2～3千克，与表土混匀，铺平，厚度约10厘米，再将草把立于穴中央。回填时，在草把周围土中混加过磷酸钙，每穴0.1～0.2千克。填实后，穴顶留小凹陷，草把上撒尿素0.1千克左右，浇水3～5千克，整理树盘，使其低于地面5厘米左右，呈锅底状，即中间低、四周高。

（5）覆膜

采用0.03～0.05毫米的黑色地膜，黑色地膜具有除草、春季增温、夏季降温的作用。覆膜时，务必将膜拉平，四周边缘用土压实（每穴用膜2平方米），在穴中心低洼处的上方将膜穿1个小孔（便于以后施肥或承接雨水），并插入渗漏器（集雨器）或渗漏瓶（详见图3-3）。渗漏器可以购买。渗漏瓶采用500毫升废弃的塑料瓶（如矿泉水瓶），在距瓶口15厘米处，用烧红的八度铁丝（即铁丝粗度为8毫米）沿瓶壁水平均匀烙圆孔4个，直径1厘米左右，供收集的雨水渗漏，过滤树叶、土块等杂物。同时，在距瓶口18厘米左右，再烙直通的孔2个，安装时在此孔插筷子，固定该渗漏瓶。

为了方便生产，经常两个或多个贮养穴相连。两穴相连，建在行内相邻两树冠之间，穴间的距离随着树冠扩大而逐年减小，最后合二为一。多穴相连，在行间树冠外缘顺行打穴，穴间距3～5米，覆盖通膜，也随树冠扩大而逐年向中间移，最后合2行为1行。与单个穴不同点，结合地形整理成长方形，四周高、中间低，便于集水；同时，在两穴中间筑一小埂，便于向穴内集水。

（6）管理

在覆膜前，果园按正常管理要求施入基肥，穴内施入有机肥、过磷酸钙及尿素，在花后（5月上、中旬）、新梢停止生长期（6月中旬）和采收后3个时期，每穴追施0.1～0.2千克复合肥、专用肥或尿素，随即浇水。进入雨季，可将地膜撤开，使穴内贮存雨水。一般贮养穴可维持2～3年，草把应每年换1次，发现地膜损坏应及时更换，再次设置贮养穴时改换位置，逐渐实现全园覆盖。

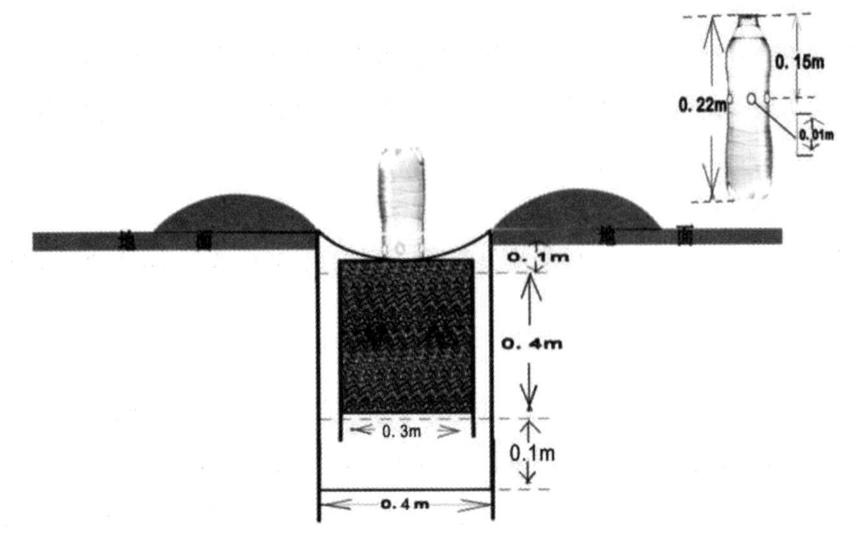

图3-3　肥水贮藏穴与集雨瓶

第三节　简化修剪

我国核桃栽培历史悠久，自古被称为“铁杆庄稼”，“不用管理，照样收核桃”的概念根深蒂固。即使在生产队时期，也只是在采收前砍除树下灌木和大的蒿草，结合采收将枯枝、衰弱的枝组及大的徒长枝锯掉或砍掉。包产到户后，只有极少数农户管理，随着核桃价格连年攀升，农户也只是采用生产队的管理方法，修剪整形未引起足够重视。随着核桃良种苗木的应用、规模化建园及栽培技术的推广，果农对修剪整形的认识和做法走向两个极端。一是不修剪。有的果农认为“结得繁”是高效，不舍得修剪、施肥，年年硕果压弯枝头，3～4年后成了“小老树”，甚至死亡。二是重修剪。部分思想进步的果农套用六七十年代苹果的整形修剪技术，把修剪搞得太复杂，每年剪除大量枝条，造成核桃营养生长旺盛、结果推迟，浪费了大量的人力和物力，加大了管理成本，增产不增收。这些修剪技术没有与核桃的生物学习性、品种特性、栽培区气候和立地条件以及农户经营目的有效结合起来，“不接地气”。本节从核桃生长结果习性入手，剖析核桃简化修剪技术。

一、生长结果习性

核桃树属于高大乔木。自然条件下高度达15～20米，冠径平均8～15米；栽培条件下，高4～6米，冠径5～8米；根据管理需要高度可控制在4米左右，冠径3～4米。核桃无矮化品种，树形较小的多数属于早实类型中的短枝型品种。生产中的“矮化”是相对的，是人为修剪的结果。

幼树树冠多窄而直立，结果后逐渐开张，因此幼树高度大于冠径，结果大树恰恰相反。但树冠大小和开张角度，因品种而异。如香玲、中林1号树冠大，辽宁1号、陕核1号较小，西洛3号、晋龙2号树冠开张，而西扶1号、强特勒和清香较直立。

（一）枝条

枝条是构成树冠的主要组成部分，其上着生叶芽、花芽、花、叶和果实。枝条也是树体水分和养分输送的渠道，是进行物质转化的场所，也是养分的贮藏器官。核桃树的枝条生长有以下特点。

1.干性

晚实核桃大都容易形成中心干，生长旺盛，所以在整形时大都培养为主干树形。早实核桃由于结果早、干性较弱，所以开心形较多。尤其是采用较小苗木建园，常常不好选留中心干。要想培养主干型树形，必须采用1.5米以上的大苗。

2.顶端优势

又称极性。位于顶端的枝条生长势最强，顶端以下的枝长势减弱，这种顶端优势还因枝条着生的角度和位置的不同，有较大的差异。一般直立枝条的顶端优势很强，斜生的枝条顶端优势稍弱，水平枝条更弱，下垂的枝条顶端优势最弱。此外，枝条的顶端优势还受原来枝条和芽的质量的影响。好的枝芽顶端优势强，差的枝芽顶端优势弱。

3.成层性

由于核桃树的生长有顶端优势的特点，所以1年生枝条的顶端，每年发生长枝，中部发生短枝，下部不发生枝条，芽多潜伏。如此每年重复，使树冠内各发育枝发生的枝条，成层分布。整形时根据枝条生长的成层性，合理安排树冠内的骨干枝，使疏散成层排列，能较好地利用光能，提高核桃的产量和品质。

核桃树枝条生长的成层性因品种而有所不同，生长势较强的品种成层性明显，在整形中容易利用，有些品种生长势较弱，层性表现不明显，整形时需加控制和利用。

4.成枝力

核桃树萌芽后形成长枝的能力叫成枝力，各品种之间有很大差异。如中林1号、中林3号、西扶1号的成枝力较强，枝条短剪后能萌发较多的长新梢；有的品种成枝力中等，1年生枝短剪后能萌发适量的长新梢，如鲁光、礼品2号等；有的品种成枝力较弱，枝条短剪后，只能萌发少量长新梢，如辽宁1号、中林5号、晋香等。

核桃树整形修剪时，成枝力强的品种，延长枝要适当长留，树冠内部可多疏剪，少短剪，否则容易使树冠内部郁闭。对枝组培养应“先放后缩”，否则不易形成短枝；对成枝力弱的品种，延长枝剪留不宜过长，树冠内适当多短剪以促进分枝，否则各类枝条容易光秃脱节，树冠内部容易空虚，减少结果部位。对枝组培养应“先缩后放”，否则不易形成枝组或使枝组外移。

成枝力通常随着年龄、栽培条件而有明显的变化。一般幼树成枝力强，随着年龄增长逐步减弱。土壤肥沃、肥水充足时，成枝力较强，而土壤瘠薄、肥水不足时，成枝力就会减弱。所以核桃树整形修剪时必须注意栽培条件、品种和树龄等因素。

5.分枝角度

分枝角度对树冠扩大，提早结果有重要影响。一般分枝角度大，有利于树冠扩大和提早结果。分枝角度小，枝条直立，不利于树冠扩大并延迟结果。品种不同差别较大。放任树几乎没有理想的角度，所以丰产性差。分枝角度大的品种树冠比较开张，容易整形修剪；分枝角度小的品种，枝多直立，树冠不易开张，整形修剪比较困难，从小树开始就得严加控制。

6.枝条的硬度

枝条的硬度与开张角度密切相关，枝条较软，开张角度容易；枝条较硬，开张角度比较困难。如西扶1号、中林1号较硬；京861、晋龙2号较软。对枝条较硬的品种要及时注意主枝角度的开张，由于枝硬，大量结果后，主枝角度不会有大的变化，需要从小树开始严格培养。枝条较软的品种，主枝角度不宜过大，由于枝软，大量结果后，主枝角度还会增大，甚至使主枝下垂而削弱树势。

7.枝类

核桃树的枝条大致可分为以下3类。

（1）短枝

枝长5～15厘米。停止生长较早，养分消耗较少，积累较早，主要用于本身和其顶芽的发育，容易使顶芽形成花芽。

（2）中枝

枝长15～30厘米。停止生长也较早，养分积累较多，主要供本身及其他芽的发育，也容易形成花芽。

（3）长枝

枝长30厘米以上。停止生长较迟，前期主要消耗养分、后期积累养分，对贮藏养分有良好作用，但停止生长太晚，对贮藏营养不利。

核桃树的长枝，可用其扩大树冠，作各级骨干枝的延长枝；也可利用分枝，促进分生短枝和中枝，形成各类结果枝组；还可作为辅养枝制造养分，积累营养，以保证有充分的贮藏营养，满足核桃树的生长和结果。

核桃树的中枝，是结果的主体，它们具有较强的连续结果能力。中枝的数量决定树势的强弱，也决定产量和品质。

核桃树的短枝，结果多，结果能力强，但结果后容易衰弱，特别是在缺乏肥水供应时。因此，在整形修剪时，对这3类枝条要有一个较合理的比例。一般来讲，盛果期树长枝应占总枝量的10%左右，中枝应占总枝量的30%，短枝应占总枝量的60%。品种不同，各类枝条的比例不同，老弱树要多疏多短截，幼树除骨干枝外，要多长放，少短截。保持一定的枝类比，可使核桃园持续丰产稳产。

（二）芽

核桃树的芽是产生枝叶营养器官，决定树体结构，培养结果枝组的重要器官。芽具有以下特点。

1.异质性

核桃树芽的异质性是指1年生枝上的芽，由于内部营养状况与外界环境条件的不同，芽在发育过程中形成的早晚、体积的大小和饱满程度等都有一定的差异。其实1年生枝包括春梢和秋梢，当新梢开始生长，新叶发育不全，主要利用上一年贮藏的养分，加之气温低，芽的发育不良，早期形成的基部芽发育不充实，呈瘪芽状态。之后，随着气温升高，叶面积增大，同化作用增多，芽的质量逐渐提高。至枝条缓慢生长期后，叶片合成并积累了大量养分。因此，春梢中上部的芽饱满充实质量高。气温到了最高的伏天，光合作用减弱，呼吸作用增强，营养物质消耗量大，在长枝的春梢和秋梢交界处形成“盲节”。进入秋季，气温适宜，雨水较多，生长逐渐加快，形成了秋梢。秋梢中部芽饱满，梢部芽质量不好、木质化程度差、髓心大。不同质量的芽发育成的枝条差别很大，质量好的芽，抽生的枝条健壮，叶片大，制造养分多；质量差的芽，抽生枝条短小，不能形成长枝。

整形修剪时，可利用芽的异质性来调节树冠的枝类和树势，使其提早成形，提早结果。骨干枝的延长头一般留饱满芽，以保证树冠的扩大。培养枝组时，剪口多留春、秋梢基部的弱芽，以控制生长，促进形成短枝，形成花芽。

2.成熟度

早实核桃品种的芽成熟早，当年可形成花芽，甚至可以形成二次花、三次花。晚实品种的芽大多为晚熟性的，当年新梢上的芽一般不易形成花芽，甚至2～3年都不易形成花芽。但不同品种之间也有差异。

早实品种核桃树的修剪，可在夏季对枝条短截，促进分枝而培养枝组；晚实品种可在夏季对枝条摘心，促进分枝，培养树体结构，或加速枝条的成熟，有利于越冬。

3.萌芽力

核桃树的萌芽力差异很大。早实核桃的萌芽力很强，如京861、中林1号、辽宁1号，萌芽力可达80%～100%；晚实核桃的萌芽力较差，一般为10%～50%。角度开张的树，枝条萌芽率高，直立的树萌芽率低。

萌芽力强、成枝力强和中等的品种，应遵循“延长枝适当长留、多疏少截、先放后缩”的原则。萌芽力强、成枝力弱的品种，应遵循“延长枝不宜长留、少疏多截、先缩后放”的原则。

（三）叶幕

核桃树随着树龄的增加，树体不断扩大，叶幕逐渐加厚，形成叶幕层。但是树冠内部的光照随着叶幕的加厚而急剧下降，树冠顶部受光量可达100%，树冠由外向内1米处受光量为70%左右，2米处受光量为40%左右，3米处受光量为25%，大树冠中心的受光量仅为5%～6%（详见图3-4）。一般叶幕厚度超过3～4米时，平均光照仅为20%左右。一般树冠的光照强度在40%以下时，所生产的果实品质不佳，20%以下时树体便失去结果的能力。

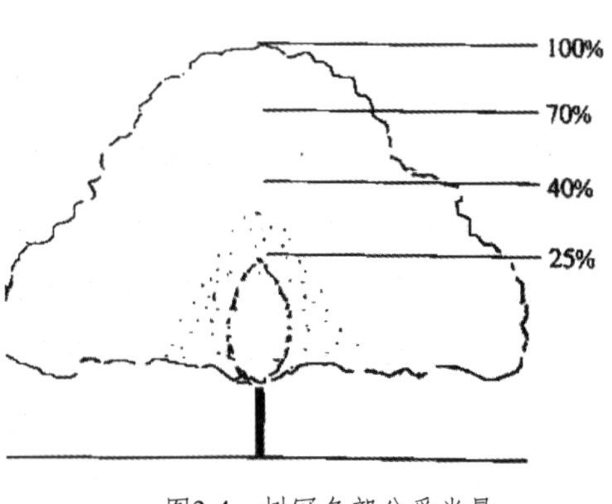

图3-4　树冠各部分受光量

成龄核桃树的修剪，不仅要考虑枝量和比例，还要考虑叶幕层的厚度。主干分层型核桃园的密度不高于4米×5米，即每667平方米栽植株数不多于33株。树高不超过4米，第一层叶幕的厚度为1～1.2米，层间距为1.5米左右，第二层叶幕的厚度为1米左右。

（四）结果枝

核桃不同品种间各类结果枝的比例有较大的差别。如辽宁1号、辽宁3号、晋香和晋丰等品种的短果枝较多，晋龙1号、薄壳香等品种的中、长果枝较多，有些品种的长、中、短果枝均有。各类结果枝的数量还随着年龄的增加而改变。一般幼树以长、中果枝较多，结果大树以短枝较多，老树以短果枝群较多。随着树龄的增长，结果枝逐步移向树冠的上部和外部，造成树冠内部空虚、下部光秃现象。修剪时，要注意品种和树龄的特点，培养和控制各类结果枝。

核桃树各品种进入盛果期后，大都以短果枝结果为主。短果枝的结果寿命为5～8年。短果枝连续结果的能力也因品种而异。早实类型的核桃品种结果枝连续结果能力较强，在无特殊气候的情况下，只要肥水条件好，管理得当，大小年不太明显。晚实类型的核桃品种结果枝连续结果能力也较强，一般也在5～8年。壮树寿命长，弱树寿命短。

（五）花芽

核桃树的花芽根据着生部位，可分为顶花芽和花芽两类。顶花芽为混合芽，着生在结果枝的顶端。顶花芽结果能力较强，特别是晚实品种，顶花年结果的比例占到80%以上。顶花芽分化、形成较早，呈圆形或钝圆锥形，较大。腋花芽着生在中长果枝或新梢的叶腋间，较顶花芽小，但比叶芽肥大。早实品种的副芽也能形成花芽，在主芽受到刺激或者生长强旺时也能先后开花，并能结果。腋花芽抗寒性较强，在顶芽受到霜冻死亡后，腋花芽能正常开花结果，可保证一定的产量，所以腋花芽非常重要。早实品种腋花芽的结果能力较强，盛果期前期的树腋花芽可占到总花量的90%以上。

核桃树的腋花芽因品种不同而有差别。早实类型中，中林1号、辽宁1号、京861腋花芽率最高，薄壳香、西扶1号较低；晚实类型的品种中，晋龙2号、清香品种的腋花芽率较高，晋龙1号最低。树冠开张的品种腋花芽多，直立的品种腋花芽较少。

（六）开花

核桃树雄花开放后消耗了大量养分，由于营养不良不能发育成幼果而脱落，因此为了节约养分，在芽萌动期间需进行疏花。由于核桃雄花花粉的数量较大，可疏除全树90%以上的雄花序，下部雄花序可全部疏除。疏花不如疏枝，修剪时注意疏除衰弱的雄花枝，有利于提高核桃的产量和品质。

核桃树在开花结果的同时，结果新梢上的叶芽当年萌芽形成果台副梢。如果营养条件较好，副梢顶芽和侧芽均可形成花芽，早实核桃品种的腋花芽翌年可以连续结果。树势较旺，果台副梢可形成强旺的发育枝。养分不足，果台副梢形成短弱枝，第2年生长一段时间后才能形成花芽。腋花芽萌芽形成的结果新梢（果台）上不易发生副梢。

（七）结果

核桃幼果在发育期间由于养分不足，会发生生理落果。落果的程度因品种而有差别，西林3号、辽宁2号落果较重。

夏季修剪时，需要进行疏花疏果，以调节营养，提高坐果率，控制大小年。及时灌水施肥，可减少落花落果，并可提高产量和品质。

二、简化修剪技术

核桃树不修剪，也能结果，但大小年现象十分明显，内膛容易空虚，果实大小差异大，产量和质量不稳定，商品果率不均衡。在幼树阶段，如果不修剪，任其自由发展，则不易形成良好的丰产树形结构。在盛果期不修剪，会因通风不良出现内膛枝条枯死，结果部位外移，形成表面结果，达不到立体结果的效果，而且果实越来越小，小枝干枯严重，病虫害多，更新复壮困难。因此，整形修剪是依据核桃生长发育规律和生物学特性，结合当地生态条件和栽培管理水平，对树体实施科学管理的一项重要措施。合理的整形修剪可以培养良好的树体结构和丰产树形，使树冠通风透光良好，调节和维持生长与结果的良好动态平衡，使果园整体持续健康、长寿，从而达到早结果、多结果、结优果以及连年丰产、稳产的目的。

（一）修剪时期与技术

1.修剪时期

休眠期修剪又称冬剪，缺点是伤流大。人们普遍认为伤流会造成核桃树体养分和水分的大量流失，多在春季萌芽后（春剪）和采收后至落叶前（秋剪）进行修剪。近30年来，作者通过大量的生产实践结果证明，核桃休眠期修剪（冬剪）对生长和结果没有不良影响，并在新梢生长量、坐果率、树体营养等方面均优于春剪和秋剪。任何时间修剪，被剪除枝条本身所含不可移动的木质纤维素等有机物是必须损失的。除此之外，休眠期的树体营养主要贮藏在树根和干部，枝条贮藏的养分非常少，冬剪损失的主要是水分和少量的矿质营养；晚秋，核桃采收后，叶未落，仍进行光合作用，枝叶营养未回流，秋剪损失的主要是光合作用新制造的养分和叶片与枝条尚未回流的营养；春季，树体萌芽，需要消耗大量营养，养分从树根和干部被运送到枝梢，春剪损失的主要是因呼吸消耗和新器官形成的营养。相比之下春剪营养损失最大，秋剪次之，冬剪最小。因此，休眠期修剪（冬剪）是最合理的修剪适期，要从科学的角度，改变传统的春剪和秋剪。北方地区，冬季较长，风大，可适当延迟修剪时间，一般在萌芽前完成即可。陕西渭北旱塬多在立春后至萌芽期1个月内进行。

作者认为应结合当地气候条件特点和具体的修剪实践，总体上以冬剪为主，生长期适度采用抹芽、拉枝、疏枝、摘心等措施，控制过旺的营养生长，以减少休眠期的修剪量，从源头控制生物量因修剪而被大量浪费，同时节省了用工量，实现简化修剪。

2.修剪技术

（1）短截

短截是指将1年生枝剪去一部分。休眠期和生长季节均可短截。生长季节短截也称摘心（详见图3-5），是指在生长季节剪去新梢顶端幼嫩部分。休眠期短截可增加发枝量（一般新发2～4个枝），降低发枝部位。摘心能控制1年生枝条生长，利于枝条发育充实和越冬。短截多用于幼树整形、培养枝组、均衡树势、更新复壮等方面。核桃常用轻短截（剪去秋梢的一部分，可破顶、戴帽，详见图3-6）、中短截（在春梢中、上部饱满芽处短截，详见图3-7），很少用重短截（基部留3～5个隐芽短截，详见图3-8）。旺枝一般多用短截措施，弱枝不宜。弱枝若短截，不发枝，易干枯死亡。短截时，根据培养目的选留剪口芽的位置和方向（核桃芽异质性大，枝条背下芽比背上芽和侧芽充实，易形成旺枝造成“倒拉”，在生产中剪口很少留背下芽，多留侧芽），否则，越剪越乱。剪口距芽1厘米，剪口要平滑。

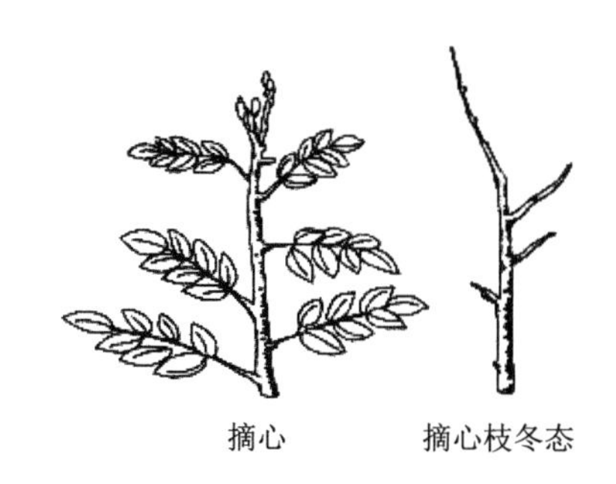

图3-5　摘心与修剪反应

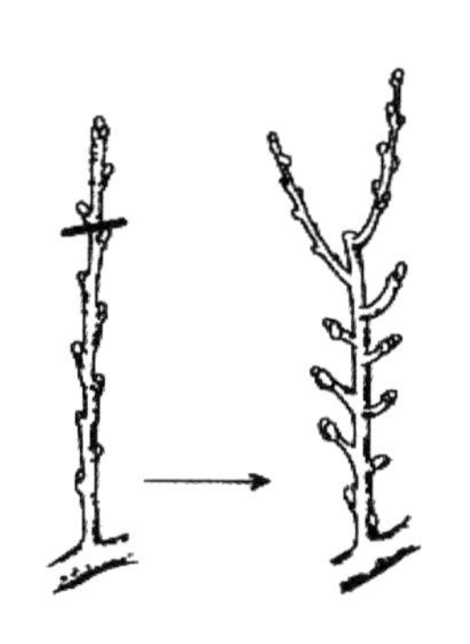

图3-6　轻短截与修剪反应

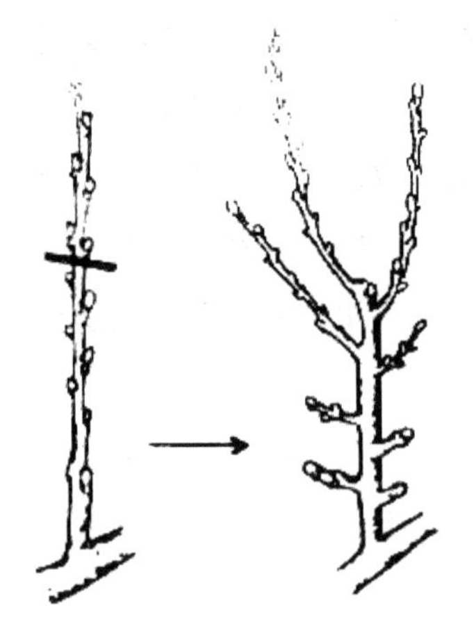
图3-7　中短截与修剪反应

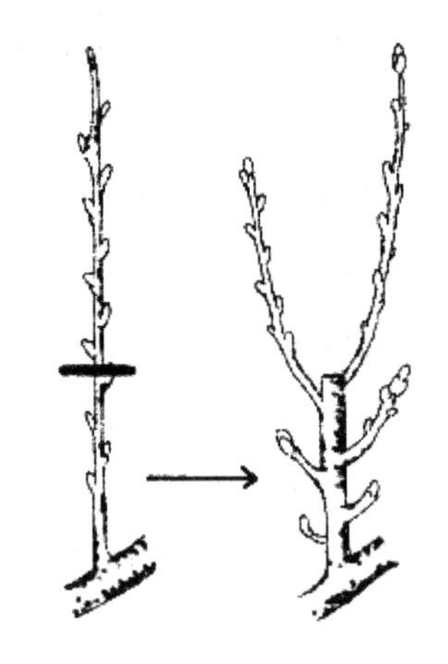
图3-8　重短截与修剪反应

（2）疏枝

疏枝也称疏剪，指将枝条从基部疏除，可削弱剪口以上枝的生长势，能促进剪口以下枝的生长（详见图3-9）。疏枝既能改善通风透光条件，又有利于养分积累和花芽形成。疏剪对象主要是雄花枝、病虫枝、交叉枝、下垂枝、重叠枝及过密枝等。当树势、枝的长势不均衡时，调整的主要措施是疏除大枝。疏枝时，应紧贴枝条基部剪除，不可留桩，剪口大于1厘米时应涂抹伤口愈合剂。

（3）回缩

回缩也称缩剪，是指对2年生以上枝条进行剪截（详见图3-10）。其具有复壮和抑制作用。多用于控制辅养枝的生长，培养结果枝组，以及骨干枝换头和老枝更新修剪。衰老树回缩时要在剪口或锯口下留一“辫子”（即小辅养枝）以利于伤口愈合。

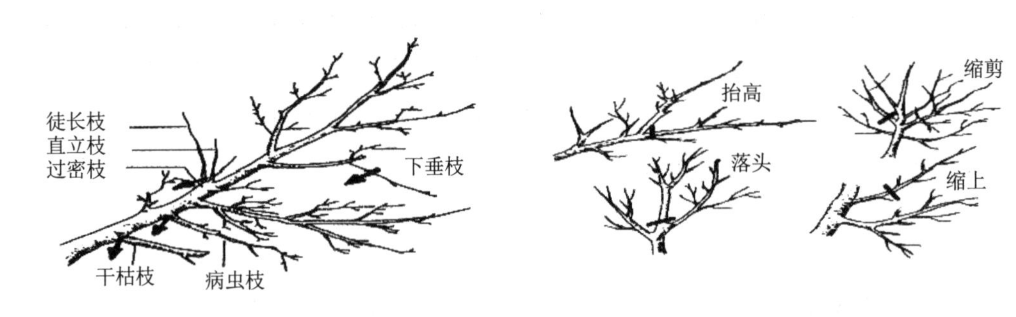

图3-9　疏枝　　　　图3-10　回缩

（4）缓放

缓放也叫长放，即对枝条不进行任何剪截（详见图3-11）。经长放的枝条停止生长早，有利于花芽分化和提早结果。一般在旺树枝上应用。除背上直立旺枝不宜长放外（可拉平后缓放），其余枝缓放。水平伸展的粗枝长放后，前后均易萌发长势近似的小枝。弱枝不短截，下一年生长一段，易形成花芽。幼树阶段运用效果明显。

（5）刻芽

刻芽是指在多年生枝年轮处刻伤，促其隐芽萌发形成丰满的枝组（详见图3-12）。多用于多年生“光腿枝”的改造和中型枝组的培养。

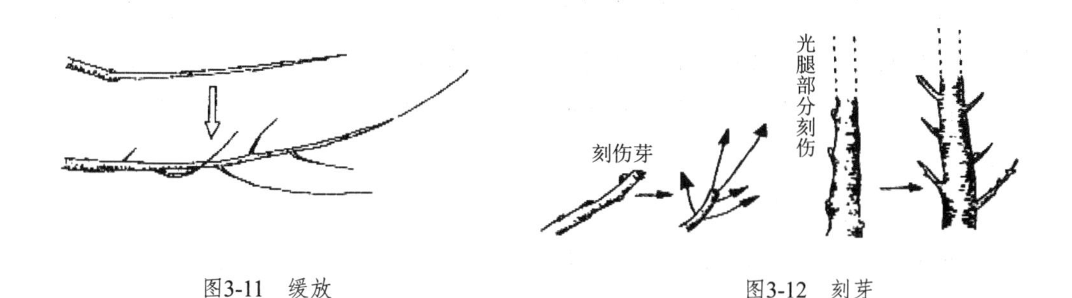

图3-11　缓放　　　　图3-12　刻芽

（6）变向

采用人工方法改变枝条生长方向，具体是改变枝条极性和位置。如主枝、侧枝开张角度小，直立，可以在生长期通过拿枝、捋枝、拉枝及“里芽外蹬”等方法开张角度；如果开张角度过大，则留背上枝以抬高角度。主干不正或弯曲，采用插干或拉的方式扶正。核桃树主枝基角多为“V”形结构，不牢固，不宜强撑强拉，否则造成基角开裂。

（7）背后枝的处理

核桃与其他果树不同，其背后芽比其他方向的芽体充实，发枝旺，尤其斜生骨干枝的背后枝，生长势多强于原骨干枝头，形成“倒拉”现象，甚至造成原枝头枯死。对背后枝，一般在抽生初期疏除（详见图3-13）。如果原母枝直立或变弱（包括枯死），则可用背后枝代替原枝头，将原枝头剪除或培养成结果枝组，须抬高其枝头角度，防止下垂（详见图3-14）。

图3-13　疏除背后枝

图3-14　利用背后枝开张角度

（8）徒长枝的利用

徒长枝多由潜伏芽抽生而成，有时局部刺激能使中、长枝抽生出徒长枝。徒长枝生长速度快，生长量大，消耗营养多，如放任不修剪，会扰乱树形，影响通风透光。如果树冠内枝量足够，应疏除。如果徒长枝周围有生长空间，或附近结果枝组已衰弱，则可利用徒长枝培养成结果枝组，填补空间或更替衰弱的结果枝组。

培养方法是在夏季对50～70厘米长的徒长枝摘心，促发二次枝，形成结果枝组；也可在休眠期对徒长枝短截，待下年分枝形成结果枝组（详见图3-15）。衰老树枝干枯顶焦梢，或因机械伤害等使骨干枝折断，可利用徒长枝培养骨干枝的延长枝，以保持树冠圆满。

（9）二次枝的控制

早实品种多发生二次枝，一般幼龄树抽生较多。由于二次枝抽生晚、生长旺、生长不充实，在冬季易“抽条”。如果放任生长，虽能增加分枝量，提高产量，却易造成结果部位外移，使结果母枝后部光秃，干扰冠形。控制方法：对生长过旺造成树冠出“辫子”的二次枝，在其未木质化之前疏除；对一个结果枝组上抽生3个以上的二次枝，在早期选留1～2个健壮的，其余疏除，即去弱留强；对选留的二次枝旺枝，夏季摘心，促其木质化，控制向外延伸。也可在次年春夏短截，促发分枝，培养结果枝组（详见图3-16）。夏季短截分枝效果好，春季短截发枝粗壮，以中、轻度为宜。

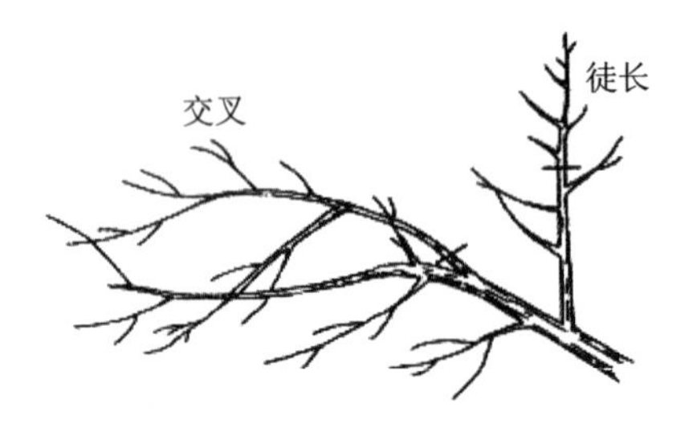

图3-15　徒长枝的修剪

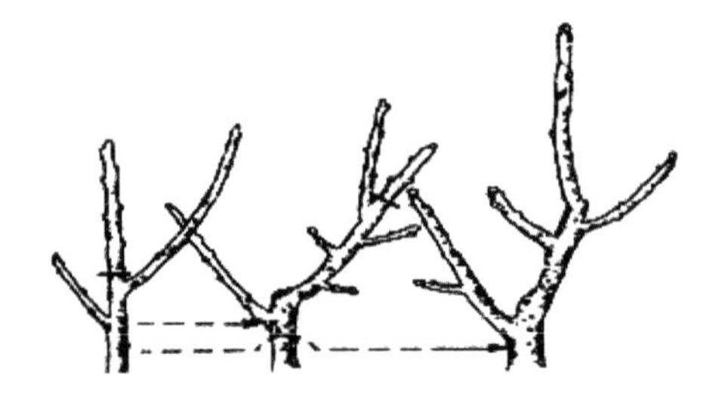
图3-16　二次枝的修剪

（10）结果枝组的培养与修剪

①结果枝组的配置。

核桃树的结果枝组分大、中、小3种类型（详见图3-17）。大型结果枝组由强旺枝形成，占1～2平方米空间；中型结果枝组由旺枝形成，占0.6～1平方米空间；小型结果枝组由长果枝形成。配置枝组，要根据骨干枝的位置和树冠内空间的大小来决定。一般来说，主枝的先端即树冠外围，配置小型枝组；树冠中部配置中型枝组，空间过大时，配置少量大型枝组；骨干枝的后部即内膛，配置大型和中型枝组。在大、中型枝组间，配小型枝组，以填补空隙；骨干枝距离远或在树冠内出现较大空间时，培养大型枝组，填补空间。枝组之间，以三级分枝互不干扰为原则，同侧的大型枝组间距，应保持0.6～1米。幼树和生长势较强的树，不留或少留背上直立枝组，衰老树则应适当多留背上直立枝组。

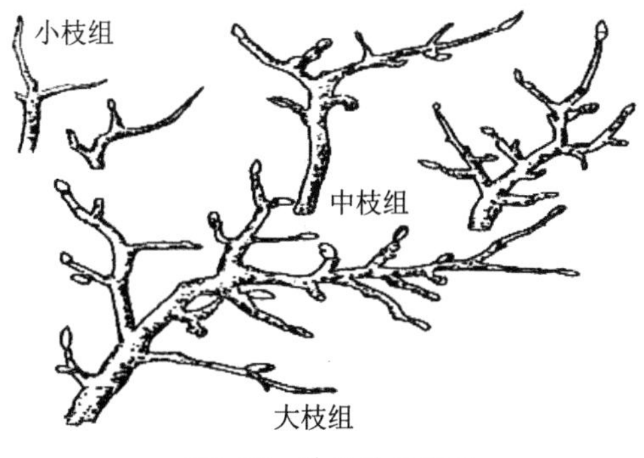

图3-17　结果枝组类型

②结果枝组的培养。

培养结果枝组的方法很多，其中常用的有先放后缩、先截后放两种。

先放后缩法。多用于发枝力强的品种，如清香、西扶1号、中林1号和中林3号等。方法是对其粗壮发育枝或长势中等的徒长枝，先长放，促发分枝，形成中短枝。次年，在其所需高度和方向适宜的分枝处回缩，下一年再去弱枝和强旺枝，留中庸枝，2～3年可培养成大型结果枝组，也可根据空间大小，缩剪成中型或小型枝组（详见图3-18）。

先截后放法。多用于发枝力弱的品种，如辽核1号、中林5号等。对粗壮发育枝重短截，促发分枝，再对分枝夏季摘心，长放，三年培养成结果枝组（详见图3-19）。

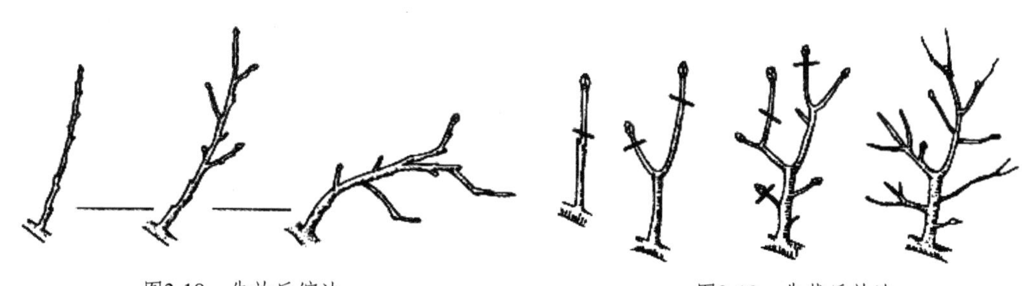
图3-18　先放后缩法

图3-19　先截后放法

③结果枝组的修剪。

结果枝组的修剪包括以下5个方面。

一是控制枝组大小。对需要扩大的结果枝组，短截1～2个发育枝，促其分枝扩大枝组。枝组的延伸以折线式最好，抑上促下，使下部枝生长健壮。延长枝的剪口芽，向着空间大的方向发展。对无发展空间的枝组，要控制，方法是回缩到后部中庸分枝处，疏除背上直立枝，减少枝组内总枝量。对细长型结果枝组，适当回缩，使之形成比例合适的紧凑型枝组。

二是平衡生长势。结果枝组长势以中庸为宜。长势过旺，夏季摘心控制，也可休眠期疏除旺枝，并回缩到弱枝弱芽处，还可去直留平改变枝组角度，控其长势。枝组衰弱，中壮枝少，弱枝多，可去弱留强，回缩至壮枝、壮芽或角度较小的分枝处，抬高结果枝组的角度，减少花量，促其复壮。

三是调节结果枝和营养枝的比例。结果枝组是结果和生长同步的基本单位。大、中型结果枝组的结果枝与营养枝的比例，一般为3∶1左右。生长健壮的结果枝组，结果枝偏多，早实品种表现突出，适当疏除或短截一部分；生长势弱的结果枝组，常形成大量的弱结果枝和雄花枝，适当重截，疏除雄花枝和部分弱枝，促发新枝。

四是整理三叉形结果枝组。核桃树多数品种1年生枝顶部，易形成三个比较充实的混合芽或叶芽，萌发后常形成三叉形结果枝。如不修剪，可连续结果2～3年，因营养消耗过多，生长势逐年衰弱，以至干枯死亡。及时疏剪三叉形枝组，方法是在枝组尚强壮时，疏除中间强旺枝，留下两侧的结果母枝。随着枝组扩展，注意回缩和去弱留强，维持良好长势和结果状态。

五是更新结果枝组。随着枝组年龄增大，着生部位光照不良，过于密集，结果过多，加之着生在骨干枝背后，枝组下垂，着生母枝衰弱等原因，致使结果枝组长势衰弱，不能分生足够的营养枝，结果能力明显降低，必须更新。枝组更新，必须从全树的复壮和改善枝组的光照条件入手，根据其具体情况，采取相应的修剪措施。枝组内的更新复壮，回缩至强壮复壮或角度较小的分枝处，适度疏果枝或花果。对过度衰弱和回缩、短截后仍不发枝的枝组，须从基部疏除。若附近有空间，先培养新结果枝组，再将原衰弱枝组逐年疏除，以老换新。若有空间，可利用徒长枝培养新结果枝组。

（二）丰产树形与培养

整形是根据核桃树的生物学和生态学特性，通过人为影响，科学布局枝条，形成人们栽培需要的理想树体结构形态，以实现在自然条件下难以完成的功能。修剪则是服从整形的要求，剪除部分枝、叶等器官，达到调节树势、更新造形的目的。修剪是手段，整形是目标，密不可分。因此，在生产中要根据核桃的品种特性、树龄、树势、生长结果情况，从核桃树的整体着眼、局部入手，做到因品种因树修剪，随枝造形，有形不死、无形不乱，主从分明，外疏内密（即大枝亮堂堂，小枝闹嚷嚷），整形和结果两不误，为核桃早实、丰产、稳产及优质奠定良好的基础。

1.丰产树形

目前，适用的核桃树形主要有两类，即以自然开心形为代表的开心形和以主干分层形与纺锤形为代表的主干形。在生产中，应根据品种特性、栽植方式、立地条件及管理水平等选择合适的树形进行培养，目标树形仅供参考，切勿生搬硬套、过分强调树形。造型要灵活，充分利用空间，增加有效结果部位，做到结果和长树两不误。

（1）自然开心形

该树形无中央领导干，也称无主干形。一般有2～4个主枝，其特点是形成快，结果早，各级骨干枝安排灵活，整形容易，易掌握。幼树树形较直立，进入盛果期后逐渐开张，通风透光好，易管理。该树形适宜土层薄、土质较差、肥水条件不良的地块和干性弱、树姿开张的早实品种。生产中可分为两大主枝和三大主枝，但以三大主枝开心形较常见（详见图3-20）。

（2）主干分层形

该树形中心领导干明显，一般有6～7个主枝，分2～3层，呈螺旋形着生在中心领导干上，形成圆锥形树冠（详见图3-21）。其特点是通风透光，主枝和主干结合牢固，枝条多，结果部位多，负载量大，产量高，寿命长。该树形适宜立地条件好和干性特强的品种或稀植树。

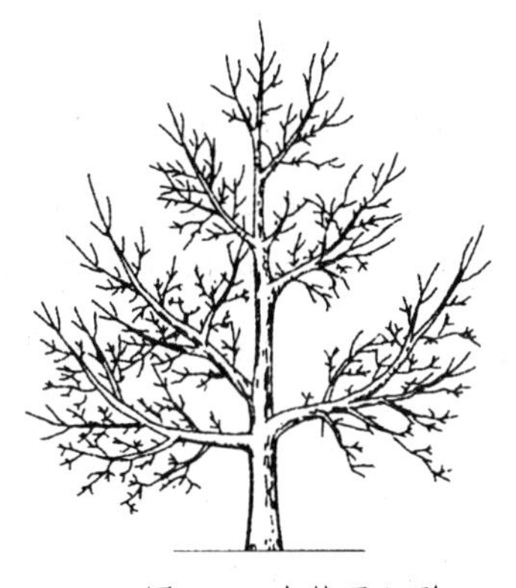

图3-20　自然开心形

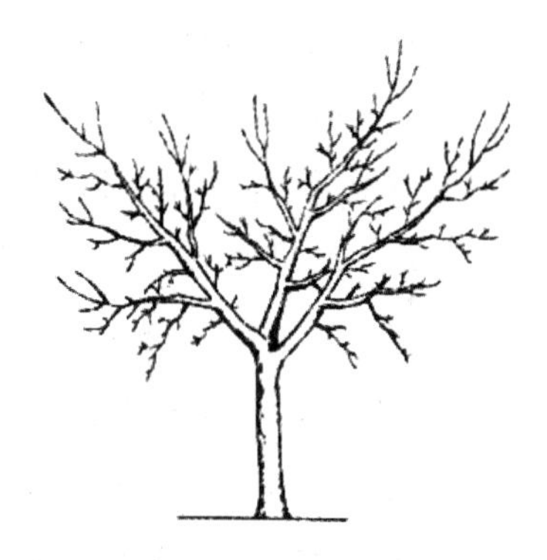

图3-21　主干分层形

（3）纺锤形

该树形，树高一般4～5.5米，冠径3～4.5米，中心干永保优势地位（树干高100～120厘米），其上均衡着生13～15个小主枝，不分侧枝（详见图3-22）。小主枝上着生结果枝组，下层主枝大于上层主枝，树冠下大上小，像座尖塔。小主枝与中心干间保持85°～90°，以缓和树势，控制旺长，促进分枝，增多结果枝。特点是树形简易，主枝多，成形快，易丰产。该树形适用于密植栽培园。

（4）改良纺锤形及其培养方法

将传统的主干分层形和纺锤形进行“嫁接”而成改良纺锤形。树形如“盘子中端个宝塔”，共11～13个主枝（详见图3-23）。

图3-22　纺锤形

图3-23　改良纺锤形

改良纺锤形操作简捷，省力，节约成本，盛果期比主干分层形提早2年、比纺锤形提早1年。

2.树形培养

核桃枝芽的异质性很强，且无一定规律，任其自然生长很难形成一个良好的树形。早实核桃，因其分枝力强，结果早，易发二次枝，极易造成树形紊乱。因此，幼树的整形至关重要，直接关系到核桃园的经营寿命和效益。

（1）定干

定干是指对苗干进行剪截，确定主干高度。定干的高低与树高、栽培管理方式及间作等关系密切，应根据核桃的品种特点、土层厚度、肥力高低、间作模式等确定。随着生产管理机械化和集约化程度的逐步提高，省力栽培已成为核桃园经营者的期盼。因此，核桃定干高度要适合这一需求。一般来说，晚实核桃结果晚，树体高大，主干可适当留高些，主干宜留1.5米，如果稀植主干宜1.5～2米。早实核桃结果早，树体较小，主干适度矮些，有效干高不小于1.2米。

在正常情况下，定干宜在定植当年进行。方法是在定干高度的上方选留一个饱满芽，进行短截，待发芽后，将1米以下的侧芽全部抹掉。如果未达到定干高度，须在饱满芽处短截，发芽后，仅留剪口的旺芽使其向上伸长，其余抹除，翌年再定干。

（2）培养树形

①开心形培养。

培养开心形，分3步进行（详见图3-24），需5～7年。

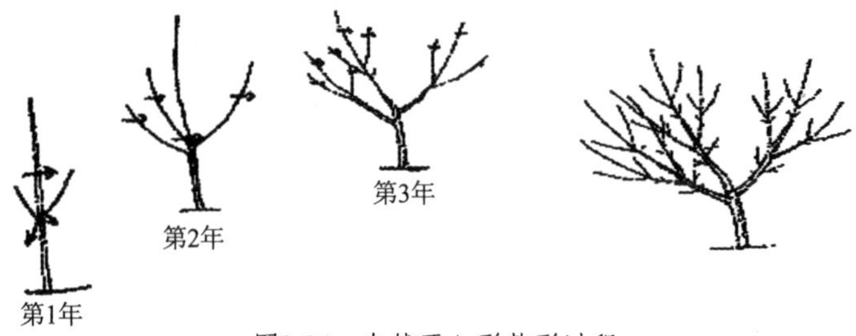

图3-24　自然开心形整形过程

第一步：1～2年内，在定干高度以上，按不同方法留2～4个枝条或已萌发的壮芽作为主枝。主枝可以一次或两次选留，各相邻主枝的长势基本一致，开张角度要近似（一般为60°左右），以保证树势的均衡。

第二步：2～3年，主枝选定后，开始选一级侧枝，每主枝可留3个左右侧枝，侧枝间要上下左右错落，分布均匀。第一侧枝距主干基部的距离，晚实品种为60～80厘米，早实为50厘米左右。

第三步：4～6年，一级侧枝选定后，在其上选留二级侧枝2～3个。第二主枝上的侧枝与第一主枝上的侧枝间距，晚实品种为1.2米左右，早实为0.8米左右。至此，开心形树冠骨架基本形成，要特别注意调节各主枝间的平衡。

②主干分层形培养。

培养主干分层形，分4步进行（详见图3-25），需7～8年。

第一步：培养第一层主枝。方法是在定干当年或翌年，在定干剪口以下20～40厘米为第一层主枝的整形带，要留6个以上的饱满芽。萌芽后，抹除整形带以下的萌芽。在整形带内选留3个不同方位（3个枝夹角约120°）生长健壮的枝条，作为第一层主枝，选留顶部直立旺枝作为中央领导干，其余抹除。主枝开张角度以60°左右较好。层内两主枝间距不少于20厘米，避免轮生，以防止主枝长粗后，对主枝形成“卡脖”现象。对生长势弱的树，发枝少，可2年培养第一层主枝。

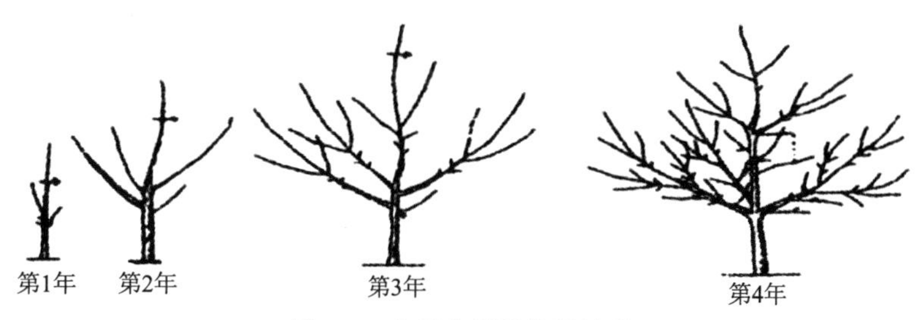

图3-25　主干分层形整形过程

第二步：2～3年，培养第二层主枝和第一层主枝的一级侧枝。具体是：次年休眠期，在主枝60～80厘米处饱满芽的上方短截，萌芽后在主枝两侧选留2个旺梢，作为一级主侧枝和1个延长枝，一级侧枝距主干20～30厘米，不留对生枝和背下枝，其余枝抹除。注意各主枝的侧枝必须上下左右错落，分布均匀，不能平行、交叉或重叠。在第一层上的主干延长枝留1.5～2米，在饱满芽处短截，培养第二层主枝，主枝间距为20厘米，与第一层主枝错落布局，不能平行。第一层与第二层间距，早实品种为1.5米，晚实品种为2米，其间适当选留辅养枝，培养小型结果枝组，抹除其余萌条。

第三步：4～6年，培养树冠。在第二层主枝40厘米处、第一层主枝延长枝60厘米处及其一级侧枝40厘米处短截，培养二层主枝及二级侧枝（其上留2～3个枝），同时，注意各枝的空间布局，插空选留，不能交叉、平行和重叠。同样方法，培养三级侧枝，二层主枝只培养二级侧枝。

第四步：7～8年，选留第三层主枝1～2个。第三层与第二层主枝间距，早实品种为1.5米，晚实品种为2米，并从最上面主枝上方落头开心，选留东南方向以外的大枝作为第三层主枝。各层主枝上下错开，插空选留，以免平行或相互重叠。各级侧枝应交错排列，充分利用空间，避免侧枝并生或交叉，造成拥挤。侧枝与主枝的水平夹角最好为45°，着生位置以背斜侧为宜，切忌留背后枝（也称背下枝）。树形构架完成后，重点调整各主枝、侧枝等骨干枝长势，使之处于动态平衡状态。

③自由纺锤形培养

培养自由纺锤形，分3步进行（详见图3-26），需4～5年。

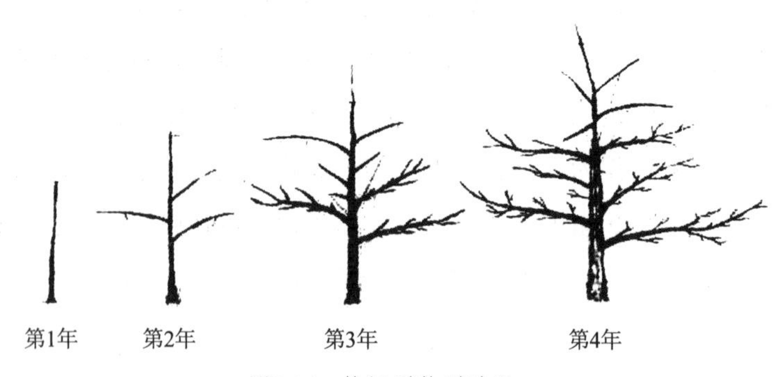

图3-26　纺锤形整形过程

第一步：培养优势中心干。定植当年，当萌芽嫩梢达20厘米左右时，选择1个健壮嫩梢作为中心干培养，其余疏除。当中心干长到1.5米左右时摘心，以控制高生长，充实枝条和芽体饱满，培养优势中心干枝。

第二步：培养树形。定植后第2年，在主干1米以上，选留5～6个萌芽作为整形带，留芽要求生长健壮、排列方向不同、间距30～35厘米。7～8月上旬，顶端枝作为中心枝培养，其他枝进行撑拉，角度控制在80°～90°；第3年，中心干延长枝留80～120厘米短截，再从上年分枝中选留4～5个长势良好、分布均匀、角度适宜者作为小主枝，疏除无用枝、密挤枝。6～8月进行拉枝或捋枝，维持主枝分枝角度，防止枝头返回抢头。其他保留枝全部拉角90°。在主干延长枝短截后的萌芽中选留4～5个，按第2年方法培养主枝延长枝和小主枝；第4年，中心干延长枝留70～100厘米短截，从上年拉角的分枝中选留3～4个符合要求的枝培养成小主枝，疏除中心干主枝和小主枝上的竞争枝、重叠枝、密挤枝。继续调整和维持主枝角度，防止腰角和梢角变小。对短截的中心干延长枝，按第2年方法培养主枝延长枝和小主枝；第5年，中心干延长枝留70～100厘米短截，从上年拉角的分枝中选留3～4个符合要求的枝培养成小主枝。调整主枝在中心干上的分布，调控树势，维持分枝角度，防止腰角和梢角变小，疏除无用枝。

第三步：落头开心。当树高达5～6米，主枝保留13～15个，在树冠顶部落头。

④改良纺锤形培养。

改良纺锤树形培养也分3步进行（详见图3-27）。

图3-27　改良纺锤形整形过程

第一步：培养优势中心干。定植当年，如果苗木高度大于1.5米，在1.5米处定干。萌芽达20厘米后，在定干剪口以下20～40厘米（整形带）内选留3个不同方位（3个枝平面夹角约120°，相邻枝间距20～30厘米）、生长健壮的枝条，作为第一层主枝，选留顶部直立旺枝作为中央领导干，其余抹除；如果苗木高度小于1.5米，在饱满芽处短截定干。萌芽后，在1.2米以上选留3个主枝（3个枝平面夹角约120°，相邻枝间距20～30厘米），待顶部枝条与原定干高度达到1.5米以上摘心（二次定干），再培养主要领导干，其余抹除。

第二步：培养树形。次年休眠期（具体在萌芽期20～30天），在主枝60～80厘米处饱满芽的侧上方短截，萌芽后在主枝两侧选留2个旺梢，作为一级主侧枝和1个延长枝，一级侧枝距主干20～30厘米，不留对生枝和背下枝，其余枝抹除。注意各主枝的侧枝必须上下左右错落，分布均匀，不能平行、交叉或重叠。在上年主干延长新枝留1.5米左右，在饱满芽处短截。萌芽后，选留4～5个健壮萌条作为主枝，预留枝要求生长健壮、间距30～35厘米、呈螺旋状向上排列，且与下层主枝不平行。顶端枝作为中心枝培养。待新梢半木质化后（即6～7月），将预留的主枝进行变向或拉枝，角度控制在80°～90°；第3年，休眠期，疏除第1～3主枝的背下枝和无用枝，在其延长枝40～60厘米处短截，长放其侧枝和第4～8主枝。在上年主干延长新枝120厘米饱满芽处短截，用第2年同样方法培养第9～12主枝和下部1～3主枝的2、3侧枝；第4年，休眠期，背下枝和无用枝处理方法同上，在第1～3主枝延长枝30～40厘米处短截。在上年主干延长枝留70～100厘米短截，同法培养第13～15主枝。

第三步：落头开心。第5年，树高达5～6米，在树冠顶部落头，主枝保留13～15个。1～3主枝的侧枝和4～15主枝长放，均培养成单轴延伸型枝结果枝组。

（三）不同树龄时期的修剪

1.幼树修剪

核桃幼树营养生长旺盛，此期的主要任务是整形。按照目标树形，选留主枝和侧枝，重短截，培育丰产树形骨架，构架目标树形。同时，适当选留辅养枝，多余的疏除，将辅养枝培养成结果枝组，达到早成形、早结果、早丰产的目的。早实品种，要及时疏果，以保证旺盛的营养生长。

2.初果期树的修剪

优良品种嫁接苗，一般早实品种定植3年，晚实4～5年，进入初果期。此期总体特征表现为：树体生长偏旺，树冠迅速扩大，横向生长极旺，易产生“上强下弱，前强后弱”现象，结果逐年增加，处于营养生长向生殖生长过渡期。修剪的主要任务是继续培养主、侧枝，注意平衡树势，充分利用辅养枝早期结果，开始培养结果枝组等。

对主枝和侧枝的延长枝，应继续延长，进行中短截或轻短截。对有空间的辅养枝应保留，逐步培养成结果枝组。修剪时，采用去强留弱，或先放后缩、放缩结合等措施，控制树膛内部结果；若无空间，应疏除，以利通风透光。对影响主、侧枝生长的辅养枝，必须为主枝让路，可直接疏除，也可回缩，逐渐疏除。疏除早实品种的二次枝、过密枝、郁闭或发育不充实枝；有空间的健壮者应保留，采用摘心、短截、去弱留强等措施，培养成结果枝组。对背后枝的处理，因枝的着生情况而异，凡延长部位开张，长势正常的，尽早疏除；若延长部位长势弱或分枝角度较小，则利用背后枝换头。

培养结果枝组常用先放后缩。对早实品种的长旺枝，轻剪或长放。由于修剪越轻，发枝量和果枝量越多，二次枝的数量将减少。对晚实常用短截旺盛发育枝的方法，增加分枝，以中短截和轻短截为宜。对徒长枝，一般疏除，如有空间可保留。晚实核桃利用先放后缩培养成结果枝组，早实可用先截后缩法培养结果枝组。

3.盛果期的修剪

晚实品种的盛果期一般在10～60年，部分达100年左右。早实品种盛果期一般在5～15年。此期特点是树冠大都接近郁闭或已经郁闭，树冠骨架已形成和稳定，树姿开张，外围枝量增多，由于内膛光照不良，部分小枝干枯，主枝后部出现光秃带，结果部位外移，生长与结果的矛盾比较突出，易出现隔年结果现象。因此，此期的修剪任务主要是调节生长和结果的关系，不断改善树冠内的通风透光条件，加强结果枝组的培养与更新，达到高产、稳产的目的。

（1）骨干枝和外围枝的修剪

对于主干分层形的树来说，应逐年落头去顶，以解决光照问题。落头时，在锯口下留东南方斜生枝，以控制树体高度。盛果初期，各级主枝需继续扩张，应注意控制背后枝，保持原头生长势。当树冠枝已扩展到计划大小时，可交替回缩换头，控制其向外伸展。对顶端下垂、生长势衰弱的骨干枝，应重剪回缩更新复壮，留向上的斜生“尾巴枝”领头，抬高角度，集中营养，恢复枝条生长势。对树冠的外围枝，由于多年伸长和分枝，常常密挤、交叉和重叠，应适当疏除或回缩。

（2）结果枝组的培养与更新

进入盛果期以后，随着树冠的不断扩大和枝量的不断增加，除继续加强对结果枝组的培养利用外，还应不断地进行更新复壮。对2～3年生的小型结果枝组，可视树冠内的可利用空间情况，按去弱留强的原则，疏除弱小或结果不良的枝条，不断扩大营养面积，增加结果枝数量。当长到一定大小，占满空间时，应去除强枝、弱枝，保留中庸枝，促使形成较多的结果母枝。对已无结果能力的小枝组，一律疏除，利用附近的大、中型枝组，占据空间。对于中型结果枝组，可及时回缩更新，使其枝组内的分枝交替结果。对过旺枝，采用去强留弱法控制。对大型结果枝组，应注意控制其高度和长度，以防“树上长树”。对于已无延长能力或下部枝条过弱的大型结果枝组，应适当回缩，维持稳定其下部中、小型枝组。

（3）辅养枝的修剪与利用

辅养枝是指着生在骨干枝上，不属于分枝级次的辅助性枝条。多数辅养枝是幼树期为加速树冠形成，提早结果而保留下来的，其中临时性的占多数。对影响主、侧枝生长的，可视其影响程度，疏除或回缩，为主侧枝让路。生长过旺时，应去强留弱或回缩到弱分枝处，控制其生长。长势中等，分枝良好，又有利用空间者，可剪去枝头，将其改造成大、中型枝组，长期保留结果。

（4）徒长枝的利用和修剪

进入结果盛期的核桃树，一般很少发生徒长枝。当有病虫危害或修剪刺激后，极易造成内膛骨干枝上的潜伏芽萌发，形成徒长枝，常造成树冠内部枝条紊乱，影响枝组的生长与结果。处理方法，可视树势及内膛枝分布情况而定。如内膛枝密集，结果枝组分布和生长均正常时，应尽早从基部疏除；如徒长枝附近有空间，或其附近结果枝组已衰弱，则可利用徒长枝培养成结果枝组，以填补空间或更替衰弱的结果枝组。选留的徒长枝分枝后，可根据空间大小确定截留长度。为促其提早分枝，可摘心或轻度短截，以加速结果枝组的形成。

（5）清理无用枝

主要剪除过密、重叠、交叉、细弱、病虫、干枯枝等，以减少不必要的养分消耗，改善树冠内部的通风透光条件，减少病虫害基数。

4.衰老树的更新修剪

核桃进入衰老期，外围枝梢出现大量死亡，内膛萌发大量徒长枝，优势开始从外围向内膛转移，离心生长变为向心生长，产量显著下降。此期修剪的主要任务是利用徒长枝，锯除徒长枝以上的衰老枝，重新培养树冠，以便形成老干新枝的丰产树形，延长结果年限。常用的更新方法有3种。

（1）主干更新（也称大更新）

将主枝全部锯掉，使其发枝，并形成主枝。对于主干过高者，在主干适当部位，将全树冠锯掉，促使锯口下的潜伏芽萌发新枝，再从新枝中选留方向合适、生长健壮的枝条2～4个，培养成主枝。对主干高度适宜者，在每个主枝基部将其锯掉，促其潜伏芽萌发新枝，按照原树形选留和培养主枝。

（2）主枝更新（也称中更新）

俗称“搂桩”，在主枝的适当部位进行回缩，使其形成新的侧枝。方法是选择健壮的主枝，保留0.5～1米长，其余全部锯掉，从锯口附近新发枝中，选定2～3个健壮的培养成一级侧枝。

（3）侧枝更新（也称小更新）

在一级侧枝的适当部位回缩，使其形成二级侧枝。优点是新树冠形成快，产量增加也快。

在生产中，对更新树，必须加强土、肥、水综合管理和有害生物防控，以防当年发不出新枝造成更新失败。待更新树势恢复并旺盛后，高接换优，进行品种纯化。

三、修剪与商品化关系

剪掉一部分枝条就腾出一片空间，光线就进入树体，改善了光照条件；剪掉一部分枝条就减少了对水分和养分的消耗，从而对节省的水分和养分进行了再分配，使留下的枝条得到更多的水分和养分，枝条质量提高了，生长势增强了，树势也增强了，病虫害减轻，核桃果实数量减少、果个增大、种仁饱满度增大，商品率提高。适度修剪对产量影响不大，如果修剪量太大，大砍大拉，伤口增多，树势反而削弱，产量大幅下降，商品率也随之下降。因此，修剪与产量、品质关系高度密切。

（一）树形与产量

开心形树形成形快，结果早，前期的产量增加快，旱地香玲园，第4年亩产15～30千克，第6年可达40～80千克，第8年可达100～150千克，最大产量可达200千克。

主干分层形成形较开心形晚2～4年，前期产量较低。初果期树为4大主枝（包括中心干），当成形时为6大主枝，树冠体积相当于开心形的2倍。清香品种改良园，第4年初果，第6年亩产30～50千克，第8年亩产80～100千克，第10年亩产120～200千克，最高亩产可达300千克以上。

纺锤形成形较快，前期产量与开心形差异不大，但后期产量可达200千克以上。

改良纺锤形成形时间介于纺锤形与分层形之间，前期产量较分层形高，第5年亩产25～40千克，第7年亩产90～120千克，第10年亩产150～250千克，最高亩产可达300千克。

生产实践表明，树冠空间布局和利用排序，主干分层形>改良纺锤形>纺锤形>开心形；产量排序，改良纺锤形>主干分层形>纺锤形>开心形；商品率排序，改良纺锤形>纺锤形>主干分层形>开心形；用工量，主干分层形>开心形>改良纺锤形>纺锤形。因此，总体看改良纺锤形的产量和商品率最高，修剪用工量较低，果农获得收益最大，是目前比较理想的树形，它融合了主干分层形和纺锤形的优点。

（二）密度与产量

核桃园密度与产量的关系除与单位面积的栽植株数有关外，还与两种因素相关。一是枝条密度。枝条的密度决定叶幕的密度，并非单位体积内枝条越多越好，过多的枝条会增加叶片的数量，使局部郁闭影响光合作用，光能转化率不能达到最佳。二是枝条的质量。它决定于上年的母枝质量。因此，对于修剪人员来讲，首先，要去掉无用枝，不管技术高低。其次，占据空间，如在一定的密度5米×6米，单株的直径最大是5米，那么两层叶幕的体积尽量圆满。

（三）修剪与产量

修剪与产量的关系是指修剪量与产量的关系。修剪量指剪掉枝条的数量和质量。

剪什么枝条，剪多少枝条。留下什么枝条，形成什么样子最有利于结果，有利于提高坚果的质量，这就是技术的内通（即技术与修剪人员的树形空间思维融合的结果）。因此，修剪时应全面细致地查看园子管理基础、林相整齐度以及个体树形差异，初步估价修剪后的产量和树势，以可持续发展为目标，制定合理修剪方案，再进行修剪。

1.枝角与产量

据调查，自然生长、没有修剪的核桃树，90%以上大枝多且主枝直立、光腿枝多，结果多在梢头；而丰产的树形都开张、圆满，梢部与腰部的枝量丰满，光秃枝少，果实布局均衡。因此，修剪时必须开张角度，幼树期主枝的角度控制在75°～80°，极性强的品种（枝条硬度大）控制在80°，较弱（枝条较软）的品种控制在75°。

调查发现，角度开张、大枝少、小枝多的树形对光照的遮挡就少，同时也没有光秃枝，由于开张的主枝后部枝条有光照也能生长较好。在相同体积内有效枝条多，光合强度大，光合效率高，产量就高，果实大小均匀。

2.枝角与品质

主侧枝枝角合理，结果母枝的数量多、质量均衡、花的质量好，坐果后到成熟前的光照充足，光合效能好，碳水化合物积累多，品质也好。营养生长旺盛时（幼树期），果实的风味往往不如盛果期的好；当营养生长与生殖生长（结果）平衡时，坚果品质最好。角度直立，光照不充足，内膛的坚果品质较差。

修剪与土、肥、水的管理要相互协同，作用互补，单纯的修剪不能达到丰产优质的目的。

四、核桃树早衰的防控

（一）核桃树早衰的概念

早衰是指早年衰退。对于人类来说，属先天性遗传性疾病，特点为发育延迟，至婴儿时期就发生进行性老年性退行性改变，患者身体的老化过程十分快。对于核桃树来讲就是经济寿命被缩短，表现为枯梢枯枝，病虫害严重，树体老化，产量和品质下降，甚至整株死亡。

（二）核桃树早衰的成因

核桃树早衰的直接原因是生殖生长与营养生长失衡，也就是说生殖生长过度，营养生长不足，引起树体过早衰弱甚至死亡。在生产中，早实品种比晚实品种更容易发生早衰，立地条件差、管理不到位的早实核桃园早衰现象严重。

早实品种比晚实品种生长快、结果早，甚至嫁接当年结果。还没有完成树体正常发育（即树体构架没形成），大量结果或过量结果，消耗大量营养，树体光合积累的营养难以补给。早实品种的腋花芽结果，见花有果，一个枝条的花芽少者3～6个，多者20～30个，1个花芽多为2～3个果，硕果累累，压折股枝。这些果实生长发育需要大量营养，如果果实“吃不饱”，即施肥量少或不施肥，就要“透支”树体营养，日积月累，长此以往，核桃早衰发生，给果农带来较大经济损失。

从客观上讲，早衰的原因有4点。一是园址选择有误。为了追求规模、集中连片，其中局部地块土层薄，土壤厚度不足80厘米，质地黏重，板渣石，甚至在迎风口、山脊，坡度大于25°，跑水跑肥，交通不便，难于管理。二是管理不当。套种农作物时，没有突出核桃树的主导地位，很少给核桃树施肥。部分人懒于中耕除草，而是喷除草剂。核桃树对杀圆叶类除草剂（如2，4地丁）很敏感，轻者削弱树势，重者死亡。三是技术措施不到位。受传统思想的束缚，粗放管理，施肥、修剪、病虫防治技术应用不到位。尤其修剪不到位，没做到因品种修剪，如香玲，除雄花芽以外的芽，都能开花结果，必须见枝短截，坐果量大时可疏花疏果。如果不修剪，水分跟不上，年年硕果压枝，3～5年树被累死。四是投入不足。进行林粮间作或四旁栽植的核桃树，一般条件下所需养分自然得到补充，能够满足生长结果所需。而集中连片建园，尤其是以早实核桃品种为主的密植园，生长结果使土壤中的营养成分消耗过大，难以及时补充被消耗的养分而导致早衰的发生。

（三）防控措施

早实核桃类群大部分容易早衰，是一个不容质疑的普遍规律。但是，早衰是可调控的，采取科学的管理方法，可有效控制早衰，使早实核桃早果、丰产、优质的特性更加凸显。主要防控措施有4项。

1.改良土壤

对因选址不科学而发生早衰的核桃园，尤其是土壤黏重板结的，可采用客土法，即在树冠投影内改换为透气性良好、肥沃的沙壤土或楼土。也可填埋秸秆、树枝的粉碎物，以增强土壤透气性和肥力。还可套种豆类、蔓菁、油菜等绿肥作物，在夏季压青。土壤条件较好的，间作秋粮作物，采收后，进行秸秆还田，连续还田3年以上，可有效改良土壤黏性，提高肥力。

2.加强土肥水管理

年降水量高于500毫米的地区，自然降水能满足核桃生长发育需要，由于降水分布不均，尤其春夏干旱，可采用秸秆覆盖树行、穴藏肥水等措施保存土壤墒情即可。园地管理重点突出土壤管理和施肥，需要物化投入。土壤管理，采用耕翻、扩穴、间作等方式，必须采用人工或机械除草。施肥可采用间作绿肥作物压青、秸秆还田等方式培肥土壤，也可施农家肥或山皮土（腐殖质），并施富含氮磷钾及微量元素的核桃专用肥，促进树体健康地生长发育。

3.加强树体管理

重点是整形修剪和病虫害防治技术的应用到位。在生产中，通过修剪（冬剪为主），主要“短截疏密”，控制过量结果，有效调节生殖生长和营养生长，使之基本达到平衡；也可以减少落果、避免无效消耗，提高核桃商品率和坚果等级，为实现长期稳产、连年丰产提供保障。同时，加强核桃病虫害的监测，做到早发现、早控制，维持树势。

4.禁止使用除草剂

目前，在生产中应用的除草剂，分触杀和内吸传导两种类型。无论哪种类型，如果喷到或飘移到核桃树的叶、芽及幼嫩器官，均会抑制光合作用，干扰呼吸作用，影响细胞分裂、伸长或分化，破坏树体水分平衡，阻碍有机物的运输和影响氮的代谢等，使其体内、体外发生明显变化。轻者削弱树势，造成早衰，严重的造成树体死亡。而且，除草剂残留时间较长，污染土壤，影响核桃的安全品质。因此，在核桃生产中，禁止使用化学除草剂。

第四节　控灾减害

核桃抗逆性较其他果树强，其在长期粗放管理中，与周围环境、其他生物及微生物形成了较为稳定的生态系统。但是近年来，随着核桃市场的发展，核桃优良品种的推广，核桃园日益规模化，品种与果园结构日趋简单化。部分果农为追求近期效益，大量使用化肥、农药及除草剂等化学物质，破坏了原有的生态平衡，局部地区的核桃园病虫害暴发成灾，致使核桃产量和品质下降。同时，鼠害、倒春寒及雹灾对核桃产量、质量及树势也造成一定影响。因此，控害减灾对提高我国核桃产量、品质及商品化生产意义重大。

一、病虫害防控

核桃供人们食用的部分是种仁（也称果仁），种仁被种皮、壳、果肉及果皮层层包裹。理论上果仁是安全的，但并非绝对安全。据调查，在我国为害核桃的害虫多达120余种，病害30多种，每年给核桃生产造成20%左右的产量损失。核桃园虽然存在多种病虫害，但通常只有1～3种关键害虫才具有经济意义。关键性害虫有3个特点：一是害虫的为害期与寄主作物的收获部位（即果实）敏感受害期同步；二是对寄主作物的损害超过了寄主的补偿能力和忍受限度；三是种群经常活动在经济损失水平范围上下或完全超过。

（一）防控原理和原则

1.防控原理

全面贯彻“预防为主、科学防控、积极除治、促进健康”的植保方针，以改善核桃园生态环境和加强栽培管理为基础，注重保护和利用当地天敌资源，尽量保持核桃园内生物多样性，增强核桃树抗性，提高核桃园整体自然调控能力，突出防控同步，把有害生物控制在经济阈值（经济允许损失率）以下，使核桃、其他生物及微生物相克相生，处于一个和谐的动态平衡状态，最终获得最大的社会、经济和生态效益。

2.防控原则

（1）抓住主要病虫害，防控结合

在核桃树的不同生长发育阶段或不同地区、不同果园，都可能有多种病虫不同程度的危害，在具体防控时抓住主要病虫害种类，集中解决对生产为害最大的病虫害问题。同时，还要密切关注次要病害虫的发展动态和变化，有计划、有步骤地防控一些较为次要的病虫。例如，新建核桃园调运苗木时，主要应考虑并坚决避免苗木所携带危险性病虫，如各种根部病害、枝干害虫等；幼树期以保叶促长为主，病虫害的防控重点是为害叶片的病害或害虫和个别为害枝干的害虫，如枝枯病、溃疡病、大青叶蝉、介壳虫类等；盛果期以保果保树为主，其防控重点则是为害枝干的病虫害，如炭疽病、黑斑病、腐烂病、举肢蛾等。此外，在不同物候期防控的重点及措施也不相同，应从全局出发、有主有次、全面统筹。休眠期的防控中心是解决越冬的病原物和害虫，重点是果园卫生，清理当地当时的主要病害、害虫及寄主；展叶开花期，是病害的初侵染和害虫的始发阶段，具体措施、选用药剂种类、药剂浓度、用药时机等，应主要针对当年可能严重发生的病害及害虫，而且要尽量兼顾其他病虫害；结果期至成熟采收期，以保证果实正常生长发育为主，以保果为中心，兼顾保叶。还有，不同气候条件下的病虫害防控重点也不相同，如干旱年份或地区以防治蚜虫为主，而雨水较多年份或地区则应以防治黑斑病和炭疽病为主。

（2）立足群体，重视单株

核桃病虫害的防控是面对核桃园（群体），控制病虫害在园内的整体发生与为害。由于核桃属多年生果树，单位面积上株数较少，单株体积较大、经济效益较高，若因病虫害造成植株枯死、园貌不整，对单位面积和整体的产量与效益影响很大。同时，果园的群体是由为数不多的单株构成的，单株受害往往是群体受害的基础和先兆。因此，有效防控核桃病虫害在注意群体的同时，还必须重视单株；在全面防控的同时，还必须重视少数植株的病虫害治疗。这也是果树病虫害防控与大田作物及蔬菜之间的最大不同。例如，核桃腐烂病可导致死枝死树甚至果园毁灭，必须站在整个果园的角度进行综合防控，采用壮树防病、伤口保护及休眠期病菌铲除等措施，控制该病在果园中蔓延流行；同时，对单株及少数枝干上发生的腐烂病斑，必须及时治疗，治疗后还要通过增施肥水、控制产量等措施促进树势恢复。再如，许多根部病害是造成死树甚至毁园的主要原因之一，发现后必须及时治疗，并促进树势恢复。另外，有些害虫（如介壳虫类）在果园内扩展蔓延速度缓慢，发生为害具有相对局限性，甚至只发生在个别植株上，对于这类害虫防控时就应以单株为单位进行除治，既达到防控目的又可节约投入成本。治疗病斑病树和防控害虫，既是避免死枝死树、保持园貌整齐的重要环节，也是预防病虫害由点到面扩大流行的有效措施。

（3）措施合理，节支增收

使用最少的人力、物力、财力，最大限度地控制病虫为害是搞好核桃病虫害综合治理的基本要求，必须在措施合理上下功夫。首先，抓住防控关键时机。其关键是掌握病虫害的发生规律和发生特点，把有限的人力、物力及财力用在关键时刻。例如，防控核桃草履蚧为害，关键点是早春在核桃树干下部捆绑塑料裙或缠绕粘虫胶带，阻止草履蚧上树，措施简单有效，既生态又环保；若等草履蚧上树后再进行药剂防治，既费工、费力、费药，又污染环境，防控效果不很好。又如核桃根癌病的有效防控，关键是培育和栽植无病苗木；若栽植带病苗木后，进行园内防治，早期不易发现，一旦发现就已“病入膏肓”，已经很难彻底治愈并恢复健康生长，还得投入较高的人财物等。其次，制定合理的防控指标。除少数特别危险或检疫性病害虫应彻底消灭外，对绝大多数病害虫均不要求“赶尽杀绝”。例如，防控叶部病虫害时，达到控制叶片不大量受害、不大量早期脱落即可；防控果实病虫害时，达到控制病虫果率不超过3%即可。过高的要求，只能用过高的防控成本来换取，这不符合节支增收的经济原则。

（4）防控病虫害，并非防治病虫

在核桃生长发育过程中，常有多种害虫或病害发生，有的造成一定的甚至很大的危害，有的对核桃生长发育的影响可以忽略不计，即对人类的经济活动没有损害或甚微。例如，有的食叶害虫或为害叶片的病害，属于偶发性的，一般只是零星发生，只为害个别或少数叶片，并不影响核桃的正常生长发育，也不能给人类造成显著的经济损失。像这类害虫或病害，虽然核桃园内时有发生，但并不需针对性防控，从生态学的角度来说，“和平共处”维护生态平衡是最好的选择。但像核桃举肢蛾、炭疽病、溃疡病这类病虫害，在核桃产区基本为普遍发生，每年都有可能造成一定甚至严重的损失，所以必须采取针对性措施，以控制其危害程度。另外，像根朽病、白绢病等根部病害，虽然一般为零星发生，但是其发生后常造成受害树死亡，损失较大，所以应尽力除治。也就是说，防控病虫为害是指防控那些对人类活动造成显著经济损失的害虫或病害。

（5）控制和保护环境，减少用药次数

病害虫的发生为害程度受环境条件制约，其中许多是人为可控制因素。在实际生产中，多数可通过控制小环境因素，来减轻病虫害的发生，进而减少用药次数，保护生态环境，降低成本支出。例如，合理修剪使果园通风透光良好，可降低核桃炭疽病和黑斑病的发生，高垄栽植或干基培土可有效控制基腐病、白绢病的发生等。另外，化学农药虽然是保证核桃健康生长发育的主要措施之一，但过量或多次使用不仅增加防治成本、加大农药残留，还会导致生态平衡的严重破坏，诱发另外一些病虫害的严重发生，进而导致农药用量进一步增加，形成恶性循环。因此，在实际生产中必须树立环保和生态意识，尽量做到避害趋利。

（二）防控方法

核桃常规生产的防控方法较多，主要有以下3种。

1.农业防控

（1）概念

农业防控是指在掌握核桃栽培管理措施与病虫发生危害关系的基础上，利用农业科学技术手段，有目的地改变某些生态环境因子，创造不利于病虫害发生的环境，抑制病虫蔓延繁殖，直接或间接消灭病虫，提高核桃树抗病虫的能力，达到优质、丰产及安全环保的目的。其实质是应用农艺措施管理果园，不增加额外投资，经济简便，特别是对天敌安全，对环境和生态无污染。但该法有一定的局限性，一旦病虫害大规模发生，必须配合其他防治措施。

（2）措施

①选用抗病、抗虫、抗寒等抗逆性较强的砧木及品种。

清香、强特勒、维纳等品种抗炭疽病较强，清香抗旱、耐瘠薄，辽核1～7号抗细菌性黑斑病较强。强特勒、维纳、元林等品种发芽较晚，有一定的避晚霜作用。早实品种一般抗病虫能力较差，易发生早衰现象。

②加强综合管理，增强树势，提高树体抵抗病虫害的能力。

加强土肥水综合管理，改善核桃营养状况，促进地下部分和地上部分生长发育，在增强树势的同时，提高了树体抗病虫能力。合理修剪，可以调整树体营养分配，促进树体生长发育，调节结果量，改善通风透光条件，增强了树体抗病能力；同时，修剪时，剪除病枝梢、病叶、病果等，减少病源的数量。在苗木繁育和品种改良中，使用无病虫害的种子、接穗等，把好苗木和接穗源头，为丰产栽培打好基础。

③搞好园地卫生。

及时清除病株病枝，中耕除草，清理枯枝落叶、杂草及作物秸秆，及时消灭和减少初侵染及再侵染的病菌来源，以减少病原物的积累基数，避免病害的发生和流行。例如，秋末清园，烧毁病虫枝及滋生病虫的杂草等，可以消灭病虫害源。同时，冬前扩树盘、耕作，破坏核桃举肢蛾老熟幼虫的越冬环境，以控制其发生率和危害程度。

2.物理防控

（1）概念

物理防控是指利用物理因素和机械设备防控病虫害的方法。特点是简单易行，适合小面积果园的病虫害防控。缺点是费工费时，有很大的局限性。

（2）措施

①扑杀法。

扑杀法是指利用人工或各种器械扑捉或直接消灭害虫。例如，利用金龟子的假死性，早晚人工震落扑杀成虫。早春，剪去天幕毛虫卵块、黄刺蛾茧和幼虫啃食叶。

②阻隔法。

阻隔法是指人为设置各种障碍，以切断害虫的侵害途径。包括挖障碍沟、设障碍物即涂胶环。

③诱杀法。

诱杀法是指利用害虫的趋性，配合一定的物理装置、化学毒剂或人工处理来防控害虫的方法。包括灯光诱杀、食物诱杀及潜所诱杀。例如，利用鳞翅目、半翅目、同翅目、直翅目、鞘翅目的趋光性，用黑光灯诱杀成虫。利用饵木诱杀天牛、象甲、吉丁虫等蛀干害虫。在核桃园周围种蓖麻，可使金龟子食后麻醉，集中扑杀。在核桃园种植早熟向日葵，能诱集桃蛀螟在向日葵上产卵，以减轻危害。果园挂黄色纸板，诱杀核桃扁叶甲成虫。

④高温处理法。

高温处理法是指利用一定的高温处理，可消灭种实、木材、竹材等的害虫和病菌。包括热水浸种、日光曝晒、封闭加温、火烧处理等。例如，热水浸泡核桃种子，可杀死种子表面的细菌、病菌等。在冬季清理核桃园枯枝落叶，集中烧毁，可烧死其中潜藏的害虫和病菌。

⑤树干涂白。

用石硫合剂、生石灰等配成涂白剂，在秋后或蛀干害虫产卵前树干涂白，可防御冻害，阻止蛀干害虫的成虫产卵，还可杀死初孵幼虫。

3.生物防控

（1）概念

生物防控是指利用对树体无害的生物及其产品来控制病虫害的种群数量，以压低或消除其危害的方法。通俗地讲，就是以虫治虫、以菌治虫、以鸟治虫。其显著特点是安全、持久和经济。

（2）措施

①天敌昆虫的利用。

以利用本地天敌昆虫为主，适时引进或养殖外地天敌防控有害生物的危害。核桃园内较常见的捕食性天敌有瓢虫、螳螂、草蛉、食虫蝽象等，寄生性天敌有寄生蜂、寄生蝇等。在实践中将人工饲养的天敌和自然天敌相结合，效果更显著。

②病虫微生物的利用。

核桃的致病微生物包括病毒、细菌、真菌、线虫和原生动物、立克次体等。例如：白僵菌防治核桃举肢蛾和横沟象的幼虫。

③其他动物的利用。

主要包括果园养鸡、养鸭，果园有益蜘蛛和啄木鸟的保护利用。例如，鸡可食举肢蛾出土幼虫，啄木鸟是天牛、吉丁虫的天敌。

④昆虫激素的利用。

利用昆虫性信息素测报虫害发生期、发生量，指导防治适期。也可利用昆虫性信息素制作诱芯，捕杀害虫。

（三）合理选用化学药剂防控

化学药剂防控是指使用化学农药防控病、虫及杂草等有害生物的方法，既是病虫草害防控的最后一个环节，也是最关键的一环。化学药剂防控具有高效、速效、特效及应用简单等特点，目前在核桃生产中应用较为普遍。但是，化学防控存在许多缺点：一是长期广泛使用化学农药，会造成某些病虫产生抗药性，导致农药用量逐渐加大；二是一些广谱性农药在杀灭病虫的同时，常常杀伤大量天敌，破坏了自然平衡及生态系统，造成了一些病虫的再次猖獗发生；三是有些农药性质稳定，不易降解，使用后残留量大且时间长，严重污染环境，对人畜安全造成威胁；四是使用不当还会导致发生药害。因此，合理使用化学药剂防控病虫草害，是保证核桃健康良性生产、维护生态平衡及可持续发展的重要措施。

1.农药的分类及作用原理

核桃病虫草害防控常用农药，按防控靶标分为杀菌剂、杀虫杀螨剂、除草剂三大类。

（1）杀菌剂

对病原微生物具有杀伤或抑制作用的化学物质统称为杀菌剂，核桃上常用的杀菌剂主要有杀真菌剂和杀细菌剂两大类，按其作用原理分为保护作用、治疗作用和铲除作用3种类型。

①保护剂。

保护剂具有保护核桃不受病原物侵染的作用。特点是对已经侵入的病原物无效，必须在病原物侵入以前使用，且均匀周到地喷布在植株表面，病菌对保护剂不易产生抗药性。常用的主要有石硫合剂、波尔多液、硫酸铜钙、克菌丹、代森锌、代森锰锌、代森铵、福美双等。

②治疗剂。

治疗剂具有治疗作用，通过进入植物体内杀死或抑制病原物，使植物保持或恢复健康。特点是对已经侵入植物体内的病原物有效，能够治疗已经感病甚至已经发病的植物，但治疗剂多易产生抗药性。其相对专化性，且许多品种的内吸传导作用并不理想，使用时仍需均匀周到，并尽量早用。常用的主要有多菌灵、甲基硫菌灵、三乙酸铝、戊唑醇、苯醚甲环唑、腈菌唑、烯唑醇、三唑酮、多抗霉素、硫酸链霉素等。

③铲除剂。

铲除剂具有铲除作用，在果树休眠期使用，铲除或杀死在树体上潜藏或休眠的病菌。铲除剂要求具有较强的渗透性，其特点是使用浓度高，杀伤力强大，但易造成药害，仅限休眠期喷施或生长期涂刷。常用的铲除剂主要有石硫合剂、代森铵、硫酸铜钙等。

（2）杀虫、杀螨剂

对害虫、害螨具有杀伤、引诱或驱避作用的化学物质统称为杀虫、杀螨剂，常分为杀虫剂和杀螨剂两大类，但有些化学药剂同时具有杀虫、杀螨双重作用。杀虫、杀螨剂种类繁多，按有效成分可分为有机氯类、有机磷类、拟除虫菊酯类、氨基甲酸酯类、酰胺类、植物源类、微生物源类、特异性昆虫生长调节剂类、性引诱剂类及其他类等。其作用原理也有多种，核桃上常用的杀虫、杀螨剂有胃毒作用、触杀作用、熏蒸作用、内吸渗透作用、性引诱作用、特异性昆虫生长调节作用等方式。

①胃毒剂。

胃毒剂具有胃毒作用，当害虫（螨）吃了该药剂的植物或毒饵后，药剂随同食物进入害虫（螨）消化器官，在消化器官内被害虫（螨）吸收，进而导致其中毒死亡。例如，吡虫啉、辛硫磷、阿维菌素、灭幼脲、虫酰肼、高效氯氰菊酯、高效氯氟氰菊酯、苦参碱等。

②触杀剂。

触杀剂具有触杀作用。当害虫（螨）直接或间接接触该药剂后，透过体壁进入体内或封闭其气孔，使其中毒或窒息死亡。例如，氰戊菊酯、毒死蜱、啶虫脒、除虫脲、哒螨灵等。

③熏蒸剂。

熏蒸剂具有熏蒸作用。先将药剂由液态或固态变为气态，以气体状态通过害虫呼吸系统进入虫体，使之中毒死亡。例如，敌敌畏、毒死蜱、二溴磷等。

④渗透剂。

渗透剂具有内吸渗透作用，当该药剂喷施到植物表面后，能被植物体吸收或渗透到植物体内或浅层，甚至传导到植株其他部位，害虫（螨）吸食有毒的植物汁液或取食有毒的植物组织后而引起中毒死亡。例如，吡虫啉、啶虫脒、阿维菌素等。

⑤性引诱剂。

性引诱剂包括性外激素，具有性引诱作用。该剂导致同种昆虫异性个体间产生行为反应并聚集。核桃常用的有核桃举肢蛾性诱剂、苹小卷叶蛾性诱剂等。

⑥特异性杀虫剂。

特异性杀虫剂具有特异性昆虫生长调节作用。该剂使昆虫的行为、习性、繁殖、生长发育等受到阻碍和抑制，进而诱使害虫停止为害并逐渐死亡。常用的有灭幼脲、除虫脲、杀铃脲、虫酰肼、甲氧虫酰肼等。

（3）除草剂

除草剂是指对杂草具有防除作用的化学活性物质。根据防除范围分为选择性除草剂和灭生性除草剂两类，根据其作用方式又分为触杀性除草剂和内吸传导性除草剂两类，根据其使用方法还可分为土壤封闭处理剂和茎叶处理剂两类。核桃园内以选用茎叶处理的灭生性除草剂较多，如草甘膦、草铵膦等；有时也用土壤封闭型除草剂，如二甲戊灵等。

2.农药的剂型

农药的剂型是指为了方便使用，将农药原药和辅助成分按一定比例科学混合调配，加工制成具有一定组分的形态。核桃常用的有如下几种。

（1）乳油（EC）

常用杀虫（螨）剂的主要剂型之一，由农药原药、有机溶剂和乳化剂等成分配制加工而成的单相透明油状液体。多用于喷雾，加水稀释后分散成不透明的乳浊液。特点是使用方便、药效高、性质相对稳定。

（2）可湿性粉剂（WP）

简称可湿粉，常用杀菌剂的主要剂型之一，由农药原药和可湿剂、稳定剂等辅助成分，经机械或气流粉碎后制成的、可以在水中分散的粉状物。多用于喷雾、灌根等，加水稀释后分散成悬浮液。

（3）水分散粒剂（WDG，WG）

农药的新型剂型之一，广泛应用在杀菌剂和杀虫剂上。由农药原药和分散剂、稳定剂、崩裂剂等辅助成分经粉碎、成型、风干后制成，可以在水中迅速崩解分散的粒状物。主要用于喷雾，在水中分散后形成悬浮液，与可湿粉相比具有贮运安全、便于操作、相对环保等特点。

（4）悬浮剂（SC）

又称水悬浮剂，由农药原药和分散剂、湿展剂、稳定剂等辅助成分在水中经过超微粉碎而制成的、具有流动性的黏稠状液体。主要用于喷雾，加水稀释后形成稳定的悬浮液。特点是贮运及使用安全，相对环保。

（5）可溶性粉剂（SP）

简称可溶粉，能够直接在水中溶解的粉状农药剂型，只适用于直接或间接溶于水的药剂。主要用于喷雾，加水稀释后形成溶液。

（6）水剂（AS）

农药原药直接溶解在水中的均匀液剂，只适用于直接或间接溶于水的药剂。可用于喷雾、灌根、浸泡等，加水稀释后直接形成溶液。

（7）水乳剂（EW）

属新型环保剂型，由难溶性农药原药和水及其他辅助成分加工而成的不透明乳状液体，分为油包水型和水包油型两类。主要用于喷雾，加水稀释后形成乳浊液。具有贮运安全、低毒环保的特点。

（8）微乳剂（ME）

属新型环保剂型，由难溶性农药原药和水及其他辅助成分加工而成的透明或半透明液体，多为水包油型。主要用于喷雾，加水稀释后形成微乳状液。特点是贮运安全，低毒环保。

（9）可溶性液剂（SL）

由农药原药和水及辅助成分加工而成的可以在水中溶解的透明状液体。主要用于喷雾，加水稀释后形成透明溶液。

（10）粉剂（DP）

由农药原药和惰性填料按一定比例混合后经机械粉碎而制成的细粉状物，一般粉粒直径要求平均10～12微米。主要用于直接喷粉及土壤处理，不能加水稀释。该剂型使用方便，操作效率高，但飘移和环境污染较重。

（11）涂抹剂（PF）

又称膏剂，由农药原药与辅助成分及水经机械加工而制成的稠糊状物或膏状物。只用于直接涂抹，不能加水稀释。

（12）颗粒剂（GR）

由农药原药和辅助成分加工制成的粒状制剂，直接用于土壤处理。

（13）油剂（OL）

又称热雾剂，由农药原药与油性溶剂等辅助成分加工制成的、能够在机械或热力作用下分散成烟雾的油状液体。通过特定烟雾机使用，只适用于喷烟。

（14）烟剂（FU）

由农药原药和发烟剂、阻燃剂等辅助成分加工而成的一种固体剂型，点燃后迅速燃烧放烟，但无火焰。只适用于点燃熏烟。

3.农药的使用方法

防控目的不同，农药的使用方法也不尽相同。核桃常用的施药方法主要有如下几种。

（1）喷雾法

喷雾法是指将农药加水稀释成一定浓度，通过雾化器械喷洒到植物或土壤表面。适用于喷雾的衣药必须能在水中均匀分散，如乳油、可湿性粉剂、悬浮剂、微乳剂、水乳剂、水剂等。喷雾时必须均匀周到，使植物表面充分湿润、粘药，又要尽量减少流失。喷雾质量除受药剂本身质量影响外，还与喷药器械、喷药量及环境因素有关。该法的特点是药剂分散均匀、药效持久、效果较好，是最常用、最主要的方法。

（2）喷粉法

喷粉法是指利用喷粉器械，通过气流把粉剂农药吹散后沉积到植物表面。该法操作方便、工效高、不需用水，适合于干旱缺水地区使用；但药剂分布欠均匀，防效较差，用药量大，且环境污染较重。

（3）喷烟法

喷烟法是指利用喷烟器械，把油剂农药分散成烟雾状而弥散在果园内。该法操作简便、效率高、防控害虫效果好，但对药剂及施药环境要求较高。

（4）涂抹法

涂抹法是指将药剂直接涂抹在用药部位的施药方法。该法针对性强，防治效果好，无飘移污染，多用于防治核桃枝干病害虫和伤口保护。

（5）诱捕法

诱捕法是指利用灯光、引诱剂、诱捕带或诱饵等诱捕并杀灭害虫的方法，既可用于诱杀又可用于害虫测报。

（6）浸泡法

浸泡法是指将药剂加水稀释到一定浓度，而后浸泡处理目标物的施药方法。适用于苗木、接穗等繁殖材料的处理，浸泡时间长短因处理物及防控对象不同而异。

（7）浇灌法

浇灌法是指将药剂加水稀释到一定浓度，对土壤进行浇灌的施药方法。多用于核桃根部病害的防控。

（8）熏杀法

熏杀法是指利用农药的熏蒸作用，在特定条件下熏杀病菌或害虫的施药方法。核桃上多用于蛀干害虫的防控，所用农药必须具有较强的熏蒸作用。

4.农药的毒性及其环境污染

农药是一类有毒的化学物质，具有一定的副作用。在使用其防控病虫害的同时，可能会对人、畜及其他动物造成一定危害，并对环境形成一定污染，也对人类健康和可持续发展带来一定的威胁。

（1）农药的毒性

农药对人、畜及其他动物的毒性包括急性毒性和慢性毒性两类。急性毒性容易注意和预防，而慢性毒性较少被人注意。据研究，农药的慢性毒性主要有致畸、致癌、致突变作用，慢性神经毒性，及对甲状腺机能的慢性损害等。农药对人、畜的毒性，主要通过其在农产品及环境中的残留进入人、畜体内，经常食用含有农药残留的农产品，则毒物逐渐积累，达到一定含量后，就会引起中毒症状。另外，有些毒物还可在某些动物体内逐渐积累，并达到很高的含量，人类食用这些动物后也会引起中毒现象。

（2）农药的环境污染

经常使用某些农药，极易造成环境破坏和污染，并可杀死多种有益微生物及天敌，导致生态平衡受破坏，影响农业可持续发展。因此，首先，应推广选用高效、低毒、低残留、专化性农药，逐渐淘汰高毒、高残留的广谱性产品；其次，应注意农药的科学及安全使用，适宜浓度、适宜次数等；第三，积极研究去污处理的方法及避毒措施，尽量降低农药的毒害与污染；第四，大力推广生物防控技术、物理防控措施及农业生态防控，逐渐减少对农药的依赖。

5.农药的科学使用与注意事项

科学使用农药、提高防控效果、减少农药残留、降低环境污染、保护生态平衡，是搞好化学药剂防控、生产安全农产品、促进农业可持续发展的根本。

（1）避免造成药害

药害是药剂防控病虫害过程中的副作用表现。核桃上的药害主要表现为：发芽迟、叶小、畸形、花器畸形，叶、果等幼嫩部位产生各种枯斑或焦枯，落花落果，枝条枯死，植株死亡等。

药害发生与否及发生轻重，与许多因素有关。首先，决定于药剂本身。一般无机农药最易产生药害，有机合成农药产生药害的可能性较小，生物源农药不易产生药害。同类农药中，乳油产生药害的可能性较大。另外，水溶性越强越易产生药害，但不溶于水的药剂在水中分散性越好，越不易造成药害。其次，与树体本身有关。不同部位、不同生育期对药剂的敏感性不同，一般幼嫩组织对药剂较敏感，花期抗药性较差，休眠期耐药性较强。再次，受环境因素影响。高温时易产生药害的药剂，如硫制剂、有机磷杀虫剂等。高湿环境易造成药害的药剂，如铜制剂等。第四，使用浓度越高或用药量越大越易发生药害。喷药不均、药剂混用或连用不当，也易导致药害。

（2）提高防控效果

效果高低是药剂防控成败的关键。首先，必须对症下药，根据不同病虫种类选用相应有效药剂；其次，要适期用药，根据病虫发生规律，抓住关键期进行药剂防控；第三，要科学用药，根据病虫发生特点选用相应有效方法；第四，根据病虫发生情况，合理混合用药及交替用药；第五，充分发挥综合防控作用，有机结合农业措施、物理措施及生物措施等。

（3）提高喷药质量

喷药质量的好坏直接影响药剂防控效果。因此，喷药时务必做到及时、均匀、细致、周到。尤其是核桃树都比较高大，喷药时应特别注意树体内膛及上部，应做到“下翻上扣，四面喷透”。

（4）防止产生抗性病虫

产生抗药性是化学药剂防控中存在的普遍问题，病虫产生抗性后，不仅需要加大药量、提高防控成本，还增加了农药残留、加剧了生态平衡破坏，同时还极易导致病虫害的再次猖獗发生。因此，生产中必须注意避免病虫抗药性的产生。首先，应适量用药浓度，避免随意加大药量，降低农药的选择压力；其次，科学混合用药，利用药剂间的协同作用，防止产生抗性种群；第三，合理交替用药，充分发挥不同类型药剂的专化特点，防止抗性种群扩大。

（5）合理使用助剂

助剂是协同农药充分发挥药效的一类物质，其本身没有防控病虫活性，但可促进农药的药效发挥、提高防控效果。例如，核桃叶片及果实表面带有一层蜡质，药液不易黏附或黏附力很差，若混用助剂后，可降低药液表面张力，增强药液黏附性，进而提高药剂防控效果。再如，介壳虫类和叶螨类，表面也带有一层蜡质，混用某些助剂后，不但可以提高药液的黏附能力，还可增加药剂渗透性，提高杀灭效果。

6.安全农产品的实质

我国目前存在无公害农产品、绿色产品及有机产品3种安全产品，它们的生产实质是不同的。

（1）无公害产品

无公害是对普通食品的基本要求，没有无公害食品国家标准。生产中允许使用低毒高效的化肥、农药、添加剂等人工合成的物质，允许基因工程技术及基因产品。没有严格要求，不限定地块和产量。不存在转换期。

（2）绿色产品

属中国特色的安全食品，已颁布绿色食品国家标准。生产中允许有限制地使用化肥、农药、添加剂、激素等人工合成物质，但对基因工程技术及转基因产品没有规定。没有严格要求，不限定地块和产量。不存在转换期。

（3）有机产品

属国际公认的安全、环保、健康食品，《有机产品国家标准》与国际同步接轨。生产中禁止使用化肥、农药、添加剂、激素等人工合成的物质，禁止使用基因工程技术及转基因产品。其认证要求定地块、定产量。从生产普通产品到生产有机产品需3年的转换期。

（四）科学测报

核桃有害生物预测是根据有害生物发生或流行规律，结合当地历年气象条件，根据调查掌握的资料，正确估测有害生物发展趋势，如发生期、发生量、危害程度，以及是否需要防治和防治时机等。如果测报过晚，错过最佳防治时机，很难收到预期的防治效果。

1.核桃虫害预测方法

（1）发生期预测

通过预测某一害虫以某种形态出现的始期、盛期、末期的时间，从而确定其防治适期。通常用物候法、饲养历期法和查卵法进行预测。

所谓“物候法”，即利用动物、植物之间表现的间接相关性，确定防治适期。

所谓“饲养历期法”，即将收集的多个虫果放入脱果沙箱中（保持与树上的虫果环境条件一样），待幼虫作茧后，将虫茧放在核桃树下的羽化箱中，每天上午观察成虫羽化数，当有50%成虫羽化时，可发出防治预报。

所谓“查卵法”，即在田间按不同地段划出巡回检查区，每3～5天进行调查1次。每次抽样调查总株数的3%～5%，每株树上部、下部、四周查果100个。当发现卵果率达1%时，可发出防治预报。

（2）发生量预测

发生量预测对象是暴食性害虫。主要推测下一代或下一虫前期的虫量，以死亡之数量来推测下一代或下一虫期害虫的发生数量。采用下列公式预测繁殖数。

$$繁殖数=P[I \cdot FM+F(1-D)N]$$

式中：P——害虫开始时数量；

I——雌虫平均产卵数；

F——雌虫数；

M——雄虫数；

D——死亡数；

N——代数。

分析时，应把降水、大风、温度、湿度、饲料、天敌等因素结合起来进行综合分析。

2.核桃病害预测方法

（1）病害预测

包括发生期、发生量和损失程度的预测，但以发生量预测为主，具体预测方法如下。

①菌量控制。

病害的流行必须有大量侵染力强的病原物。对于没有再侵染的病害，应了解其越冬病原物的数量；对于再侵染的病害，应掌握其繁殖代数或潜育期的长短及产单个病斑产孢率等。

②品种抗性、寄主生育状况和栽培条件预测。

大面积感病品种是病害流行的重要因素之一。栽培管理差、栽植密度大，以及地下水位高、排水不良、施肥不合理等条件下生长的核桃树更易感病。

③气象条件预测。

多次再侵染的病害同气象因素关系密切，如温度、湿度、雨量、降雨日数、雨季早晚等对病害的始期、高峰期、终止期及危害程度影响较大。

（2）侵染预测

属短期预测，只预测侵染是否已发生，发生的数量或程度，及时指导防治。这种方法只需用1～2天的天气预报来进行预测，适用于流行主导因素是气象条件的病害。

（五）核桃主要病害防控

1.核桃炭疽病

属真菌性病害，在核桃产区均有发生，主要为害果实，有时也可为害叶片、芽和嫩枝。一般果实受害率达20%～40%，严重年份可达95%以上，引起果实早落、核仁干瘪，大大降低产量和品质。

（1）病害症状

果实受害。病害褐色圆形小斑点，稍凹陷；扩大后为黑褐色至黑色，近圆形或不规则形，凹陷明显。病表面常有褐色汁液溢出。随病斑发展，其表面逐渐产生呈轮纹状排列的小黑点（分生孢子盘），有时小黑点排列不规则，随后小黑点上逐渐产生淡粉红色黏液（分生孢子团），有的小黑点不明显仅能看到淡粉红色黏液。严重时，一个果实上生有许多病斑，并常扩展导致果实外表皮大部分变黑色腐烂；后期腐烂果皮干缩，形成黑色僵果或脱落。病果干瘪甚至没有核仁。叶片受害，形成褐色至深褐色不规则形病斑；有时病斑沿叶缘四周扩展，有的沿主、侧脉两侧呈长条形扩展，后期中间灰白色，可形成穿孔；严重的叶片枯黄脱落，芽及嫩枝受害，形成长条形或不规则黑褐色病斑，后变灰褐色，常从上向下枯萎，叶片呈焦黄色脱落。

（2）发病规律

病菌以菌丝体和分生孢子在病果、病叶、芽鳞中越冬。第2年产生分生孢子，借风雨、昆虫等传播，从伤口、自然孔口等处侵入，发病后产生分生孢子又可再侵染，发病期6～8个月。雨水多、温度高（30℃及以上）、树势弱、枝叶稠密及管理粗放时发病早且重。品种间存在差异，晚实型较早实型品种发病轻，一般新疆核桃树易感病，举肢蛾严重发生的地区发病重。

（3）防控方法

①品种选择。

在发病严重的地区，选栽抗病品种尤为重要。如辽核、清香、元林等。

②园地管理。

合理施肥，增施有机肥，保持树体健壮生长，提高树体抗病能力。同时，合理密植，合理修剪，改善园内和冠内通风透光条件，有利于控制病害。

③清除病源。

采收后结合修剪，清除病枝、病果、落叶，集中烧毁，减少初次侵染源。

④药剂防治。

萌芽前，喷施3～5°Bé石硫合剂。开花后，喷1∶1∶200（硫酸铜∶石灰∶水）等量式波尔多液，之后隔15～20天喷1次。果实膨大后期至硬核期（气温高于30℃，湿度大于80%），喷施70%甲基硫菌灵可湿性粉剂或500克/升悬浮剂800～1000倍液、30%戊唑·多菌灵悬浮剂800～1000倍液、50%多菌灵可湿性粉剂600～800倍液、430克/升戊唑醇悬浮剂3000～4000倍液。喷药时应及时均匀周到，以确保防控效果。

⑤生物防控。

据王清海等（2011）研究报道，除坚强芽孢杆菌Bf-02外，枯草芽孢杆菌（*B. subtilis*，Bs-03）、幼虫芽孢杆菌（*B. lacivae*，PF-1）、短芽孢杆菌（*B. brevis*，PF-2）3个菌株在实验室对核桃炭疽病病菌的抑菌率均达83%以上，其中PF-2的抑菌率高达88.47%。

2.核桃黑斑病

又称细菌性黑斑病、黑腐病，俗称“核桃黑”，属一种世界性病害，在我国核桃产区不同程度地发生。主要为害果实、叶片、嫩梢、芽、雄花序及枝条。一般植株被害率达70%～90%，果实被害率10%～40%，严重时达95%以上，造成果实变黑早落，出仁率和含油量降低。

（1）病害症状

此病主要为害幼果和叶片，也可为害嫩枝及芽和雄花序。雄花序受害后，严重时花轴变黑、扭曲、枯萎、早落。如果雄花感病，花粉携带病菌侵染雌花花柱，使其变褐、枯萎，5天左右大量落花，部分品种落花率高达90%以上。解剖落花，子房为黑色。感病果实直径生长到约1厘米（绒毛状），果实表面产生圆形或不规则形褐斑，其上溢出褐色黏液，后变为黑色凹陷病斑，初期感染以花柱周围为主，逐步蔓延到核桃其他部位。传染迅速，大量落果，也会误认为疑似花腐病。幼果受害时，开始果面上出现小而微隆起的黑褐色小斑点，后扩大成圆形或不规则形黑斑并下陷，无明显边缘，周围呈水渍状晕圈，内果皮未硬化，病菌向内扩展侵害核仁，全果变黑，早期落果（空气干燥时，病斑周围无水渍状，并下陷或裂口。若将带病果放进密闭塑料袋内一天，水渍状即现）。内果皮硬化后，病菌只侵染外果皮，核仁受影响，黑果挂在树上，成熟后核仁干瘪（核桃黑）。叶感病后，最先沿叶脉出现小黑斑，后扩大，叶面呈近圆形，叶背多角形。严重时，病斑联合，有时穿孔，叶片皱缩、焦枯，提早落叶。叶柄、嫩枝感病后，病斑褐色，呈长形或梭形，凹陷。严重时，病斑扩展而包围枝条一周，枝条逐步变黑坏死。

（2）发病规律

核桃细菌性黑斑病由黄单孢杆菌属的核桃黄极毛杆菌所致，此菌属专性寄生，只能侵染核桃属树种。该病原细菌主要在休眠芽和雄花芽内越冬，部分在病果、病枝和昆虫体上越冬，随芽和雄花序的生长，细菌繁殖侵染周围的健康组织，形成细菌脓溢，随雨水、昆虫传播到其他易感病的组织中。流动水是细菌扩散、侵染的主要条件，在湿润多雨的年份发病严重，尤其对幼果的危害最大。细菌脓溢中的细菌可在干燥环境下存活数周，但在阳光直射下仅几天就死亡。核桃展叶期和开花期易于感病，病菌借雨水和昆虫活动进行传播，首先侵染幼嫩叶片和花粉，再由叶片和花粉传播到枝条及果实上，细菌从气孔或昆虫、日灼、冰雹等造成的伤口侵入。当寄生表皮潮湿、温度在4～30℃时，能侵害叶片；在5～27℃时，能侵害果实。潜育期为5～34天，一般为10～15天。一般在4～8月为发病期，可反复侵染多次。

（3）防控方法

①提高栽培管理水平。

栽植抗病品种，加强栽培管理，促进树体生长健壮，提高自身抗病能力。

②预防保护，清除菌源。

生长季节，发现病枝、病叶和病果，及时剪除，深埋或烧毁；休眠期结合修剪剪除和清理病叶、病枝和病果，并集中处理，以减少病源。

③药剂防治。

在萌芽前期，喷洒1次3～5° Bé石硫合剂，地上地下需全面均匀喷布，以杀死越冬病菌和虫卵，减少侵染菌源。在核桃展叶期（芽体鳞片初裂，露白时），喷洒1∶0.5∶200波尔多液，能保护树体，对细菌性黑斑病具有很好的预防效果。在雌花盛开期至果实膨大期，用1000单位的农用链霉素可溶性粉剂2000倍液或中生菌素700～800倍液喷雾。若严重，7～10天喷1次，连喷3次。也可喷施46%氢氧化铜分散剂500～700倍液。

④预防虫害，减少病原细菌侵染途径。

果园挂粘虫板，防治蚜虫、扁叶甲、举肢蛾等，以减少伤口和携带病菌的媒介，达到防病的目的。结合采后修剪，清除病枝、病果，集中烧毁。

3.核桃褐色顶端坏死病

该病由Belisario等在意大利和法国的核桃园发现，于2001年命名。主要为害幼果，造成早期落果。近年来，核桃产区时有发生，与细菌性黑斑病复合侵染危害。

（1）病害症状

山东农业大学杨克强团队病原鉴定表明，由1种真菌即链格孢（*Alternaria* spp.）和2种细菌即成团泛菌（*Pantoea agglomerans*）与核桃黄单胞杆菌（*Xanthomon arboricola* pv. juglandis）混合侵染所致。

核桃褐色顶端坏死病（Brown apical necrosis，BAN）发病期早，在陕西宜君县4月下旬至6月中旬花后雌蕊干缩时发病，持续到5月下旬，至6月中旬果实膨大果壳硬化时不再发病。发病时先从雌蕊柱头基部的枯萎处开始侵染，最初在柱头底部出现1～2毫米的褐色至深褐色斑点，此时果实内部与柱头连接处已开始出现坏死，褐色病斑在果实顶端扩展5毫米左右时，果实内部已出现约1/3的坏死。当病斑超过果面1/3时，果实内部几乎全部坏死，致使果实脱落。

（2）发病规律

由真菌和细菌混合侵染所致的病害，在核桃上属首例，其发病规律有待进一步研究。

（3）防控方法

与细菌性黑斑病防控方法相似，在做好选用抗病品种，持续彻底清园及预防的基础上，发病初期喷施中生菌素（因其属保护性杀菌剂，具有触杀、渗透作用。对细菌抑制菌体蛋白质的合成，导致菌体死亡；对真菌是使丝状菌丝变形，抑制孢子萌发并能直接杀死孢子）。切忌与碱性药剂混合使用。

4.核桃溃疡病

该病是一种真菌性病害。在核桃产区均有发生。主要为害幼树干、嫩枝和果实，一般被害株率20%～40%，造成提早落果，降低品质和产量。重病区，被害株率可达70%～100%，造成植株生长衰弱，枯枝或整株死亡。

（1）病害症状

初为褐色、黑色近圆形病斑，直径0.1～2厘米，多发生在树干及主侧枝基部，有的扩展成梭形或长条形病斑。在幼嫩及光滑的树皮上，病斑呈水渍状或为明显的水泡，破裂后流出褐色黏液，遇空气变成黑褐色，随后病斑干缩下陷，中央开裂，病部散生许多小黑点，严重时病斑相连呈梭形或长条形。当病部扩大到环绕枝干一周时，出现枯梢、枯枝或整株死亡。秋季病部表皮破裂。在较老的树皮上，病斑多呈水渍状，中心黑褐色，病部腐烂深达木质部。果实受害呈大小不等的褐色圆斑，早落、干缩或变黑腐烂。

（2）发病规律

以菌丝在病部越冬，翌年春季气温回升、雨量适中时，形成分生孢子，借风雨传播，于枝干皮孔或受伤衰弱组织侵入，形成新的溃疡病斑。新病斑或新病株的形成，是病菌潜伏侵染的结果，即核桃树的枝干在当年正常生长期，病菌已侵入树体内，当遇到不利条件而生理失调时，就表现出症状。病菌潜育期的长短与外界气温高低呈负相关。一般从侵入到症状出现为1～2个月。早春低温、干旱与大风，对于受伤、失水、生长势弱及遭受冻害的植株，病菌易侵入感染。感病处易表现出症状。一般树干或干基向阳面发病较多。春季当气温达10～15℃时，病害逐渐发生；5～6月气温达17～25℃时，为发病高峰期；7～8月气温达30℃以上时，病害基本停止。进入秋季后又略有发展，进入冬季后停止蔓延。病害的发生还与植株生长势、昆虫危害情况有关。栽培管理水平不高、树势衰弱、土壤干旱、土质差及伤口多的核桃树易感病。不同品种、类型的树感病程度也不相同。

（3）防控方法

①品种选择。

选栽抗病品种或类型。

②综合管理。

加强园地和树体综合管理，提高树体的抗病能力。

③涂白防害。

树干涂白，防日灼和冻害。

④刮治病部。

用刀刮除病部深达木质部，或将病斑纵横划开，再涂3° Bé的石硫合剂，或1%硫酸铜液，或1%碱水，或1∶3∶15的波尔多液，或铜大师600～800倍液。

⑤不刮病部法。

近年来，作者将1份碳酸钠（食用碱面）加入9份次氯酸钠溶液（84消毒液）中搅拌，兑20～50倍水，再用刀（要求锋利）将病部划深达木质部口1～3个，最后对着病部直喷3～5分钟，使黑水充分流出，根据危害程度隔10～15天1次，一般2～3次可愈。省去了刮皮的辛劳，阻断了因病皮未净而再次感染的风险。

5.核桃腐烂病

又称黑水病或烂皮病，属真菌性病害。在核桃产区均有发生，受害株率可达50%，高的达80%以上，主要为害枝干和树皮，导致枝枯、结实能力下降，甚至全株枯死。

核桃树腐烂病在同一株树上的发病部位以枝干的阳面、树干分杈处、剪锯口和其他伤口处较多。在同一果园中，挂果树比不挂果树发病多，弱树比旺树发病多。

（1）病害症状

腐烂病主要为害枝干皮层，因树龄、为害部位不同症状表现不同。在幼树干和成龄树较大枝干上常形成溃疡型病斑，在小枝条上多形成枝枯型症状。

①溃疡型。

初期病斑近梭形，暗灰色，水渍状，微肿起，表面症状不明显，手指按压可流出泡沫状液体；扩展后表皮下组织呈褐色腐烂，有酒糟味；潜隐在表皮下韧皮部，俗称“湿串皮”；有时许多病斑呈小岛状相互串联。皮下病斑沿枝干纵横扩展，但以纵向扩展快而显著，常达数厘米甚至20～30厘米以上。后期病部皮层多纵向开裂，沿裂缝流出黏稠状黑褐色液体，俗称“流黑水”，黑水干后乌黑发亮似黑漆状。病斑后期失水下陷，表面散生出许多小黑点，即为病菌子座及分生孢子器，潮湿时小黑点上可涌出橘红色胶质丝状孢子角。严重时，病斑环绕枝干一周，导致上部树体死亡。

②枝枯型。

病斑扩展迅速，腐烂皮层与木质部剥离并快速失水，导致枝条失绿、干枯。枯枝表面亦可散生出许多小黑点和橘红色胶质丝状孢子角。有时病斑从剪锯口处开始发生，形成明显病斑，并沿梢部向下蔓延，或蔓延至另一分枝，逐渐形成枯梢。

（2）发病规律

主要以菌丝、子座及分生孢子器在枝干病斑内越冬。翌年条件适宜时产生并释放出大量分生孢子（孢子角），通过雨水或昆虫传播，从各种伤口（冻伤、机械伤、剪锯口、嫁接口、日灼伤等）、皮孔、芽痕等处侵染。核桃整个生长季节均可被侵染受害，但以春、秋两季发生最多，且春季（4月下旬至5月）病斑扩展最快。腐烂病菌具有潜伏侵染特性，核桃园管理粗放土壤瘠薄、黏重，地下水位高，排水不良，肥料不足，以及遭受冻害、盐碱害、日灼伤等因素，导致树势衰弱，病害发生严重；其中冻害是诱发腐烂病大发生的重要因素；另外，高接换头，嫁接伤口保护及愈合不良时，腐烂病亦常较重发生。

（3）防控方法

①栽培管理。

对于土壤瘠薄、结构不良、盐碱重的果园，应先改良土壤，促进根系发育良好，并增施有机肥料，合理修剪，增强树势，提高抗病能力。

②合理修剪。

秋季落叶前，对树冠密闭的树疏除部分大枝，打开天窗；生长期间，疏除下垂枝、老弱枝，以恢复树势，并对剪锯口用1%硫酸铜消毒；适期采收，尽量避免用棍棒击伤树皮。

③刮治病斑。

一般在春季进行，也可在生长期发现病斑后随时进行刮治。刮治的范围可超出变色组织外1厘米，略刮去一点好皮即可。发病盛期要突击刮治，并坚持常年治疗。树皮没有烂透的部位，只需要将表层病皮削除，病变达到木质部的要刮到木质部。刮后，用4～6° Bé石硫合剂涂抹伤口，也可直接在病斑上用大蒜擦后，再敷3～4厘米厚的稀泥，用塑料纸裹紧即可。刮下的病皮集中烧毁。

④涂白防冻。

冬季日照较长的地区，冬季前先刮净病斑，然后刷涂白剂（配方为水：生石灰：

食盐∶硫黄粉∶动物油=100∶30∶2∶1∶1），以降低树皮温差，减少冻害和日灼。开春发芽前，在主干和主枝喷2～3°Bé石硫合剂，或41%甲硫·戊唑醇悬浮剂400～500倍液、60%铜钙·多菌灵可湿性粉剂。

6.核桃枝枯病

又称枝梢病，属真菌性病害。在核桃产区均有分布。主要为害枝干，造成枝干枯干。一般植株受害率为20%左右，重者可达90%，影响树势和产量。

（1）病害症状

病菌首先侵害顶梢嫩枝，然后向下蔓延直至主干。受害枝条的皮层颜色初期呈灰褐色，而后变为浅红褐色，最后变为深灰色，不久在枯枝上形成许多黑色小粒点即病菌的分生孢子盘。受害枝条上的叶片逐渐变黄而脱落。湿度大时，大量孢子从孢子盘涌出，变成黑色短柱状物，随湿度增大而软化，直径1～3毫米，其内含有大量的分生孢子。1～2年生枝梢或侧枝受害后，从顶端向主干逐渐干枯。

（2）发病规律

病菌主要以菌丝体及分生孢子盘在枝条发病部位越冬。第2年环境条件适宜时产生孢子，通过风、雨、昆虫等传播，从伤口侵入。病菌是一种弱寄生菌，凡生长衰弱的枝条受害较重。此外，冻害及春旱严重的年份，发病也较重。

（3）防控方法

①园地管理。

增施有机肥料，增强树势，提高抗病力。

②剪除病枝。

发现病枝，及时剪除，带出园外烧毁，用5～10°Bé石硫合剂涂刷伤口。夏季剪除过密枝、病虫枝、徒长枝，改善通风透光条件，降低发病率。冬季清理园内枯枝、落叶、病果，及时烧毁，树干涂白。

③涂白防虫。

冬季树干涂白，注意防冻、防虫、防旱，尽量减少各种伤口，防止病菌侵入。

④药剂防控。

发芽前全园喷施1次铲除性药剂，如：30%戊唑·多菌灵悬浮剂400～600倍液、60%铜钙·多菌灵可湿性粉剂300～400倍液、77%硫酸铜钙可湿性粉剂400～500倍液、45%代森铵水剂200～300倍液等，铲除树上越冬病菌。在春梢生长期和秋梢生长期的病害发生初期各喷药1次即可，常用药剂有70%甲基硫菌灵可湿性粉剂或500克/升悬浮剂800～1000倍液、10%苯醚甲环唑水分散粒剂1500～2000倍液、430克/升戊唑醇悬浮剂3000～4000倍液、50%多菌灵可湿性粉剂600～800倍液、30%戊唑·多菌灵悬浮剂800～1000倍液、80%代森锰锌（全络合态）可湿性粉剂800～1000倍液等。

7.白粉病

该病属真菌性病害。在各产区均有发生。主要为害叶、幼芽和新梢，引起早期落叶和苗木死亡。干旱年份或季节，发病率高。

（1）病害症状

最明显的症状是叶片正、反面形成薄片状白粉层中生出褐色至黑色小颗粒。发病初期叶片上呈黄白色斑块，严重时叶片扭曲皱缩，提早脱落，影响树体正常生长。幼苗受害后，植株矮小，顶端枯死，甚至全株死亡。

（2）发病规律

病菌在脱落的病叶上越冬，7～8月发病，从气孔多次侵染。温暖而干旱，氮肥多、钾肥少，枝条生长不充实时易发病，幼树比大树易受害。

（3）防控方法

①综合管理。

科学施肥，增施磷、钾肥，避免偏施氮肥，提高树体抗病能力。新建核桃园时，尽量选用优质抗病品种，栽植合理密度。

②消灭越冬菌源。

落叶后至发芽前，先树上、后树下彻底清除落叶，集中深埋或烧毁，消灭病菌越冬场所。往年白粉病发生较重的果园，发芽前喷施1次铲除性药剂，常用2～3°Bé石硫合剂，或45%石硫合剂晶体60～80倍液、30%戊唑多菌灵悬浮剂300～400倍液等，杀灭在树体枝干上附着越冬的病菌。

③生长期喷药。

果园初见病斑时，开始喷药，12.5%烯唑醇可湿性粉剂2000～2500倍液、40%腈菌唑可湿性粉剂7000～8000倍液、430克/升戊唑醇悬浮剂3000～4000倍液、70%甲基硫菌灵可湿性粉剂或500g/L悬浮剂800～1000倍液、30%戊唑多菌灵悬浮剂800～1000倍液、25%三唑酮可湿性粉剂1500～2000倍液等，间隔10～15天喷洒1次，连喷2次左右即可有效控制。

8.核桃褐斑病

该病属真菌性病害。主要核桃产区均有发生。为害叶、嫩梢和果实，引起早期落叶、枯梢，影响树势和产量。

（1）病害症状

受害叶上呈近圆形或不规则形灰褐色斑块，直径0.3～0.7厘米，中间灰褐色，边缘不明显且呈黄绿至紫色，病斑上有黑褐色小点，即为分生孢子盘与分生孢子，略呈同心轮纹状排列。严重时，病斑连接，致使早期落叶。嫩梢上病斑为长椭圆形或不规则形，稍凹陷，边缘褐色，中间有纵裂纹，后期病斑上散生小黑点，严重时梢枯。果实病斑比叶片病斑小，凹陷，扩展后，果实变黑腐烂。

（2）发病规律

病菌在病叶或病枝上越冬，春季形成分生孢子，借风雨传播，从伤口或皮孔侵入叶、枝或幼果。陕西于5月中旬至6月初开始发病，7～8月为发病盛期，多雨年份或雨后高温、高湿时发病迅速，造成苗木大量枯梢。

（3）防控方法

①加强果园管理。

选择栽植抗病品种，采取剪、摘等方法清除病叶、病梢，秋冬清园，及时深埋或烧毁。合理修剪，通风透光。

②药剂防治。

上年该病较重果园，从落花后开始喷药或病害发生初期开始喷施30%戊唑·多菌灵悬浮剂800～1000倍液，或60%铜钙·多菌灵可湿性粉剂500～700倍液、70%甲基硫菌灵可湿性粉剂、500克/升悬浮剂800～1000倍液、50%多菌灵可湿性粉剂600～800倍液、430克/升戊唑醇悬浮剂3000～4000倍液、77%硫酸铜钙可湿性粉剂800～1000倍液等，间隔10～15天喷1次，连喷2次即可有效控制。

9.菌核性根腐病

该病又称白绢病，属真菌性病害。在苗圃地易发生。多为害1年生幼苗，使其主根及侧根皮层腐烂，地上部枯死，甚至全树死亡。

（1）病害症状

高温、高湿时，苗木根茎基部和周围的土壤及落叶表面有白色绢丝状菌丝体产生，随后长出小菌核，初为白色，后转为茶褐色。

（2）发病规律

病菌在病株残体及土壤中越冬，多从幼苗颈部侵入，遇高温、高湿时发病严重。一般5月下旬开始发病，6～8月为发病盛期，在土壤黏重、酸性土或前作为蔬菜、粮食等地块育苗，容易发病。

（3）防控方法

①培育和利用无病苗木。

不选择老苗圃、旧林地、花生地、大豆地及瓜果蔬菜地育苗，最好选用前茬为禾本科作物的地块，种过1年水稻或3～5年小麦、玉米的最好，推广高垄育苗。调运和栽植前应仔细检验苗木，发现病苗彻底烧毁，剩余苗木进行药剂消毒处理后才能栽植。一般使用50%多菌灵可湿性粉剂600～800倍液，或70%甲基硫菌灵可湿性粉剂800～1000倍液、80%乙蒜素乳油800～1000倍液、77%硫酸铜钙可湿性粉剂600～800倍液，浸苗2～3分钟，晾干后栽植。

②及时治疗病树。

发现病树后，及时扒土晾晒，并对患病部位进行治疗。在彻底刮除病变组织的基础上涂药保护伤口，彻底销毁病残体，并用药剂处理病树穴及树干周围。保护伤口可喷施2.12%腐殖酸铜水剂原液，或3%甲基硫菌灵糊剂、77%硫酸铜钙可湿性粉剂100～200倍液、60%铜钙·多菌灵可湿性粉剂100～200倍液等；处理病树穴及树干周围土壤可用77%硫酸铜钙可湿性粉剂500～600倍液，或50%克菌丹可湿性粉剂500～600倍液、45%代森铵水剂600～800倍液、60%铜钙·多菌灵可湿性粉剂500～600倍液等，浇灌。

③加强农事管理。

施用充分腐熟的圈肥、厩肥等有机肥，适当增施氮肥。雨季注意排水，避免苗圃地及园内积水。苗木栽植时避免过深，嫁接口要露出地面，以防止病菌从嫁接口侵染。发现病树后，在病树下外围堆设闭合的环形土埂，防止菌核等病菌组织随水流传播蔓延，并及时清除病残体销毁。病树治疗后及时进行桥接，促进树势恢复。

④生物防治。

哈茨木霉（*Trichoderma harzianum*）可穿透白绢病菌的菌核壁建立寄生关系，还能释放脲酶分解尿素产生氨气杀死菌核。哈茨木霉、绿木霉、粉红黏帚霉（*Gliocladium roseum*）的分生孢子拌种，能有效防治苗期白绢病。

10.根癌病

该病又名根头癌肿病、冠瘿病、根瘤病，是一种世界性病害。在核桃产区有不同程度的发生，病树多生长不良，树势衰弱，影响产量和品质，寿命缩短，严重时死树。在重茬苗圃育苗时，发病率常达20%以上，甚至100%。此病寄主非常广泛，为害桃、李、苹果、梨、柿、板栗、杨、柳等，多达93科331属643种植物。

（1）病害症状

主要发生在根颈部，也可发生在侧根和支根甚至地面以上，嫁接口较为常见，苗木受害严重。主要症状是在发病部位形成肿瘤。肿瘤球形、扁球形或不规则形，大小差异很大，小如核桃、大枣甚至豆粒，大到直径数十厘米。初生肿瘤乳白色或略带红色、柔软，后逐渐变褐色至深褐色，木质化而坚硬，表面粗糙或凹凸不平。几年后，肿瘤组织逐渐腐朽。病树根系发育不良，地上部生长衰弱，叶片黄化、早衰，果实小，产量低，品质劣。

（2）发病规律

病原根癌土壤杆菌[*Agrobacterium tumefaciens*（Smith et Towns）Conn.]属于细菌。病菌在病组织的皮层内及土壤中越冬，在土壤中可存活1年以上，主要通过雨水和灌溉水进行传播，远距离传播主要靠带病苗木的调运。另外，地下害虫如蛴螬、蝼蛄、线虫等也有一定的传病作用。病菌通过各种伤口（嫁接伤、害虫为害伤、人为因素伤等）进行侵染，尤以嫁接伤口最为重要。肿瘤形成机理是因为病菌侵入寄主后，将其携带的诱癌质粒上的一段产生植物生长素的基因整合到植物的染色体上，而后随植物本身的新陈代谢，刺激植物细胞异常分裂和增生，逐渐形成癌瘤，而病原细菌的菌体并未进入植物的细胞。一旦根癌症状出现，就证明病菌的基因已经整合到了植物细胞的染色体上，此时再用杀细菌剂防治已经无法抑制植物细胞增生和癌瘤增大。从病菌侵入到显现病瘤的时间，一般需要几周到1年以上。

病菌侵染及发病与土壤湿度成正相关，随土壤湿度的增高而增加，反之则减轻。癌瘤形成与温度关系密切，根据在番茄上的接种试验，22℃时癌瘤形成最为适宜，18℃或26℃时形成癌瘤细小，在28～30℃时癌瘤不易形成，30℃以上几乎不能形成。碱性土壤有利于病害发生，酸性土壤对发病不利，土壤pH值在6.2～8范围内均能保持病菌的致病力，当pH值达到5或更低时，带菌土壤即不能引致植物发病，而且也不能从此病土中分离到有致病力的根癌细菌。土壤黏重、排水不良时有利于病害发生，土质疏松、排水良好的沙质壤土发病轻。嫁接方式及嫁接口愈合状况与根癌病的发生也有密切关系，切接伤口大、愈合慢，病菌侵染时期长，发病率高；芽接伤口小、愈合快，病菌不易侵染，嫁接口很少受害；嫁接后培土，伤口与土壤接触时间长，病菌侵染机会多，发病率较高。另外，地下害虫（蛴螬、蝼蛄等）发生为害严重的果园或苗圃，根癌病常发生较重。

（3）防控方法

根癌病主要发生在地下部位，早期很难及时发现，所以有效防控必须以预防为主，然后结合抑制癌瘤的科学治疗。

①培育无病苗木。

不用老苗圃、老果园尤其是发生过根癌病的地块作苗圃；苗木嫁接时提倡芽接法，尽量避免使用切接、劈接，并注意使用75%酒精对嫁接工具消毒灭菌；栽植时使嫁接口高出地面，避免嫁接口接触土壤；碱性土壤育苗时，应适当施用酸性肥料或增施有机肥，降低土壤酸碱度；并注意防治地下害虫，避免造成伤口。

②加强苗木检验与消毒。

苗木调运或栽植前要进行检查，发现病苗必须淘汰并销毁，表面无病的苗木也应进行消毒处理。一般使用1%硫酸铜溶液或77%硫酸铜钙可湿性粉剂200～300倍液、生物农药K84浸根3～5分钟。

③病株处理。

大树发现病瘤后，首先将病组织彻底刮除，然后用1%硫酸铜溶液，或2.12%腐殖酸铜水剂原液、77%硫酸铜钙可湿性粉剂200～300倍液、80%乙蒜素乳油150～200倍液、72%农用链霉素可溶性粉剂800～1000倍液、生物农药K84消毒伤口，再外涂凡士林进行保护。同时，刮下的病残组织必须彻底清理并及时烧毁。

如在定植的核桃树上发现病瘤，应彻底刮除，伤口涂石硫合剂渣子或波尔多液浆。刮下的病瘤，应立即烧毁。

④生物防控。

借鉴澳大利亚、美国等应用放射土壤杆菌K84防治核果类果树根癌病的经验，北京和上海在1986年开始用K84防治桃树根癌病，取得了很好的防治效果。K84放射土壤杆菌已经制成细菌剂。使用时用水稀释，将细菌浓度调配成每毫升10^6个，用于浸种、浸根、浸插条、涂抹保护嫁接伤口等。处理后在病地内种植，可有效防治根癌病的发生。

11.核桃仁霉烂病

该病在各地都有发生，是核桃贮藏过程中常见的病害，也有的是在生长期发病后带入贮藏室的。由于核桃仁霉烂，不能食用，或出油率降低，造成很大损失。

（1）病害症状

核桃仁发病后，核桃壳的外部症状并不明显，但重量减轻。劈开核桃壳后，往往可见核桃仁干瘪，或变黑色，其表面生长一层青绿色或粉红色甚至黑色的霉层，并有苦味和霉酸味。

（2）发病规律

镰孢菌、粉红单端孢菌、绿霉菌、链格孢菌、黑曲霉菌的孢子均广泛散布在空气中、土壤里及果实表面，当果实有破伤、虫蛀等伤口时，霉菌孢子萌发的芽管即可从伤口侵入。在贮藏期内果实含水量高，或堆积受潮，或通气不良，湿度过高，均易引起核仁霉烂。

（3）防控方法

①病虫防控。

及时防治为害果实的病虫。

②果实保护。

适时采收，晾晒、烘干到位，防止损伤果壳。

③贮藏管理。

贮藏前，捡除虫蛀果实，贮藏用的麻袋、器物及房屋用硫黄密封熏蒸消毒。贮藏期，应保持低温和通风，防止受潮。

12.核桃日灼病

该病在高温季节容易发生。特别在果实膨大期，向阳面日灼发生较多较重。各地都有不同程度的发生。

（1）病害症状

夏季如连日晴天，阳光直射，温度高，常引起果实和嫩枝发生日灼病，轻度日灼果皮上出现黄褐色圆形或梭形的大斑块，严重日灼时病斑可扩展至果面的一半以上，并凹陷，果肉干枯粘在核壳上，引起果实早期脱落。受日灼的枝条半边干枯或全枝枯，受日灼果实和枝条容易引起细菌性黑斑病、炭疽病、溃疡病。同时，如遇阴雨天气，灼伤部分还常引起链格孢菌的腐生。

（2）发病规律

该病系高温烈日曝晒引起生理性病害。特别是天气干旱，树体缺水，又受强烈日光照射，致使果实的温度升高，蒸发消耗的水分过多，果皮细胞遭受高温而灼伤。

（3）防控方法

①加强管理。

合理修剪，建立良好的树体结构，使叶片分布合理，夏季利用叶片遮阴，防止烈日曝晒。有条件的果园，在高温期定期浇水，调节果园内小气候，及时中耕，覆盖青草，减少地表蒸发，维持树体内水分供需平衡，以减少发病或减轻病害。

②预防。

在高温出现前喷洒2%石灰乳液，或0.2%～0.3%沼液，预防减轻受害。

13.圆斑根腐病

圆斑根腐病是为害核桃根部的一种重要潜隐病害，在我国各核桃产区均有不同程度的发生，以北方核桃产区发生较多，土壤板结、有机质贫乏、化肥施用量偏多的果园发生为害较重。病菌寄主范围很广，除为害核桃外，还可侵害苹果、梨、桃、杏、李、樱桃、葡萄、柿、枣、山楂、花椒、桑、柳、榆、槐、杨、梧桐等多种果树及林木。

（1）病害症状

圆斑根腐病主要为害须根及细小根系，造成病根变褐枯死，为害轻时地上部没有异常表现，为害较重时树上可见叶片萎蔫、青枯或焦枯等症状，严重时也可造成枯死枝。根部受害，先从须根开始，病根变褐枯死，后逐渐蔓延至上部的细支根，围绕须根基部形成红褐色圆形病斑，病斑扩大绕根后导致产生须根的细小根变黑褐色枯死，而后病变继续向上部根系蔓延，进而在产生病变小根的上部根上形成红褐色近圆形病斑，病变深达木质部，随后病斑蔓延呈纵向的梭形或长椭圆形。在病害发生过程中，较大的病根上能反复产生愈伤组织和再生新根，导致病部凹凸不平，与健康组织彼此交错。

地上部叶片及枝梢表现分为4种类型。

①萎蔫型。

病株部分或整株枝条生长衰弱，叶簇萎蔫，叶片小而色淡，新梢抽生困难或生长缓慢，有时花蕾皱缩不能正常开放或开花后不能坐果。枝条呈现失水状，甚至皮层皱缩或干死。

②叶片青干型。

叶片骤然失水青干，多从叶缘向内发展，有时也沿主脉逐渐向外扩展。青干组织与正常组织分界处有明显的红褐色晕带。严重时全叶青干，青干叶片易脱落。

③叶缘焦枯型。

叶片的叶尖或叶缘枯死焦干，而中间部分保持正常，病叶不会很快脱落。在多雨季节或年份，病势发展缓慢。

④枝枯型。

根部受害较重时，与受害根相对应的枝条产生坏死，皮层变褐凹陷，枝条枯死，并逐渐向下蔓延。后期，坏死皮层崩裂，极易剥离。

（2）发生规律

圆斑根腐病病菌可由多种镰刀菌引起，都是土壤习居菌，既可在土壤中长期营腐生生活，又能寄生在寄主植物上，属于弱寄生菌。当果树根系生长衰弱时，病菌即可侵染而导致根系受害。地势低洼、排灌不良、土壤通透性差、营养不足、有机质贫乏、长期大量施用速效化肥、土壤板结、土质盐碱、大小年严重、果园内杂草丛生、其他病虫害发生严重等一切导致树势及根系生长衰弱的因素，均可诱发病菌对根系的侵害，造成该病发生。

（3）防控方法

以增施农家肥等有机肥及微生物肥料、改良土壤质地、增加有机质含量、增强树势、提高树体抗病能力为重点，及时治疗病树。

①农艺措施。

增施农家肥、厩肥等有机肥及微生物肥料，合理施用氮、磷、钾肥及微量元素肥料，提高土壤有机质含量，改良土壤，促进根系生长发育。深翻树盘，中耕除草，防止土壤板结，改善土壤不良状况。雨季及时排除果园积水，降低土壤湿度。根据土壤肥力水平及树势状况确定结果量，并加强造成早期落叶及枝干受害的病虫害防治，培育壮树，提高树体抗病能力。

②病树治疗。

轻病树通过改良土壤即可促使树体恢复健壮，重病树需要辅助灌药治疗。选用50%克菌丹可湿性粉剂500～600倍液，或77%硫酸铜钙可湿性粉剂500～600倍液、45%代森铵水剂500～600倍液、70%甲基硫菌灵可湿性粉剂或500克/升悬浮剂800～1000倍液、50%多菌灵可湿性粉剂600～800倍液、60%铜钙·多菌灵可湿性粉剂500～600倍液等药剂灌根，使药液在主要根区渗透，成龄树每株需浇灌药液100～200千克。可在树冠外围围埂漫灌，也可以根颈部为中心挖数条延伸到外围的放射状条沟灌药，一般沟深30～40厘米、沟宽30～40厘米，灌药后沟内覆土。

14.根朽病

根朽病又称根腐病，在我国大多数核桃产区均有发生，以成年树特别是老龄树受害较多，幼树一般很少发病。病树根部腐朽，地上部植株枯萎，叶片发黄早落，后期导致全树枯死，在局部地区对核桃生产影响很大。该病为害寄主植物很多，除为害核桃外，还是苹果、梨、桃、李、杏、樱桃、山楂、枣、柿等果树及杨、柳、榆、桑等林木的重要病害。

（1）病害症状

根朽病主要为害根部，造成根部皮层腐烂。该病初发部位不定，但均首先迅速扩展到根颈部，再从根颈部向周围蔓延，甚至向树干上部扩展。发病后的主要症状特点是：皮层与木质部间及皮层内部充满白色至淡黄褐色的菌丝层，菌丝层先端呈扇状向外扩展，新鲜菌丝层在黑暗处有浅蓝色荧光；病皮显著加厚并有弹性，有浓烈的蘑菇味，由于皮层内充满菌丝而常使皮层分成许多薄片；发病后期，病部皮层腐烂，木质部腐朽，雨季或潮湿条件下病部或断根处可丛生出蜜黄色的蘑菇状病菌子实体。病斑表面初为紫褐色水渍状，有时逐渐流出褐色汁液，后期皮层腐烂。轻病树叶小、色淡、变薄，叶缘卷曲，新梢生长量小，果实小、品质劣；重病树发芽晚、落叶早，枝条枯死；当病斑环绕树干后，常在夏季突然全株死亡。

（2）发生规律

病菌主要以发光假蜜环菌的菌丝体在田间病株或随病残体在土壤中越冬，并可随病残体存活多年，病残体腐烂分解后病菌死亡。病根和健康根接触及病残体移动是病害传播蔓延的主要方式。病菌菌丝体与健根接触后，可以分泌胶质而黏附，然后再产生小分枝直接侵入根内，即完成直接侵染；另外，病菌还可从伤口侵染。该病多发生在由旧林地、河滩地及古墓坟场改建的果园中，前茬没有种过树的果园很少受害。树势衰弱、土壤板结、管理粗放果园病害发生较重，生长期土壤湿度大有利于病害的发生。

根朽病扩展全年有两个高峰期，分别为4～5月和8～9月。据张良皖等（1982）研究报道，在北方果区，4月中旬土温升至15℃以上、土壤湿度在12%时，病菌开始活动；5月中下旬土温逐渐升至20～25℃、土壤湿度达15%左右时，病菌扩展加速；6月中旬至7月上旬，土温常高达35℃左右，天气干旱，病菌处于停滞状态；直到7月中下旬，雨季来临土温下降，平均土温在26～30℃范围内，此时土壤湿度越大，病菌扩展速度越快。

（3）防控方法

以加强果园管理、注意果园前作、清除病菌残体、阻止病菌扩散蔓延为基础，以及时发现病树并进行挽救治疗为辅助。

①注意果园前作与土壤处理。

新建果园时，尽量不要选择旧林地及树木较多的河滩地、古墓坟场等场所。如必须在这样的地块建园时，首先，要彻底清除树桩、残根、烂皮等树木残体，然后，对土壤进行灌水、翻耕、晾晒等，以促进病树残体腐烂分解、病菌死亡。有条件的也可夏季土壤盖膜高温闷闭，利用太阳热能杀死病菌。另外，还可用福尔马林200倍液浇灌土壤而后盖膜熏蒸杀菌，待药剂充分散发后栽植苗木。土壤板结的地块，应进行深翻改土，并增施秸秆、圈肥、绿肥等有机肥，改良土壤性状。地势低洼地块，挖好排水沟或渗水沟，或采用起垄栽植，以避免树干及根部被水浸泡。

②及时发现并治疗病树。

发现病树后，首先，挖开根颈部周围土壤寻找发病部位，彻底刮除或去除病组织，并将病残体彻底清除干净，集中烧毁；而后，涂抹77%硫酸铜钙可湿性粉剂100～200倍液或60%铜钙·多菌灵可湿性粉剂100～200倍液、2.12%腐殖酸铜水剂原液、1%～2%硫酸铜溶液、3～50° Bé石硫合剂、45%石硫合剂晶体30～50倍液等药剂，保护伤口。轻病树或难以找到发病部位时，也可直接采用打孔、灌施福尔马林的方法进行治疗。在树冠正投影范围内每隔20～30厘米扎一孔径3厘米、深30～50厘米的孔洞，每孔洞灌入200倍的福尔马林溶液100毫升，然后用土封闭药孔即可。注意，弱树及夏季高温季节不宜灌药治疗，以免发生药害。对轻病树进行治疗，即在树冠下浇灌70%甲基硫菌灵可湿性粉剂600～800倍液或45%代森铵水剂800～1000倍液、77%硫酸铜钙可湿性粉剂600～800倍液、0.2%硫酸铜溶液等，主要根区范围必须灌透。

③其他措施。

发现病树后，挖封锁沟封闭病树，防止扩散蔓延，一般沟深50～60厘米、沟宽30～40厘米。病树治疗后，增施有机肥和微生物菌肥，控制结果量，恢复树势。对地势低洼果园，雨季注意及时排水，防止根部长时间浸泡。

15. 2，4-D丁酯药害

2，4-D丁酯是一种玉米田和小麦田常用除草剂，使用不当极易造成许多阔叶作物产生药害。核桃受害主要发生在北方地区，以玉米间作区发生较多。

（1）病害症状

2，4-D丁酯药害主要在核桃果实上表现明显症状，幼嫩果实受害较重。药害初期，果面上产生许多油渍状小点，随药害加重，整个果面均呈油渍状；后期，果面变褐，果皮变硬、似铁皮状，果实逐渐停止生长，核仁干瘪，甚至没有核仁，对核桃质量及产量影响很大

（2）病因及发生特点

2，4-D丁酯药害属于生理性病害，由于核桃园附近施用含有2，4-D丁酯成分的除草剂时飘移到核桃园内而引起。2，4-D丁酯极易随风飘移，使用该药时若遇高温有风天气，周围或附近的核桃经常受到伤害，甚至几百米以外的核桃也会受害。

（3）防控措施

禁止使用含有2，4-D丁酯成分的除草剂是彻底防止造成药害的根本，特别是在核桃集中产区尤为重要。如果发生药害后，立即喷施0.003%丙酰芸薹素内酯水剂2000～3000倍液或0.004%芸薹素内酯水剂1500～2000倍液1～2次，间隔期7～10天，可在一定程度上缓解药害，但很难彻底解除。

16.缺素症及控制措施

（1）缺磷症

①症状。

植物代谢受到抑制，植物生长迟缓、矮小、瘦弱、直立、根系不发达、成熟延迟、果实较小。

②应急措施。

叶面喷施钙镁磷肥的水浸物，在根部施堆肥、厩肥与磷肥和石灰的混合肥料。

③根本措施。

有计划地施用磷酸肥料，改良酸性土壤。施用堆肥、厩肥，避免磷与土壤直接接触。

（2）缺钾症

①症状。

先表现在老叶上，随后出现在新叶及生长点处。老叶片和叶片边缘先发黄，进而变褐，焦枯似灼烧状；叶片出现褐色的斑点或斑块，但叶片中部、叶脉仍保持绿色。

②应急措施。

叶面或土壤施钾肥，不可施用过多，以免引起镁的缺乏。

③根本措施。

根据土壤类型、种植作物的种类和产量，有计划地施用钾肥，丰富钙、镁；增施堆肥、厩肥以增加肥力，积蓄钾。

（3）缺铁症

①症状。

主要表现在新叶、芽及新叶黄白色，叶脉绿色，形成网状。

②应急措施。

叶面喷施硫酸亚铁300～400倍液，或铁多多1000～1500倍液、黄腐酸二胺铁200～300倍液、黄叶灵300～500倍液等。每667平方米施用硫酸亚铁5～10千克。

③根本措施。

改良土壤的酸碱度、碳酸钙的含量及水饱和度，提高土壤有机质含量。

（4）缺锌症（小叶病）

①症状。

生长季开始出现叶小且黄，卷曲；严重缺锌时，全树叶小而卷曲，枝条顶端枯死。有的早春表现正常，夏季则部分叶子开始出现缺锌症。

②应急措施。

叶片喷0.3%硫酸锌加0.2%～0.3%的石灰或石硫合剂，土壤中每平方米施入20克硫酸锌。

③根本措施。

施用含锌的物质，施用有机肥，勿施过量磷，调节土壤的适当酸度。

（5）缺硼症

①症状。

表现为树体生长迟缓，枝条纤弱，节间变短，枝梢发枯，小叶叶脉间出现棕色小点，小叶易变形，幼果易脱落。

②应急措施。

叶片喷0.2%～0.3%的硼砂加0.3%的生石灰。轻微时，每平方米可施用0.5～1克。

③根本措施。

根据土壤的质地、酸碱度、有机质、气候条件和作物的种类计划施用硼砂，1平方米施用硼砂0.8～1克，与堆肥、厩肥配合使用，防止旱灾和涝灾的发生，勿过量使用石灰质的肥料。

（6）缺锰症

①症状。

与缺铁相似，在初夏和中夏开始出现叶片失绿症，具有独特的叶脉之间浅绿色，在主侧脉之间从主脉处向叶缘发展，叶脉间和叶面发生焦枯斑点，造成叶片容易早落。

②应急措施。

叶面喷施0.2%～0.3%的硫酸锰，施酸性肥料。碱性土壤每平方米施硫酸锰20～30克，中性土壤施10～20克，酸性土壤施10克。

③根本措施。

施用含锰的有机物质。

（7）缺铜症

①症状。

与缺锰同时发生，主要表现为核仁萎缩，叶片黄化早衰，小枝表皮出现黑色斑点，严重时枝条枯死。

②应急措施 。

春季展叶后，喷波尔多液，或距树干约70厘米施硫酸铜，或直喷0.3%～0.5%硫酸铜液。

③根本措施。

施用含铜的有机质。

（六）主要虫害防治

1.核桃举肢蛾

又名核桃黑。属鳞翅目举肢蛾科果实害虫。在核桃产区普遍发生。

（1）为害症状

幼虫在青果皮肉蛀食，形成多条隧道，充满虫粪，被害处青皮变黑，为害早者种仁干缩、早落，为害晚者种仁瘦瘪变黑。被害后30天内可在果中剥出幼虫。一般来说，每果有幼虫3～8头，最多30头。幼虫期共5龄，果内为害30～45天。主要为害果实，果实受害率达70%～80%，甚至100%，是降低核桃产量和品质的主要害虫。

（2）形态特征

①成虫。

小型黑色蛾子，翅展13～15毫米。翅狭长，翅缘毛长于翅宽，前翅1/3处有椭圆形白斑，2/3处有月牙形或近三角形白斑。后足特长，休息时向上举。腹背每节均有黑白相间的鳞毛。

②卵。

圆形，长约0.4毫米，初产时呈乳白色，孵化前为红褐色。

③幼虫。

老熟时体长7～9毫米，头褐色，体淡黄色，每节均有白色刚毛。

④蛹。

纺锤形，长4～7毫米，黄褐色，蛹外有褐色茧，常黏附杂草及细土粒。1年发生1～2代。

（3）生活习性

核桃举肢蛾喜爱生活在阴坡，略具趋光性，飞翔、交尾、产卵均在傍晚。成虫羽化时间一般在下午，羽化后在树冠下部叶背活动，能跳跃，后足向上伸举，常做划船状摇动，行走用前、中足，静止时，后足向侧上方伸举，故称“举肢蛾”。刚羽化出土的成虫在杂草或下部树叶背面潜伏，夜间和上午一般不动，到下午6时左右开始飞翔，相互追逐，寻找配偶进行交尾。雌雄比为1.31∶1。从羽化到死亡，雌蛾6～9天，雄蛾2～4天。产卵部位在果萼洼、果梗、果面、叶主脉、叶柄基部等，果萼洼最多，果梗次之。在25～29℃条件下，卵期8～10天。初孵化幼虫在蛀孔处出现无色黏液状分泌物。幼虫在果皮内取食为害，在蛀食经过处，果面凹陷发黑。幼虫在果内的为害期为30～45天。以老熟幼虫在土壤里结茧越冬。

在陕西，1年发生1～2代。越冬幼虫于4月底5月初开始化蛹，5月中、下旬至6月初为化蛹盛期；越冬代最早于5月初羽化成虫，盛期为5月底6月初，末期为6月下旬。第一代幼虫在5月中旬开始蛀果为害，5月下旬至7月中旬为幼虫蛀果为害盛期，6月中旬至7月中旬为老熟幼虫脱果入土盛期，7月中旬至8月上旬为化蛹盛期。7月上旬有少量当年一代成虫羽化，盛期在7月下旬至8月上旬，末期可延长至9月初。第二代幼虫于7月初开始蛀果为害，大量蛀果期在8月中旬（此时有少量老熟幼虫脱果入土过冬）。第二代幼虫脱果期在8月下旬至9月初，9月中旬仍有少量未老熟幼虫在被害果实内。入土老熟幼虫在树冠下6厘米深的土壤内，在杂草、枯叶、树根枯皮、石块与土壤间结茧越冬。一般情况下，深山区重于浅山区，阴坡重于阳坡，沟里重于沟外，荒地重于耕地；羽化期多雨潮湿则发生重，早春干旱的年份发生则轻。

（4）防控方法

防控策略为铲除虫源，狠抓树下防治。该虫的越冬、化蛹和成虫羽化均在树下土层中进行，采用破坏越冬场所和摘除拾净虫果等方法，降低发生程度。若园内平均虫果率为10%，或地面调查虫茧数为5头/平方米以下，树下刨树盘即可；虫果率在11%～20%，或虫茧数为5～10头/平方米，采取刨树盘和地面施药相结合；虫果率达20%以上，或虫茧数为10头/平方米以上时，必须进行树下和树上全面防控。

①农艺措施。

在老熟幼虫脱果前（6～8月），摘除树上虫果，及时拾净落果，深埋70厘米以上，铲除越冬虫源。同时，在秋末冬初（10～11月）或早春（3～5月），清园时翻耕树盘，深度15厘米左右，范围要稍大于树冠投影面积，破坏若虫栖息场所，消灭越冬幼虫和抑制成虫羽化出土。

②生物防治。

在成虫羽化后幼虫孵化蛀果前，喷施苏云金杆菌（BT），浓度为2～4亿孢子/毫升（空气湿度要求80%左右）。也可在核桃举肢蛾化蛹期释放天敌黑瘤角姬蜂和北京瘤角姬蜂。王永宏等（1996）试验表明，在8月核桃举肢蛾老熟幼虫脱果期，或5～6月越冬幼虫化蛹羽化前，树冠下每平方米地面喷施1～2次芫菁夜蛾线虫北京品系（*Steinernema fltiae Beijing*）悬浮液11万条，喷施时土壤含水量高于8%，温度在20～30℃，防控效果显著。

③化学防控。

首先，树下防控。调查园内地面虫茧达5～10头/平方米，或10头/平方米以上，在后蛹期在树下地面施用5%辛硫磷颗粒剂5克/平方米、50%辛硫磷乳油500倍液，进行封闭防控。药液干后进行浅锄，使药剂与土壤混合均匀，以延长药效，达到毒杀目的，若浅锄后覆盖秸秆更好。

其次，树上喷药防控。当成虫羽化率达50%或卵果率达2%或当性信息诱捕器诱蛾量急剧增加时，预报第一次喷药，每隔7～10天喷1次，连喷2～3次。常用4.5%高效氯氰菊酯乳油1500～2000倍液或5%高效氯氟氰菊酯乳油2500～3000倍液、2.5%溴氰菊酯乳油1500～2000倍液、20%甲氰菊酯乳油1500～2000倍液、20%氰戊菊酯乳油1500～2000倍液、25%灭幼脲悬浮剂1500～2000倍液、1.8%阿维菌素乳油2000～3000倍液等。

2.云斑天牛

又叫铁炮虫、大天牛、钻木虫、白条天牛等。属鞘翅目天牛科蛀干害虫。在核桃产区均易发生，寄主有核桃、板栗、苹果、梨等果树及桑、柳、榆等林木。

（1）为害症状

幼虫蛀食核桃树干，形成刻槽，截断运输通道，同时引起伤口流黑水。成虫羽化后，啃食新梢皮层等幼嫩部分。受害新梢遇风折断，呈“伞”状下垂干枯，叶、果脱落。另外，受害部位皮层稍开裂，从虫孔排出大量粪屑。为害后期皮层开裂，木质部中的虫道比木蠹蛾少。成虫羽化孔多在上部，呈一大圆孔。核桃树受害后，树势衰弱，使受害树的主枝及中心干死亡，甚至整株枯死，是核桃树的毁灭性害虫。

（2）形态特征

①成虫。

体长40～97毫米，宽15～20毫米，体黑色或灰褐色，密被灰色绒毛，头部中央有一纵沟。触角为鞭状，长于体。前胸背板有一对肾形白斑，两侧各有一粗大刺突。小盾片白色。翅上有大小不等的白斑，似云片状，基部密布黑色瘤状颗粒，两翅鞘的后缘有1对小刺。

②卵。

长椭圆形，土黄色，长6～10毫米，宽3～4毫米，一端大，一端小，略弯曲扁平，卵壳硬，光滑。

③幼虫。

体长70～100毫米，淡黄白色，头部扁平，半截缩于胸部；前胸背板为橙黄色，着生黑点，两侧白色，其上有1个半月牙形的橙黄色斑块。斑块前方有2个黄色小点。

④蛹。

长40～70毫米，淡黄白色，触角卷曲于腹部，形似时钟的发条。

（3）生活习性

该虫一般2～3年发生1代，以成虫或幼虫在树干内越冬。翌年4月中、下旬开始活动，幼虫老熟便在隧道的一端化蛹，蛹期1个月左右。核桃雌花开放时咬成1～1.5厘米大的圆形羽化口而出，5月为成虫羽化盛期。成虫在虫口附近停留一会儿后再上树取食枝皮及叶片，补充营养。多夜间活动，白天喜栖息在树干及大枝上，有受惊落地的假死性，能多次交尾。5月成虫开始产卵，产卵前将树皮咬成一指头大圆形或半月牙形刻槽，然后产卵其中。通常每槽内产卵1粒，雌虫产卵量约40粒。一般产在离地面2米以下、胸径10～20厘米的树干上，也有在粗皮上产卵的。6月为产卵盛期，成虫寿命约9个月，卵期10～15天，然后孵化出幼虫。初孵幼虫在皮层内为害，被害处变黑，树皮逐渐胀裂，流出褐色树液。20～30天后幼虫逐渐蛀入木质部，不断向上取食，随虫龄增大，为害加剧。虫道弯曲，长达25厘米左右，不断向外排出木丝虫粪，堆积在树下附近。第1年幼虫在蛀道内越冬，翌年春季继续为害。幼虫期长达12～14个月。第2年8月老熟幼虫在虫道顶端做椭圆形蛹室化蛹，9月中、下旬成虫羽化，留在蛹室内越冬。第3年发枝时，成虫从羽化孔爬出上树为害。

（4）防控方法

①人工捕杀。

成虫发生期，经常观察树叶、嫩枝，发现有小嫩枝被咬破且呈新鲜状时，利用成虫的假死性可在成虫发生期进行人工振落或直接捕捉杀死，也可在晚上用黑光灯引诱捕杀。在成虫产卵或产卵后，经常检查树干基部，寻找产卵刻槽，用刀将被害处挖开，也可用锤敲击，可消灭虫卵和初孵幼虫。当幼虫蛀入树干后，可以虫粪为标志，用尖端弯成小钩的细铁丝，从虫孔插入，钩杀幼虫。

②涂白。

冬季或5～6月成虫产卵期前，用石灰5千克、硫黄0.5千克、食盐0.25千克、水20千克，充分拌匀后，涂刷树干基部，以防成虫产卵，也可杀死幼虫。

③生物防控。

一是利用天敌昆虫防控天牛。人工饲养并释放川硬皮肿腿蜂防治1龄幼虫，效果可达61.11%，且子代蜂的出蜂率为20.83%，即有一定的持续防控作用。通过人工饲养并释放花绒坚甲，可寄生云斑天牛的幼虫、蛹和刚羽化的成虫。二是利用微生物防控天牛。利用昆虫病原线虫——芫菁夜蛾线虫（Sterinernema feltiae A24）防控云斑天牛幼虫效果显著。线虫浓度每孔1.0万头时防控效果达86%，线虫浓度为每孔1.8万头时防控效果达94%。在云斑天牛幼虫初龄期，用小卷斯氏线虫5000头/毫升蛀入虫孔，死亡率95%以上。用芫菁夜蛾线虫北京品系 （s.feltiae Beiing）和毛纹线虫防治天牛幼虫，用1000头/毫升注射虫孔或用海绵吸附线虫塞入蛀孔，虫孔注射线虫防效达90%～100%，海绵堵塞虫孔防效仅30%～45%。每虫孔注射1000头/毫升浓度的DD-136斯氏线虫2毫升防控幼虫，田间防效达57.9%。三是利用益鸟防治天牛。斑啄木鸟对天牛幼虫啄食率高达84.0%，一对啄木鸟在育雏期可捕食天牛幼虫2500头，被啄株率达78.86%，被啄孔率单株达100%，可控制33.3公顷杨树片林和农田林网100～133.3公顷天牛的为害。

④化学药剂防控。

一是天牛发生严重果园，在成虫羽化取食期间，使用45%毒死蜱乳油1200～1500倍液或2.5%高效氯氟氰菊酯乳油1500～2000倍液、50%辛硫磷乳油800～1000倍液喷洒树冠，7～10天喷洒1次，连喷2次。二是在核桃生长季节，发现树干上有新鲜排粪孔后，及时用注射器注射80%敌敌畏乳油100～300倍液或50%辛硫磷乳油200倍液，也可用棉球或卫生纸蘸80%敌敌畏乳油20倍药液塞入新鲜排粪孔内，然后用树下的泥土堵塞排粪孔。还可用薄膜将为害部位到基部包严实，下部用土把薄膜压实，放1～2片磷化铝片剂，上部用塑料胶带封严，磷化铝受潮汽化熏杀天牛幼虫。

3.核桃横沟象

又名根象甲、黄斑象甲、核桃根颈象。属鞘翅目象甲科，根颈害虫。在河南西部、陕西商洛、四川（绵阳、平武、达县、西昌）、甘肃陇县、云南漾濞等地均有发生。以坡底沟洼和村旁土质肥沃的地方及生长旺盛的核桃树上为害较重。

（1）为害症状

以幼虫在核桃根颈部皮层中串食，破坏树体输导组织，阻碍水分和养分的正常运输，致使树势衰弱，轻者减产，重者死亡。幼虫刚开始为害时，根颈皮层不开裂，无虫粪及树液流出，根颈部有大豆粒大小的成虫羽化孔。当受害严重时，皮层内多数虫道相连，充满黑褐色粪粒及木屑，被害树皮层纵裂，并流出褐色汁液。此外，核桃横沟象的成虫还可以为害果实、嫩枝、幼芽和叶片，常与长足象混合发生，使被害果仁干缩，嫩枝和幼芽被害后可影响来年结果。

（2）形态特征

①成虫。

全体黑色，体长12～16毫米，头管约占体长的1/3，前端着生膝状触角。前胸背板密布不规则点刻。鞘翅基部2/5处前缘各横列着生棕黄色绒毛斑3～4丛，端部1/4处各着生棕黄色绒毛斑6～7丛。腿节端部膨大，胫节顶端有钩状齿，跗节底面有黄褐色绒毛，顶端有1对爪。

②卵。

椭圆形，长1.4～2毫米，初产时乳白色，孵化前黄褐色。

③幼虫。

长15～20毫米，黄白色，肥壮，向腹面弯曲，头部棕褐色，口器黑褐色。

④蛹。

为裸蛹，黄白色，长14～17毫米，末端有2根黑褐色臀刺。

（3）生活习性

在陕西南部、河南、四川地区2年发生1代，跨3个年头。以幼虫在根部或以成虫在向阳杂草或表土层内越冬。在河南和陕西，幼虫经过2个冬天后，第3年的5月中旬开始化蛹，可一直延续到8月上旬，化蛹盛期在6月中旬。蛹期11～24天，自6月中旬成虫开始羽化，8月中旬羽化结束，7月中旬为羽化盛期。成虫羽化后在蛹室内停留10～15天，然后咬破皮层，再停留2～3天后从羽化孔爬出，上树取食叶片、嫩枝，也可取食根部皮层作补充营养。成虫爬行较快，飞翔力差，有假死性和弱趋光性。8月上旬成虫开始产卵，8月中旬达盛期，10月上旬结束，成虫开始越冬。翌年 5月中旬再开始产卵，直到8月上旬产卵结束后，成虫逐渐死亡。卵多产于根部的裂缝和根皮中，雌成虫产卵前先用头管咬成1～1.5毫米直径大小的圆洞 ，而产卵于内，再转身用头管将卵送入洞内深处，最后用碎木屑覆盖洞口。每处多数产卵1粒，少数2粒以上。1头雌虫最多可产卵111粒，平均60粒。卵期11～34天，平均22天，当年产的卵8月下旬开始孵化，10月下旬孵化结束。幼虫孵化后蛀入皮层。90%的幼虫集中在表土下5～20厘米深的根部为害皮层，少数可沿主根向下深达45厘米。距树干基部140厘米远的侧根也普遍受害，部分幼虫在表土上层沿皮层为害，但这部分幼虫多被寄生蝇寄生。幼虫钻蛀的虫道弯曲交错，充满黑褐色粪粒和木屑，严重时根皮被环剥，为害至11月份后进入越冬状态。成虫翌年所产的卵于6月下旬开始孵化，8月上旬孵化结束，幼虫为害至11月份开始越冬。

（4）防控方法

①农艺措施。

一是阻止成虫产卵。根据成虫在根部产卵的习性，可在产卵前，将根颈部土壤挖开，涂抹浓石灰浆于根颈部，然后封土，以阻止成虫在根颈上产卵，防治效果很好，可维持2～3年。二是挖土晾根。冬季结合翻树盘，挖开根颈泥土，刮去根颈粗皮，降低根部湿度，造成不利于虫卵发育的环境，可使幼虫虫口数降低75%～85%。三是灌尿毒杀。冬季大寒时，在根部灌入人尿，杀虫率达100%；灌入人粪尿杀虫率达50%。也可用石灰泥涂封根部。

②生物防控。

一是在6～7月成虫盛发期，在树冠和根颈部喷2亿孢子/毫升的白僵菌液。二是应注意保护伯劳鸟、黄蚂蚁及寄生蝇等横沟象的天敌。

③化学防控。

在春季幼虫开始活动为害时，挖开树干基部的土壤，撬开根部老皮，灌注80%敌敌畏乳油100倍液或50%杀螟松乳油200倍液、45%毒死蜱乳油200倍液、50%辛硫磷乳油200倍液，然后封土，杀灭幼虫，效果良好。在6～7月成虫盛发期，喷施50%辛硫磷乳油1000倍液。

4.核桃长足象

又名核桃果象甲、果实象。属鞘翅目象虫科，专一为害核桃果实的害虫。在陕西秦巴山区、河南、云南、四川、湖北等核桃产区，发生普遍，为害严重。

（1）为害症状

以成虫、幼虫为害果实，严重时1个果有几十个食害孔，以后果皮干枯变黑，果仁发育不全。严重者，成虫产卵于果中，造成大量落果，甚至绝收。此外，亦食害核桃嫩叶嫩梢。

（2）形态特征

①成虫。

体长约10毫米，墨黑色，略有光泽，头部延长成管状。触角膝状着生于头管的两侧。前胸宽大于长，近圆锥形，鞘翅基部显著向前突出，盖住前胸基部，每鞘翅上有10条点刻沟。腿节端部膨大，各有1个齿状突起。

②卵。

长椭圆形，长约1.3毫米，初产时乳白色，后变为黄褐色或褐色。

③幼虫。

老熟幼虫体长约12毫米，乳白色，头部黄褐色，弯曲呈镰刀状。

④蛹。

体长约13毫米，黄褐色，胸、腹背面散生许多小刺，腹末具1对臀刺。

（3）生活习性

该虫1年发生1代。以成虫在树干基部向阳面的粗皮缝中或向阳处的杂草、表土内越冬。翌年4～5月越冬成虫开始上树，取食芽补充营养。成虫行动迟缓，飞翔力弱，有假死性，喜光，多在阳面取食活动。5月中旬前后开始交尾产卵。产卵前先在果面咬成约3毫米深的卵孔，然后产卵于孔口，再调头用头管将卵送入孔底，又用淡黄色的胶状物将孔封闭。每果常产卵1粒。每头雌虫可产卵83～105粒。卵期3～8天。幼虫孵出后蛀入果内。4～5月发生的幼虫在内果皮硬化前，主要取食种仁，蛀道内充满黑褐色粪便，种仁变黑，果实脱落；7～8月发生的幼虫多在中果皮取食，使果面留有条状下凹的黑褐色虫疤，种仁瘦小，品质下降。6月下旬为化蛹盛期，7月上旬成虫羽化，在树上取食。11月开始越冬。

（4）防控方法

①人工捕杀。

在成虫盛发期，于清晨或傍晚摇动树枝，树下铺置塑料布，收集处理落地成虫。及时捡拾病虫落果并摘除被害果，与石灰混拌后深埋于100厘米以下的土中。

②生物防治。

在越冬成虫出现到幼虫孵化阶段，用每毫升含孢子量2亿的白僵菌液喷雾，在相对湿度80%以上，效果良好。同时，注意保护、招引和利用红尾伯劳鸟、寄生蝇和小黄蚂蚁等天敌。

③化学防控。

在为害比较严重的园地或区域，4～6月加强监测，在越冬成虫大量出现到幼虫初孵时树上喷药防控成虫和初孵幼虫。常用45%毒死蜱乳油1500～2000倍液或4.5%高效氯氰菊酯乳油1500～2000倍液、20%甲氰菊酯乳油1500～2000倍液、25克/升高效氯氟氰菊酯乳油1500～2000倍液、1.8%阿维菌素乳油2500～3000倍液、50%杀螟松乳油1200～1500倍液等。

5.桃小吉丁虫

又名核桃黑吉丁虫。属鞘翅目吉丁虫科，枝梢害虫。核桃产区普遍发生。

（1）为害症状

主要为害枝条，严重地区被害株率达90%以上。以幼虫蛀入2～3年生枝干皮层，或螺旋形串圈为害，因此又称串皮虫。枝条受害后常表现枯梢，树冠变小，产量下降。幼树受害严重时，易形成小老树或整株死亡。小吉丁虫是核桃树的主要害虫之一。

（2）形态特征

①成虫。

雌虫体长6～7毫米，雄虫体长4～5毫米，黑色，有金属光泽，棱形，头中部有一条纵凹陷，触角锯齿状，复眼黑色。头、前胸背板及鞘翅上密布小刻点，鞘翅中部两侧向内凹陷。

②卵。

椭圆形、扁平，长约1.1毫米，初产时乳白色，1天后即渐变为黑色。

③幼虫。

体长7～20毫米，扁平，乳白色。头棕褐色，缩于第一胸节。胸部第一节扁平宽大，中部有一“人”字形纹。腹末有1对褐色尾刺，体背中有1条褐色纵线。

④蛹。

为裸蛹，初为乳白色，羽化时为黑色，体长约6毫米。

（3）生活习性

该虫1年发生1代，以幼虫在2～3年生被害枝干中越冬。4月中旬在枝内化蛹，6月底为化蛹初期，蛹期16～39天。5月上旬成虫开始羽化，6月上旬为羽化盛期。6月上旬至7月下旬为成虫产卵期，7月下旬至8月下旬为幼虫为害盛期。成虫喜光，在树冠外围枝条产卵较多，生长弱、枝叶少、透光好的树受害严重，枝叶繁茂的树受害轻。成虫寿命为12～35天，卵期约10天。幼虫孵化后蛀入皮层为害，随着虫龄的增长，逐渐深入到皮层与木质部之间蛀食，直接破坏输导组织。蛀道多从下往上呈螺旋形，蛀道内留有虫粪，外面可见从指甲状通气孔中流出褐色黏液。7月下旬至8月下旬是幼虫严重为害期。被害枝条表现出不同程度的黄叶和落叶现象，第2年又为黄须球小囊幼虫提供了良好的营养条件，从而加速了枝条的干枯。在成年树上，2～3年生枝条，被害率为72%，当年生枝条被害率为4%，4～6年生枝条被害率分别为14%、8%和2%。幼虫多在受害干枯枝中越冬。

（4）防控方法

①植物检疫。

加强植物检疫，严格控制带虫苗木进入无虫新区。同时，从疫区调运被害木材时需经剥皮、火烤或熏蒸处理，以防止害虫的传播和蔓延。

② 农艺措施。

根本措施是加强核桃园综合管理，增施肥水，培强树势，选育抗虫品种。在采收前后或4～5月幼虫化蛹以前剪去虫枝时，应连带受害部位以上5～8厘米活枝，再将虫枝烧毁，连续剪除3～5年，可从根本上控制住吉丁虫为害。

③物理防控。

在成虫羽化产卵期（6月上旬至7月下旬），及时设立一些饵枝，诱集成虫产卵于其上，及时烧掉卵枝。

④生物防控。

核桃小吉丁虫的寄生性天敌有白蜡吉丁肿腿蜂、天牛肿腿蜂等，幼虫寄生率为16%～56%，应注意保护天敌加以利用。

⑤化学防控

害虫发生较重的果园，在6～7月成虫羽化期内及时喷药防控成虫，兼控举肢蛾。常用45%毒死蜱乳油或水乳剂1500～2000倍液、50克/升高效氯氟氰菊酯乳油3000～4000倍液、4.5%高效氯氰菊酯乳油1500～2000倍液、1.8%阿维菌素乳油2000～3000倍液。

6.黄须球小蠹

俗称核桃小蠹虫。属鞘翅目小蠹科，枝梢害虫。在核桃产区普遍发生，为害核桃、枫杨。

（1）为害症状

以成虫和幼虫蛀食核桃枝梢和芽，常与核桃举肢蛾、小吉丁虫同时为害，加速枝梢和芽枯死，严重时顶芽全部被害，造成减产甚至绝产。以生长在坡地或土层瘠薄、长势衰弱的树受害严重。同一树上，枝、芽下部受害重，树冠外缘枝、芽比内膛受害严重。虫道似“非”字形。

（2）形态特征

①成虫。

椭圆形，长2.3～3毫米，初羽化为黄褐色，后变黑褐色。触角膝状，端部膨大呈锤状，头胸交界处两侧各生一丛三角形黄色绒毛，头胸腹各节下面生有黄色短毛。前胸背板隆起覆盖头部。鞘翅有点刻组成的纵沟8～10条。

②卵。

椭圆形，长约0.1毫米，初产时白色，后变黄褐色。

③幼虫。

圆形，体长2.2～3毫米，乳白色，无足，尾部排泄孔附近有3个“品”字形突起。

④蛹。

为裸蛹，圆形，羽化前黄褐色。

（3）生活习性

该虫1年发生1代，以成虫在顶芽或侧芽基部的蛀孔内越冬，4月上旬开始活动，在健康或半枯死枝条的芽基部咬蛀坑道，补充营养。4月中下旬雄成虫进入交配室交尾，雌虫一边蛀食母坑道一边开始产卵于母坑道两侧。5月产卵结束后，雄成虫离开坑道后死亡。7月上中旬和中下旬为羽化盛期，即成虫为害盛期，1个成虫从羽化到越冬可食害顶芽3～5个。

（4）防控方法

① 农艺措施。

加强园地综合管理，增强树势，提高抗虫力。根据受害芽多数不能萌发甚至全枝枯死的现象，在春季核桃树发芽后，彻底剪除没有萌发的虫枝或虫芽，以消灭越冬成虫。生长季节在当年新成虫羽化前及时剪除虫枝，从核桃果实长到酸枣核大小或花椒盛花期时开始，到核桃硬核期前10天左右结束。同时，发现生长不良的有虫枝条，及时剪除，以消灭幼虫或蛹。

②物理防控。

核桃发芽后，在树上成束悬挂枝条，每树挂3～5束，诱集成虫在此产卵，成虫羽化前将枝条取下烧毁。

③ 化学防控。

害虫发生严重的核桃园，在越冬成虫和当年成虫活动期及时喷施80%敌敌畏乳油1000～1500倍液、4.5%高效氯氰菊酯乳油1500～2000倍液、2.5%高效氯氟氰菊酯乳油1500～2000倍液、20%甲氰菊酯乳油1500～2000倍液、52.25%氯氰·毒死蜱乳油1500～2000倍液等。

7.核桃扁叶甲

又称核桃叶甲、金花虫。属鞘翅目叶甲科，专食核桃、核桃楸叶片的害虫。分3个亚种：核桃叶甲指名亚种，分布于陕西、四川、江苏、福建及中南诸省；核桃叶甲黑胞亚种，分布于东北3省及甘肃、河北省；核桃叶甲漆足亚种，分布于云南省。

（1）为害症状

以成虫和幼虫群集取食叶片，食成网状或缺刻，甚至将叶全部吃光，仅留主脉，形似火烧，严重影响树势及产量，有的甚至全株枯死。

（2）形态特征

①成虫。

体长5～7毫米，扁平，略呈长方形，青蓝色至黑蓝色。前胸背板的点刻不显著，两侧为黄褐色，翅鞘点刻较粗，纵列于翅面，有纵行棱纹。

②卵。

长1.5～2.0毫米。长椭圆形，橙黄色，顶端稍尖。

③幼虫。

体黑色，老熟时长约10毫米。胸部第一节为淡红色，背面中央为灰褐色。

（3）生活习性

该虫1年发生1代。以成虫在地面覆盖物中或树干基部70～135厘米处的树皮缝内越冬。在华北，成虫于5月初开始活动，在云南等地于4月上中旬上树取食。成虫群集嫩叶上，将嫩叶吃成网状，有的破碎。成虫特别贪食，腹部已膨胀成鼓囊状，露出鞘翅一半以上，仍不停取食。每头雌虫产卵90～120粒，产于叶背，呈块状（每块20～30粒）。幼虫孵化后群集叶背取食，只残留叶脉，5～6月为成虫与幼虫同时为害期。6月下旬幼虫老熟，以腹部末端附于叶上，倒悬化蛹。经4～5天后成虫羽化，进行短期取食后即潜伏越冬。

（4）防控方法

①消灭虫源。

冬、春季刮除树干基部粗老翘皮，清理枯枝落叶，集中烧毁，清除越冬成虫。在越冬成虫上树前，或新羽化成虫越夏上树前，用毒笔、毒绳等涂扎于树干基部，以阻杀爬经毒环、毒绳的成虫。利用产卵、幼虫期的群集性人工摘除虫叶，集中烧毁。利用成虫的假死性，人工振落捕杀。也可用黄色粘虫板诱杀成虫，每667平方米挂3～5张，1张可诱杀80～240个成虫。

②保护天敌。

保护利用猎蝽、蠋蝽、奇变瓢虫等天敌。

③化学防控。

从害虫发生为害初期开始喷药，在高峰期内喷施5%高效氯氟氰菊酯乳油3000～4000倍液或4.5%高效氯氰菊酯乳油1500～2000倍液、2.5%溴氰菊酯乳油1500～2000倍液、20%氰戊菊酯乳油1500～2000倍液1～2次，间隔7～10天。

8.木橑尺蠖

又名小大头虫、吊死鬼、核桃步曲。属鳞翅目尺蛾科，食叶害虫，在核桃产区等均有发生，为害核桃、黄连木、榆、杨、柳、槐等30余科170多种植物。

（1）为害症状

幼虫对核桃树为害十分严重，大发生时，幼虫在3～5天内即可把全树叶片吃光，致使核桃减产，树势衰弱。受害叶出现斑点状半透明痕迹或小空洞。幼虫长大后沿叶缘吃成缺刻，或只留叶柄。

（2）形态特征

①成虫。

体长18～22毫米，白色，头金黄色。胸部背面具有棕黄色鳞毛，中央有1条浅灰色斑纹。翅白色，前翅基部有一个近圆形黄棕色斑纹。前、后翅上均有不规则浅灰色斑点，雌虫触角呈丝状，雄虫触角呈羽状，腹部细长，腹部末端具有黄棕色毛丛。

②卵。

扁圆形，长约1毫米，翠绿色，孵化前为暗绿色。

③幼虫。

老熟时体长60～85毫米，体色因寄主不同而有变化。头部密生小突起，体密布灰白色小斑点，虫体除首尾两节外，各节侧面均有一个灰白色圆形斑。

④蛹。

纺锤形，初期翠绿色，最后变为黑褐色，体表布满小刻点，颅顶侧有齿轮状突起，肛门及臀棘两侧有3块 峰状突起。

（3）生活习性

每年发生1代。以蛹在树干周围土中或阴湿的石缝里或梯田壁内越冬。翌年5～8月冬蛹羽化，7月中旬为羽化盛期。成虫出土后2～3天开始产卵，卵多产于寄主植物皮缝或石块上，幼虫发生期在7月至9月上旬。8月中旬至10月下旬老熟幼虫化蛹越冬。幼虫活泼，稍受惊动即吐丝下垂。成虫不活泼，喜晚间活动，趋光性强。5月降雨有利于蛹的生存，在南坡越冬死亡率高。

（4）防控方法

①人工防控。

虫口密度大的地区，在秋季或春季，在成虫羽化前结合翻地在核桃树干周围内挖蛹，减少虫源基数。成虫不太活泼，特别是清晨不活动，可以组织人力在清晨时捕杀成虫。根据初孵幼虫群集性的特点，及时剪除群集为害的叶片，集中消灭初孵幼虫。

②物理防控。

根据成虫趋光性，在大发生年份的5～8月成虫羽化期，大面积利用黑光灯或频振式诱虫灯或堆火诱杀，每2～3公顷设置1台灯。

③生物防治。

保护和利用黑卵蜂、广肩步甲、寄蝇、茧蜂、胡蜂、土蜂、白僵菌等及麻雀、大山雀等益鸟取食该虫。

④化学防控。

防控适期为卵孵化期至3龄前的幼虫期。幼虫孵化盛期，在树干喷施浓度0.5亿/毫升2000倍苏云杆菌或灭幼脲3号800倍液、1%苦参碱可溶性液剂1200倍液。也可喷施2.5%溴氰菊酯乳油1500～2000倍液、25%灭幼脲悬浮剂2000～2500倍液、24%甲氧虫酰肼悬浮剂1500～2000倍液、20%氟苯虫酰胺水分散粒剂2500～3000倍液、35%氯虫苯甲酰胺水分散粒剂6000～8000倍液、4.5%高效氯氰菊酯乳油2000～3000倍液、5%高效氯氟氰菊酯乳油3000～4000倍液、1.8%阿维菌素乳油2500～3000倍液、1%甲氨基阿维菌素苯甲酸盐微乳剂2500～3000倍液、45%毒死蜱乳油1500～2000倍液、3%苯氧威乳油3000～4000倍液等。

9.草履蚧

又名草鞋介壳虫、草履硕蚧等，俗称树虱子。属同翅目珠蚧科，刺吸类害虫。在核桃产区普遍发生，主要为害核桃、板栗、柿、桃、苹果、柑橘和泡桐等。

（1）为害症状

以若虫和雌成虫密集于细枝芽基刺吸嫩芽和嫩枝的汁液，使芽不能萌发，或发芽后的幼叶干枯死亡，致使树势衰弱，甚至枝条枯死，影响产量。被害枝干上有一层黑霉，受害越重黑霉越多。

（2）形态特征

①成虫。

雌成虫无翅，体长10毫米，扁平椭圆，灰褐色，形似草鞋。雄成虫体长约6毫米，翅展11毫米左右，紫红色，触角黑色，丝状。

②卵。

椭圆形，暗褐色。

③若虫。

与雌成虫相似，但体较小，色较深。

④蛹。

雄蛹圆锥形，淡红紫色，长约5毫米，外被白色蜡状物。

（3）生活习性

该虫1年发生1代。以卵在树干基部土中越冬。卵的孵化早晚受气温影响，在河南最早于1月即有若虫出土。初龄若虫行动迟缓，天暖上树，天冷回到树皮缝隙中隐藏群居，最后到1～2年生枝条上吸食为害。雌虫经3次脱皮变成成虫，雄虫第2次蜕皮后不再取食，下树在树皮缝、土缝、杂草中化蛹，蛹期10天左右，4月下旬至5月上旬羽化，与雌虫交配后死亡，雌成虫6月前后下树，在根颈部土中产卵后死亡。

（4）防控方法

①农艺措施。

一是防止扩散蔓延。草履蚧传播途径广，可随苗木调运、木材采伐运输、放牧等及随风、水流远距离传播，所以要严防发生区的苗木、原材等运入无虫区，如需调运则需杀死虫卵。二是树下诱杀。在4月中下旬和5月中下旬，雄虫下树蜕皮化蛹前和雌成虫下树产卵前，在树干基部挖宽30厘米、深20厘米的环形沟，内放杂草树叶等，诱集雄虫化蛹和雌虫产卵，然后集中及时处理，消灭虫卵。三是翻耕树盘。秋天和初冬翻耕树盘，使卵囊暴露在阳光下，经风吹日晒，消灭越冬卵。

②物理防控。

草履蚧若虫孵化出土后要经树干爬行上树取食为害，可采取下列方法阻止若虫上树，最佳时期应在若虫开始孵化至上树前进行。一是塑料裙阻隔法。用塑料薄膜裁成宽20厘米塑料带，做成裙状绑于距树干基部50厘米处，与树干接触的缝隙用泥堵严阻止若虫上树。二是胶环阻隔法。将废机油5份用锅加热后放羊毛脂1份，融化为均匀混合物，冷却后在距树干基部80～100厘米处涂宽10～15厘米的封闭环，阻止若虫上树，或用废黄油、机油各半加热溶化后在距树干高80～100厘米处涂抹宽15～20厘米的粘胶带，隔10～15天涂1次，共涂2～3次，注意及时处理粘虫带下的若虫。三是塑料布兜土法阻隔若虫上树。将塑料布裁成10～15厘米宽的条带，在距树干基部1米处，围树干1周用绳子将上沿绑好，把下沿上翻成兜状内放细土或细沙，使若虫被阻隔在兜下，注意及时处理未上树若虫。

③生物防控。

一头红环瓢虫一生可食2000余头草履蚧。4月下旬至5月中旬释放红环瓢虫，每天保证100头以上。

④化学防控。

首先，做好树下防控。一是对被阻隔未上树的草履蚧若虫进行化学防治，防治适期应在草履蚧大量上树期，有效药剂2.5%溴氰菊酯乳油2000倍液、4.5%氯氰菊酯乳油1000倍液等。二是药剂涂环阻杀草履蚧若虫上树，将50%敌敌畏乳油1份和黄油5份搅拌混合均匀，然后在距树干基部80～100厘米处涂宽15～20厘米的封闭环，阻杀若虫上树。或先涂刷菊酯微胶囊2～3倍液，再绑宽25～30厘米塑料布，外裹20～25厘米深色无纺布，然后在上面刷机油，阻杀若虫。

其次，树上喷药防治。在若虫上树初期，树干喷3～5° Bé石硫合剂。在若虫1～2龄若虫期，喷施25%噻嗪酮可湿性粉剂1000～1500倍液或70%吡虫啉水分散粒剂8000～10000倍液、350克/升吡虫啉悬浮剂4000～5000倍液、4.5%高效氯氰菊酯乳油1500～2000倍液、50g/L高效氯氟氰菊酯乳油3000～4000倍液、1.8%阿维菌素乳油2000～2500倍液等。

10.芳香木蠹蛾

又名杨木蠹蛾、蒙古木蠹蛾。属鳞翅目木蠹蛾科，蛀干害虫，在我国分布较普遍。为害核桃、梨、桃、杨、柳、榆等树木。

（1）为害症状

以幼虫群栖为害根颈皮层和木质部，破坏输导组织、致使树势衰弱，甚至全株死亡。受害根颈部皮层开裂，有深褐色虫粪和褐色液流出，木质部虫道多而不规则。

（2）形态特征

①成虫。

体长30～40毫米，翅展60～90毫米，体翅灰褐色，前翅上遍布不规则黑褐色横纹。前胸与头连接处有圈白色鳞毛。触角栉齿状。

②卵。

椭圆形，长1.5毫米左右，初产为白色，孵化前呈暗褐色。

③幼虫。

老熟幼虫长约80毫米，体粗壮扁平，头紫黑色，体背紫红色，有光泽。腹腔面黄色或淡红色。

④蛹。

暗褐色，长30～40毫米，茧长50～70毫米。

（3）生活习性

该虫2～3年发生1代。以幼虫在树的根颈部和老熟幼虫在土中作茧越冬，翌年5～6月羽化出成虫。成虫有趋光性，多在夜间活动。卵多产于根颈部或往上1.5米左右的树皮裂缝中，呈块状，每卵块一般为50～60粒。6～7月孵化出幼虫，初蛀入的幼虫在皮层下群聚为害，老熟幼虫4～5月化蛹，9～10月在蛀道内越冬。

（4）防控方法

①农艺措施

在成虫产卵期，树干涂白，以防止成虫产卵。及时伐除枯死木、衰弱木，锯除被害枝，注意消灭其中的幼虫。当发现根颈部有幼虫为害时，即撬开皮层挖出幼虫；或在成虫羽化高峰期的傍晚，羽化未活动前人工扑捉成虫。也可在老熟幼虫离开树干入土化蛹时，人工扑杀幼虫。

② 物理防控。

成虫发生期，利用黑光灯诱杀。

③ 生物防控。

保护啄木鸟天敌，也可在虫孔内注射5亿/毫升的白僵菌液。

④化学防控。

一是成虫产卵期防控。在树干2米以下喷洒25%辛硫磷胶囊剂200～300倍液或45%毒死蜱乳油500～600倍液，毒杀卵和初孵幼虫。二是幼虫为害期防控。在幼虫蛀入木质部为害时，先刨开根颈部土壤，清除孔内虫粪，然后用注射器向虫孔注射80%敌敌畏或50%辛硫磷乳油或45%毒死蜱乳油30～50倍液，注至药液外流为止。三是熏杀幼虫。8～9月当年孵化的幼虫多集中在主干基部为害，虫口处有较细的暗褐色虫粪，这时用塑料薄膜把有虫的主干被害部位包住，从上端投入磷化铝片剂0.5～1片，可熏杀木质部中的幼虫，12小时后杀虫效果即显示出来。

11.核桃瘤蛾

又名核桃小毛虫、核桃毛虫。属鳞翅目瘤蛾科，为核桃单食性食叶害虫。主要分布于山西、陕西、河北、河南等核桃产区。

（1）为害症状

以幼虫食害核桃叶片，属偶发的暴食性害虫，严重时几天内能将树叶吃光，造成枝条二次发芽，树势极度衰弱，导致翌年枝条枯死，产量下降。

（2）形态特征

①成虫。

体长6～10毫米，翅展15～24毫米，雌虫触角呈丝状，雄虫呈双栉齿状，前翅基部及中部有3块明显的黑斑，从前缘至后缘有3条波状纹，后缘中部有一褐色斑纹。

②卵。

馍头形，直径0.2～0.4毫米，初产卵乳白色，孵化前变为褐色。

③幼虫。

老熟幼虫体长10～15毫米，背面棕黑色，腹面淡黄褐色，体形短粗而扁，头暗褐色。中后胸背面各有4个瘤状突起，为黄白色。腹部背面各节有4个暗红色的瘤，而且生有短毛。

④蛹。

黄褐色，椭圆形，长8～10毫米。越冬茧长椭圆形，丝质细密，浅黄白色。

（3）生活习性

该虫1年发生2代。以蛹在树冠下的石块或土块下、树洞中、树皮缝及杂草中越冬，翌年5月下旬开始羽化，盛期在6月上中旬。6月中下旬第一代幼虫孵化，7月上中旬为幼虫为害盛期。7月下旬至8月中旬出现第一代成虫，8月中下旬为幼虫为害盛期。9月上中旬幼虫老熟，开始作茧化蛹越冬。成虫产卵多在叶背主脉两侧，有时也产在果实上。初孵化幼虫先在叶背取食，3龄以后叶片被食成网状或缺刻，仅留叶脉。也有在叶背吐丝卷叶，数条幼虫聚集在内为害。一般在夜间为害剧烈，白天常常离开叶片爬到两果之间或树杈的阴暗处，群体栖息，日落后又爬到叶上为害。当叶片吃光后，幼虫也为害果实。幼虫老熟后顺树下爬，在树干附近作茧化蛹越冬。

（4）防控方法

①消灭越冬蛹。

通过刮皮、刨树盘及深翻土壤，可消灭树下越冬的大部分蛹。

②诱杀。

利用幼虫白天隐蔽在暗处的习性，在树干上绑带药的草把诱集幼虫，每天换1次草把，可杀死大量幼虫。利用成虫的趋光性，在6月上旬至7月上旬成虫大量出现期，设置黑光灯诱杀。

③保护天敌。

释放赤眼蜂，保护天敌。

④化学防控。

参考木橑尺蠖使用药剂。

12. 核桃缀叶螟

又名卷叶虫、缀叶丛螟、木僚黏虫、核桃毛虫。属鳞翅目螟蛾科，食叶害虫。核桃产区均有发生，为害核桃、漆树、黄连木、盐肤木、桤木等林木。

（1）为害症状

幼虫常吐丝拉网，缀叶其中，取食为害，严重时把叶吃光，影响树势和产量。

（2）形态特征

①成虫。

体长约18毫米，翅展约40毫米。全身灰褐色。前翅有明显黑褐色内横线及曲折的外横线。雄蛾前翅前缘内横线处有褐色斑点。

②卵。

扁椭圆形，呈鱼鳞状集中排列卵块，每卵块有卵200～300粒。

③幼虫。

老熟幼虫体长约25毫米。头及前胸背板黑色有光泽，背板前缘有6个白点。全身基本颜色为橙褐色，腹面黄褐色，有疏生短毛。

④蛹。

长约18毫米，黄褐色或暗褐色。

⑤茧。

扁椭圆形，长约18毫米，形似柿核，深红褐色。

（3）生活习性

该虫1年发生1代。以老熟幼虫在土中作茧越冬，距干1米范围内最多，入土深度10厘米左右。6月中旬至8月上旬为化蛹期，7月上中旬开始出现幼虫，7～8月为幼虫为害盛期。成虫白天静伏，夜间活动，将卵产在叶片上，初孵幼虫多群集为害，用丝黏合很多叶片团，幼虫居内啃食叶片正面叶肉，留下叶脉和下表皮呈网状；老熟幼虫白天静伏，夜间取食。一般树冠外围枝、上部枝被害较重。

（4）防控方法

①消灭幼虫。

于土壤封冻前或解冻后，在受害树根颈处挖虫茧，消灭越冬幼虫。7～8月幼虫为害盛期，及时剪除受害枝叶，消灭幼虫。

②药剂防治。

7月中下旬选用杀螟杆菌（50亿/克）80倍液喷树冠，防治幼虫效果很好。

③保护天敌。

保护螳螂、瓢虫、茧蜂、姬蜂、山雀、麻雀、灰喜鹊、画眉、黄鹂等天敌。

④化学防控。

参考木橑尺蠖使用药剂。

13. 舞毒蛾

又叫秋千毛虫、柿毛虫。属鳞翅目毒蛾科，食叶害虫。在核桃产区普遍发生，主要为害核桃、柿 、苹果、梨、板栗等树木。

（1）为害症状

幼虫主要为害叶片，该虫食量大，食性杂，将叶吃成孔洞、缺刻，严重时可将全树叶片吃光，影响树体生长，造成减产。

（2）形态特征

①成虫。

雌蛾较大，黄白色，在前翅上有4～5条黑褐色锯齿状横线，缘毛黑白相间，腹部末端有黄棕色毛丛。雄蛾较小，触角双栉齿状，黑色。

②卵。

棕黄色，球形有光泽。产卵块状。

③幼虫。

老熟时体长约6厘米，头黄褐色，呈“八”字形黑纹，胴部前部有5对毛瘤，呈蓝色，后面6对为红色。

④蛹。

暗褐色，胸背不明确的瘤上有红褐色毛丛。

（3）生活习性

该虫1年发生1代。以卵块在梯田堰缝、石缝、树干主枝荫蔽处越冬。核桃发芽时开始孵化，初孵幼虫白天多群栖叶背面，夜间取食叶片成孔洞，受振动后吐丝下垂，借风力传播，故又称秋千毛虫。2龄后分散取食，白天栖息树杈、树皮缝或树下石块下，傍晚上树取食，天亮时又爬到荫蔽场所。蛹期为6月上旬至8月初，7月上旬开始出现幼虫，7～8月是幼虫为害盛期。幼虫常在夜间取食，白天较少活动。

（4）防控方法

①人工捕捉或诱杀。

人工采集卵块，羽化期在树干基部捕捉雌成虫或用灯光诱杀成虫。利用幼虫白天下树的习性，在树下扣石板，进行场所诱杀。

②熏杀。

在地堰处点火，往石缝中熏烟，熏杀幼虫。

③生物防控。

幼虫为害前期，喷苏云杆菌350倍液。成虫期，用人工合成的性引诱剂诱杀。

④化学防控。

在舞毒蛾大发生年份，于低龄幼虫期及时喷施化学药剂，杀灭幼虫。参考木橑尺蠖用药。

14.刺蛾类

又名洋拉子、八角，包括黄刺蛾、绿刺蛾、褐刺蛾、扁刺蛾。属鳞翅目刺蛾科，食叶害虫。在全国各地均有分布，主要为害核桃、板栗、茶、柳、榆、苹果、梨、杏、桃、石榴、山楂、柑橘、枫杨、三角枫、刺槐等果树和林木。

（1）为害症状

初龄幼虫取食叶片的下表皮和叶肉，仅留表皮层，叶面出现透明斑。3龄以后幼虫食量增大，把叶片吃成孔洞、缺刻，影响树势和第二年结果，是核桃叶部的重要害虫。幼虫体上有毒毛，触及人体，会刺激皮肤发痒发痛。

（2）形态特征

①黄刺蛾。

成虫体长约15毫米，体黄色，前翅内半部黄色，外半部黄褐色，有2条暗褐色斜纹在翅尖会合呈倒“V”字形，后翅浅褐色。卵椭圆形、扁平、淡黄色。幼虫体长约20毫米，体黄绿色，中间紫褐色斑块，两端宽中间细，呈哑铃形。茧椭圆形，长约12毫米。质地坚硬，灰白色，具黑褐色纵条纹，似雀蛋。

② 绿刺蛾。

成虫体长约15毫米，体黄绿色，头顶胸背皆绿色，前翅绿色，翅基棕色，近外缘有黄褐色宽带，腹部及后翅淡黄色，卵扁椭圆形，翠绿色。幼虫体长约25毫米，体黄绿色，背具有10对刺瘤，各着生毒毛，后胸亚背线毒毛红色，背线红色，前胸1对突刺黑色，腹末有蓝黑色毒毛4丛。茧椭圆形，栗棕色。

③扁刺蛾。

成虫体长约17毫米，体翅灰褐色。前翅赭灰色，有1条明显暗褐色斜线，线内色淡，后翅暗灰褐色。卵椭圆形、扁平、淡黄色。幼虫体长约20毫米，黄绿色，扁椭圆形。背面稍隆起，背面白线贯穿头尾。虫体两侧边缘有瘤状刺突各10个，第4节背面有一红点。茧长椭圆形，黑褐色。

④褐刺蛾。

成虫体长约18毫米，灰褐色，前翅棕褐色，有2条深暗褐色弧形线，两线之间颜色淡，在外横线与臀角间有一紫铜色三角斑。卵扁平，椭圆形，黄色。幼虫体长约35毫米，体绿色，背面及侧面天蓝色，各体节刺瘤着生红棕色刺毛，以第三胸节及腹部背面第一、第五、第八、第九节刺瘤最长。茧广椭圆形，灰褐色。

（3）生活习性

①黄刺蛾。

1年发生1～2代。以老熟幼虫在枝条分杈处或小枝上结茧越冬。于5月下旬羽化，成虫产卵于叶片背面，数十粒卵连成一块，卵期约8天。第一代成虫于6月中旬羽化，7月上旬是幼虫为害盛期。第二代幼虫为害盛期在8月上中旬，低龄幼虫喜群集为害。

②绿刺蛾。

1年发生1～3代。以老熟幼虫在树干基部结茧越冬。成虫于6月上中旬开始羽化，末期7月中旬，8月是幼虫为害盛期。成虫的趋光性较强，夜间活动，初孵幼虫有群集性。

③扁刺蛾。

1年发生1～2代。以老熟幼虫在土中结茧越冬。6月上旬开始羽化为成虫，成虫有趋光性。幼虫发生期很不整齐，6月中旬出现幼虫，直到8月上旬仍有初孵幼虫出现，幼虫为害盛期在8月中下旬。

④褐刺蛾。

1年发生1～2代，以老熟幼虫结茧在土中越冬。

（4）防控方法

①消灭虫源。

初龄幼虫多群集叶背面为害，及时摘除虫叶，集中消灭。成虫期，利用趋光性，用黑光灯诱杀成虫。9～10月或冬季，结合修剪、挖树盘等消除越冬虫茧。

②生物防控。

刺蛾严重发生时，幼虫期可喷苏云杆菌（BT）或青虫菌500倍液。

③保护利用天敌。

上海青蜂是黄刺蛾天敌的优势种群，一般年份黄刺蛾茧被上海青蜂寄生率高达30%左右。寄生茧易于识别，茧的上端有上海青蜂产卵时留下的圆孔或不整齐小孔，在休眠期掰除黄刺蛾冬茧挑出放回田间，翌年黄刺蛾越冬茧被寄生率可高达65%以上。

④化学防控。

从害虫发生为害初期开始喷药，每高峰期内喷药1～2次，间隔7～10天。有效药剂为5%高效氯氟氰菊酯乳油3000～4000倍液或4.5%高效氯氰菊酯乳油1500～2000倍液、2.5%溴氰菊酯乳油1500～2000倍液、20%氰戊菊酯乳油1500～2000倍液等。

15.铜绿金龟

又名铜绿金龟子、青铜金龟、硬壳虫等，幼虫称蛴螬。属鞘翅目金龟科，食叶害虫。在全国各地均有分布，为害核桃、苹果、枫杨、柳、榆、栎等多种果树与林木。

（1）为害症状

幼虫主要为害根系，成虫则取食叶片、嫩枝、嫩芽和花柄等，将叶片吃成缺刻或吃光，影响树势及产量。

（2）形态特征

①成虫。

体长约18毫米，椭圆形，铜绿色，具金属光泽。额头前胸背板两侧缘黄白色，翅鞘有4～5条纵隆起线，胸部腹面黄褐色，密生细毛，足的胫节和跗节红褐色，腹部末端两节外露。

②卵。

初产时乳白色，近孵化时变为淡黄色，圆球形，直径约1.5毫米。

③幼虫。

体长约30毫米，头部黄褐色，胴部乳白色，腹部末节腹面除钩状毛外，有2列针状刚毛，每列16根左右。

（3）生活习性

1年发生1代。以3龄幼虫在土壤深处越冬，翌年春季幼虫开始为害根部，5月老熟幼虫做土室化蛹。成虫6月初开始出土，喜傍晚活动，白天多栖于疏松、潮湿的土壤中，有假死性和趋光性。于6月中旬产卵树下或作物根系附近土中。7月出现新一代幼虫，取食寄主植物的根部，10月中上旬幼虫在土中开始下迁越冬。

（4）防控方法

①诱杀。

成虫大量发生期，因其具有趋光性，利用频振式捕虫灯或者黑光灯诱杀，也可以用马灯、电灯、可充电电瓶灯诱杀。方法是：取1个大水盆（口径52厘米最好），水中加入些许农药，盆中央放4块砖，砖上铺一层塑料布，把马灯或电瓶灯放到砖上，马灯或电瓶灯要用绳与盆的外缘固定好，以防风吹倒灯；用电灯时，直接把灯泡固定在盆上端10厘米处。也可利用金龟子的趋化性，将糖、醋、白酒、水按1∶3∶2∶20的比例配成液体，加入少许农药制成糖醋液，装入桶或盆中，每667平方米放3～5处诱杀，还可装入罐头瓶中（液面达瓶深的2/3为宜），挂在园内诱杀。

②人工捕杀。

利用成虫的假死习性，人工振落捕杀。

③忌避法。

自然界中许多昆虫都有忌食同类尸体并厌避其腐尸气味的现象，利用这一特点驱避金龟子。方法是：将人工捕捉或灯光诱杀的金龟子捣碎后，装入厚塑料袋中密封，置于日光下或高温处使其腐烂，一般经过2～3天塑料袋鼓起且有臭味散出时，把腐烂的碎尸倒入盆中并加水，水量以浸透为度。用双层纱布过滤2次，用浸出液按

1∶50～100的比例喷雾，此法多用于幼园和苗圃，喷后被害率降到10%以下。

④生物防控。

保护利用铜绿金龟子的天敌有益鸟、青蛙、刺猬、寄生蝇、病原微生物等。成虫嗜食蓖麻叶，饱食后会麻痹中毒，核桃园附近种植蓖麻诱杀成虫。

⑤化学防控。

发生严重时，喷施40%马拉·毒死蜱1000～1500倍液，或2.5%高效氯氟氰菊酯1000～1500倍液、70%吡虫啉水分散粒剂8000～10000倍液、10%氯氰菊酯乳剂6000～8000倍液防治成虫。苗木生长期若发现蛴螬为害，可用15%毒死蜱颗粒剂1.0千克/667平方米或呋喃丹颗粒剂2.0～3.0千克/667平方米，拌沙15～20千克均匀撒施于地表。也可用5%高效氯氟氰菊酯兑水1000倍，灌注根系，使药液达到蛴螬处，效果良好。

16.大青叶蝉

又名青叶跳蝉、青叶蝉、大绿浮尘子等。属同翅目叶蝉科，刺吸类害虫。在全国普遍发生，食性极杂，已知寄主达39科166属之多。主要有核桃、苹果、梨、柿、板栗以及桑、杨、柳等多种林木和麦类、谷类、豆类、蔬菜等多种农作物。对核桃的危害主要是产卵造成的。

（1）为害症状

成虫在核桃苗木和枝条上产卵，产卵前先用产卵管割开表皮，形成月牙形产卵痕，然后产卵其中。由于成虫在枝条上群集活动，产卵密度较大，使枝干上遍体鳞伤，受害严重的苗木或幼树的枝条逐渐干枯死亡，或冬季易遭受冻害。

（2）形态特征

①成虫。

体长7～10毫米，头黄褐色，复眼黑褐色，头部背面有单眼2个，两单眼之间有2个多边形黑斑点，前胸背板前缘黄色，其余为深绿色；前翅绿色，端部灰白色，透明；后翅乌黑色；腹部两侧、腹面及足橙黄色。

②卵。

长卵圆形，长约1.6毫米，稍弯曲，乳白色，近孵化时变成黄白色。

③若虫。

低龄若虫灰白色，微带黄绿色；3龄后黄绿色，体背面有褐色纵条纹，并出现翅芽。老熟若虫体长约7毫米，似成虫，仅翅未完全发育。

（3）生活习性

1年发生3代。以卵在多种果树林木的枝条或幼树树干的表皮越冬，翌年4月孵化出若虫，若虫孵化后即转移到附近的农作物及杂草上群集刺吸为害，并在这些寄主上繁殖2代。第一代成虫出现于5～6月份，第二代成虫出现于7～8月份，第三代于9月份开始出现，仍继续为害上述寄主，但在大田秋收后，即转移到秋菜或晚秋作物上，到10月中旬，成虫开始迁往核桃等果树上产卵，并以卵越冬。成、若虫喜在嫩绿植物上群集为害，有较强的趋光性。

（4）防治方法

①农艺措施。

在杂草种子成熟前，将其翻压用作绿肥，以减少成虫产卵的寄主。果园不宜套种白菜、萝卜等多汁晚熟作物，如果套种这些作物，应在9月底前收获。在成虫产卵前，于幼树主干和主枝涂白或者缠绕纸条，可阻止成虫产卵。对越冬虫卵较多的幼树，人工将树干或枝条上的卵块用木棍压死。也可在果园周围种植向日葵，花期诱集大青叶蝉产卵，成熟前砍掉、深埋。同时，清理果园周围的寄主，如臭椿、苦楝等苦楝科植物。

② 灯光诱杀。

在成虫发生期，可利用其趋光性用黑光灯诱杀成虫。

③化学防控。

大青叶蝉发生数量大时（10月上中旬），于成虫产卵前或产卵初期，喷施45%毒死蜱乳油2000～150000倍液或20%甲氰菊酯乳油1500～2000倍液、4.5%高效氯氰菊酯乳油1500～2000倍液、50g/L高效氯氟氰菊酯乳油3000～4000倍液、80%敌敌畏乳油1000～1500倍液等，园内的杂草和间作物务必喷到位。

17.桃蛀螟

又名桃蠹螟、桃蛀虫、核桃钻心虫等。属鳞翅目螟蛾科，蛀果害虫。广泛分布于全国各地，是一种杂食性害虫，为害核桃、桃、梨、苹果、李、板栗、山楂、向日葵、玉米等多种果树、林木及农作物。

（1）为害症状

以幼虫蛀食核桃果实，引起早期落果，也可将种仁吃空，严重影响核桃产量和质量。

（2）形态特征

①成虫。

体长9～14毫米，翅展20～26毫米，全身黄色，胸腹部及翅上有黑色点，前翅20余个，后翅10余个，腹部第一节和第三至六节背面各有3个，第七节有时只有1个，第二、八节无黑点。雄成虫腹墨黑色，雌成虫黑色不明显。

②卵。

长0.6～0.7毫米，椭圆形。初产时乳白色，2～3天后变成橘红色，孵化前红褐色。

③幼虫。

老熟幼虫体长22～27毫米，头部暗黑色，胸腹部颜色变化较大，有暗红、淡灰褐、浅灰、浅灰蓝等色。从中胸至第八腹节每节各有8个褐色毛片，排成2排，前排6个，后排2个。

④蛹。

长13毫米左右，初为淡黄绿色，后变为褐色，臂棘细长，末端有6根卷曲的刺。

（3）生活习性

每年发生代数因地区而异。北方2～3代，长江流域4～5代，均以老熟幼虫越冬。越冬场所有树皮裂缝、树洞、堆果场、向日葵花盘、玉米秸秆等处。翌年4月开始化蛹，5月上中旬开始羽化。成虫昼伏夜出，对黑光灯有趋性，对糖醋液也有趋性。交尾3天后开始产卵。越冬代成虫将卵散产于枝叶茂密处的核桃果面上，以两果相接处为多。每果着卵2～3粒，最多达20余粒。初孵幼虫作短距离爬行后蛀入果内，外表留有蛀孔。果实受害后，多从蛀孔流出黄褐色透明胶汁，常与排出的黑褐色粪便混在一起，黏附于果面，很易识别。幼虫在果内可将果仁吃光，内充满虫粪，老熟后即在果内或两果相接处结白茧化蛹。蛹期8～10天。成虫羽化后，转移到其他果树和农作物上为害，直到9～10月份。幼虫在不同的寄主上成熟后，即在附近寻找合适场所化蛹越冬。

（4）防控方法

①消灭虫源。

冬季刮除核桃树的粗皮，树干涂白，清理烧毁残枝落叶，消灭越冬幼虫。在成虫发生期，用黑光灯和糖醋液诱杀成虫。及时捡拾落果，摘除虫果，集中处理，以消灭果内幼虫。利用桃蛀螟成虫对向日葵花盘、玉米、高粱等产卵有很强的选择性，在果园周围分期分批种植少量向日葵、玉米、高粱等，招引成虫在其上产卵，集中消灭，减轻作物和果树的被害率。

②生物防控。

在产卵期，喷洒苏云金杆菌75～150倍液或青虫菌液100～200倍液。保护捕食桃蛀螟成虫的蜘蛛和寄生该虫蛹的广大腿小蜂。

③化学防控。

根据性诱剂诱集该成虫的结果，在成虫发生高峰过后3～5天内喷施45%毒死蜱乳油或40%可湿性粉剂1200～1500倍液、4.5%高效氯氰菊酯乳油或水乳剂1500～2000倍液、25克/升高效氯氟氰菊酯乳油1500～2000倍液、1.8%阿维菌素乳油2500～3000倍液、50%杀螟松乳油1500倍液等，每代喷药1～2次。喷药应及时，均匀周到，特别是要精细喷洒果面，把幼虫消灭在蛀果前。同时，连片核桃园应根据虫情测报进行统防统控，以保证防控效果。

18.六星黑点蠹蛾

又名豹纹木蠹蛾、咖啡黑点蠹蛾等。属鳞翅目豹蠹蛾科。

分布较广泛，主要为害核桃、苹果、枣、栎、杨等果树和林木。

（1）为害症状

幼虫蛀食枝干的皮层和木质部，破坏输导组织，使受害枝枯死，树势衰弱，树冠逐年缩小，造成严重减产，受害严重时可引起全株死亡。

（2）形态特征

①成虫。

体长25～32毫米，翅展40～56毫米，灰白色，胸部背面有6个蓝黑色斑点，翅上散生大小不等的蓝黑色斑点，腹部每节有蓝黑色宽横带。

②卵。

长约1毫米，椭圆形。初产时淡黄色，近孵化时棕褐色。

③幼虫。

体长29～41毫米，红褐色，头部、前胸背板和臀部黑褐色。

④蛹。

长27～30毫米，宽约7毫米，红褐色。

（3）生活习性

1年发生1代，以幼虫在枝条内越冬。翌年核桃树春梢抽出后，即从越冬枯枝内钻出，转梢继续为害，幼虫多从枝条基部蛀入，先从皮层与木质部之间绕枝条蛀食1周，然后沿髓部向上蛀成纵直隧道，隔不远即从外咬一排粪孔。被害枝梢上部很快枯萎，之后又再次转梢为害。4～5月幼虫老熟，用虫粪和木屑将虫道两端堵塞，并向外咬一直径5～6毫米的圆形羽化孔，孔口仅留薄薄一层表皮封闭，然后吐丝粘连木屑做薄茧化蛹。5～6月成虫先后羽化。羽化后，将蛹壳的一半带出孔外，长时间不掉，这是检查其羽化的明显标志。成虫夜间活动，有弱趋光性。雌虫多产卵于核桃树干的芽腋、皮缝或叶片上，单粒散生或数粒产在一起。卵经10～20天孵化，初孵化幼虫多从新梢上部芽腋蛀入韧皮部和边材为害。随虫龄增大，逐渐蛀入髓心部，并沿髓部向上蛀食，沿蛀道间隔10～20厘米向外开一排粪孔，从1年生枝向下食害，直到五六年生或八九年生的粗枝，被害枝条不久即枯死，极易折断。幼虫可转移为害。秋后，幼虫在蛀道内越冬。

（4）防控方法

①消灭虫源。

在冬季或春季将有越冬幼虫的枝条彻底剪除烧毁，夏季在低龄幼虫为害初期，发现枯死枝及时剪下烧掉。根据该幼虫有向上蛀食，蛀道隔一段距离向外开一排粪孔的特点，可用端部弯有小钩的钢丝从蛀道上部的排粪孔刺入蛀道，钩杀幼虫或蛹。在5～6月成虫盛发期，设置黑光灯诱杀成虫。

② 天敌防治。

招引啄木鸟等，释放天敌。

③化学防控。

参考芳香木蠹蛾的化学防控方法。

19.星天牛

又名白星天牛、柳天牛，俗名花角虫、牛角虫、水牛娘、水牛仔、钻木虫、铁炮虫、倒根虫。属鞘翅目天牛科，蛀干害虫。普遍发生，为害木麻黄、柳、榆、刺槐、核桃、桑、楸等19科29属48种。天然次生林旁的核桃园为害较重。

（1）为害症状

幼虫一般蛀食较大植株的基干，在木质部乃至根部为害，树干下有成堆虫粪，使植株生长衰退乃至死亡。成虫咬食嫩枝皮层，形成枯梢，也食叶成缺刻状。

（2）形态特征

①成虫。

雌虫体长36～41毫米，宽11～13毫米；雄虫体长27～36毫米，宽8～12毫米。黑色，具金属光泽。头部和身体腹面被银白色和部分蓝灰色细毛，但不形成斑毛。触角第一、第二节黑色，其他各节基部1/3有淡蓝色毛环，其余部分黑色，雌虫触角超出身体1、2节，雄虫触角超出身体4、5节。前胸背板中瘤明显，两侧具尖锐粗大的侧刺突。小盾片一般具不明显的灰色毛，有时较白或杂有蓝色。鞘翅基部密布黑色小颗粒，每翅具大小白斑约20个，排成5横行，前2行各4个，第3行7个斜形排列，第4行2个，第5行3个。斑点变异较大，有时很不整齐，不易辨别行列，有时靠近中缝的消失，第5行侧斑点与翅端斑点合并，以致每翅约剩15个斑点。

②卵。

长圆筒形。长5.6～5.8毫米，宽2.9～3.1毫米，中部稍弯，乳白色，孵化前暗褐色。

③幼虫。

老龄幼虫体长60～67毫米，前胸背板前方两侧各有黄褐色飞鸟形斑纹，后半部有一块同色的凸形大斑，微隆起。

④蛹。

长28～33毫米，乳白色，羽化前黑褐色。

（3）生活史及习性

星天牛在各地1年发生1代，以幼虫在树干基部或主根木质部蛀道内越冬。多数地区在次年4月化蛹，4月下旬至5月上旬成虫开始外出活动，5～6月为活动盛期，至8月下旬、个别地区至9月上中旬仍有成虫出现。5～8月上旬产卵，以5月下旬至6月下旬产卵最盛。产卵25～32粒。低龄幼虫先在韧皮部和木质部间横向蛀食，3龄后蛀入木质部。10月中旬后幼虫越冬。成虫飞出后，白天活动，以上午最为活跃。阴天或气温达33℃以上时多栖于树冠丛枝内或阴暗处。成虫补充营养时取食叶柄、叶片及小枝皮层，补充营养后2～3天交尾，成虫一生进行多次交尾和多次产卵。产卵前，成虫先用上颚咬1个椭圆形刻槽，然后把产卵管插入韧皮部与木质部之间产卵，每刻槽产卵1粒，产卵后分泌胶粘物封塞产卵孔；每产1粒卵，便在干皮上造成约1平方厘米的韧皮层坏死。

（4）防控方法

①消灭虫源。

5～6月成虫活动盛期，巡视捕捉成虫。在成虫产卵盛期，用白涂剂涂刷树干基部，防止成虫产卵。6～7月间发现树干基部有产卵裂口和流出泡沫状胶质时，刮除树皮下的卵粒和初孵幼虫，并涂石硫合剂或波尔多液。幼虫尚在根颈部皮层下蛀食，或蛀入木质部不深时，及时进行钩杀。

②简易防治。

在成虫产卵前，在易产卵的主干部位，用无污染的编织袋条（宽20～30厘米）缠绕2～3圈，每圈之间连接处不留缝隙，然后用麻绳捆扎，天牛只能将卵产在编织袋上，之后，天牛卵就会失水死亡。

③治疗受害树。

在清明至立夏期间根系生长高峰期，选择晴天，挖开受害树的根颈部土块，用锋利小刀刮除伤口残渣，使伤口呈现新鲜色泽，然后将肥土堆放在伤口周围，并盖上薄膜块，薄膜块上端紧贴树干用麻绳捆扎牢实，下端铺开在肥土上，最后盖上挖出的泥土并压紧。不久，伤口即产生愈伤组织，重新发出新根，植株恢复生机。

④保护天敌。

保护取食天牛幼虫或蛹的蚂蚁，取食天牛幼虫的蠼螋，以及卵寄生蜂。

20.大灰象甲

大灰象甲属鞘翅目象甲科，又称大灰象鼻虫，在我国许多省份均有发生，寄主范围比较广，为害桃、苹果、枣、柑橘、板栗、棉花、烟草、玉米、花生、马铃薯、辣椒、甜瓜类、豆类等多种植物。

（1）为害症状

在核桃树上成虫主要取食嫩芽和幼叶。轻者把叶片食成缺刻或孔洞，重者将芽、叶及嫩梢吃光，导致二次萌芽，对树势影响很大，特别是对核桃苗木和幼龄核桃树及硬枝嫁接的核桃幼芽为害较重。幼虫先将叶片卷合并在其中取食，为害一段时间后入土食害根部。

（2）形态特征

①成虫。

体长9～12毫米，灰黄色或灰黑色，密被灰白色鳞片。头部和喙密被金黄色发光鳞片，触角索节7节，长大于宽，复眼大而凸出，前胸两侧略凸，中沟细，中纹明显。翅近卵圆形，具褐色云斑，每鞘翅上各有10条纵沟。后翅退化。头管粗短，背面有3条纵沟。

②卵。

长约1.2毫米，长椭圆形，初产时乳白色，后渐变为黄褐色。

③幼虫。

体长约17毫米，乳白色，肥胖，弯曲，各节背面有许多横皱。

④蛹。

长约10毫米，初时乳白色，后变为灰黄色至暗灰色。

（3）发生规律

大灰象甲在东北和西北地区2年发生1代，第1年以幼虫越冬，第2年以成虫越冬。越冬成虫翌年4月中下旬开始出土活动，先取食杂草，待核桃发芽后，陆续转移到树上取食新芽、嫩叶，白天多栖息于土缝或叶背，清晨、傍晚和夜间活跃。5月下旬开始产卵，成块产于叶片，6月下旬陆续孵化。幼虫期生活于土内，取食腐殖质和须根，对树体危害不大。随温度下降，幼虫下移，9月下旬到达60～80厘米深处筑土室越冬。翌春越冬幼虫上升至表土层继续取食，6月下旬开始化蛹，7月中旬羽化为成虫，在原处越冬。

华北地区大灰象甲1年发生1代，以成虫在土中越冬。翌年4月开始出土活动，先后取食杂草、果树和苗木的嫩芽及新叶。成虫6月陆续在折叶内产卵，卵期7天，幼虫孵化后入土生活，至晚秋幼虫老熟后在土中化蛹，羽化后成虫不出土即开始越冬。

成虫不能飞翔，主要靠爬行转移，动作迟缓，有假死性。白天静伏，傍晚及清晨取食活动。成虫寿命较长，可多次交尾，卵通常产在叶片上，产卵前先用足将叶片从两侧折合，然后将产卵管插入合缝中产卵，每产1粒卵少许移动，再产下粒卵，同时分泌黏液，将叶片黏合在一起，卵呈块状，每块30～50粒，产卵期长达19～86天，每头雌虫产卵374～1172粒。

（4）防控措施

①人工防控。

在成虫发生期内，利用其假死性及行动迟缓不能飞翔等特点，在9时前或16时后进行人工振树捕杀，振树前先在树下铺设塑料薄膜，然后将成虫集中消灭。也可用瓦楞纸或废旧纸箱，在距地面1米处围树干1周做成长30厘米左右的喇叭形，上小下大，上端用胶带固定、密封，向其内喷杀虫剂，杀死上树成虫。

②青草诱杀。

利用灰象甲喜食禾本科嫩草的特性，将禾本科嫩草剪成3～5厘米长的小段，喷施杀虫剂后拌匀，再堆在发生虫害区域，诱杀成虫。

③适当药剂防控。

大灰象甲发生为害较重的果园，在成虫出土期进行树盘表层土壤喷药，成虫上树为害期也可树上适当喷药。具体用药方法参考金龟子防控部分。

21.桑盾蚧

又名桃蚧壳虫、油桐蚧、桃蚧等。属同翅目盾蚧科。广泛分布于陕西、辽宁、河北、山西、四川、云南等地。在果区发生较为严重，为害核桃、苹果、梨、桃、泡桐、桑等果树及林木。

（1）为害症状

以雌成虫和若虫群集固着在核桃树枝干上，以针状口器刺入树干皮层内吸食养分。严重时，介壳密集重叠覆满枝干，成一层白粉。被害树枝干表面凹凸不平，不能正常放叶生长，削弱树势，以致整枝整株萎缩、干枯，逐渐死亡。

（2）形态特征

①成虫。

雌雄异型。雌成虫无翅，梨形，枯黄色，体长约1.3毫米，体上圆形、灰白色介壳，介壳长2～2.5毫米，背面稍隆起，壳点橙黄色，偏生于壳的一方。雄成虫橙黄色，体长0.6～0.7毫米，前翅无色透明，后翅退化为平衡棒，触角10节，各节具长毛。介壳长筒形白色，背面有3条隆起线，壳点位于介壳的前端，橙黄色。

②卵。

椭圆形，长0.2～0.3毫米，白色或橙红色。

③若虫。

扁圆形，有足，雄若虫体白色，由白色卵孵出；雌若虫体橙红色，由橙红色卵孵出。

④雄蛹。

椭圆形，橙黄色。

（3）生活史和习性

在陕西及北方各省每年发生2代，江苏、浙江、四川等地每年发生3代，广东、台湾每年发生5代。以受精的雌虫在枝干上越冬。四川是翌年3月上中旬（核桃树开始萌动）开始吸食为害。4月上中旬产卵于蚧壳内，雌虫产卵量50～153粒。产完卵后，虫体腹部缩短，体色变深，不久干缩死于介壳内。卵期7～15天，4月下旬至5月上中旬（新梢生长期），第一代若虫出现。初孵出的若虫爬出蚧壳，在树枝的新皮上用口针插入皮层吸食汁液，并分泌蜡质形成介壳覆盖于体上。随虫龄增大，覆盖虫体的蚧壳也逐渐增大，不久便蜕皮。经第1次脱皮后，成群固定在枝干上为害，不再移动。雌若虫脱皮3次后变为成虫，雄若虫脱皮2次后变为蛹，蛹期约7天，于6月中旬出现第一代成虫。羽化的雄虫能飞行爬动，经交尾后很快死亡，寿命仅1天左右。

第二代在7月中下旬，第三代在9月上旬，直到11月以受精雌成虫越冬。核桃树以主干和2～3年生枝条受害最重，严重时蚧壳密集重叠，枝干上似挂一层棉絮。被害植株枝干表面凹凸不平，春、秋发芽迟缓，生长衰弱，甚至全株枯死。一般新感染的植株雌虫数量较大，感染已久的植株雄虫数量逐渐增大。气候和天敌是影响桑盾蚧发生的重要因素，一般阴湿的林地有利于其发生。秋季高温干旱，不仅能抑制蚧壳虫的发生，而且寄生桑盾蚧雌虫的桑蚧蚜小蜂也可进一步抑制其发生。

（4）防控方法

①农艺措施。

采果后，及时进行修剪，对受害重的枝条剪除烧毁，控制枝条密度，以便树冠通风透气，创造有利于核桃树生长而不利于桑盾蚧繁衍的环境条件。冬季，对受害重的枝干，可用人工刷除，或涂泥浆及石硫合剂渣子，直接杀死或闷死越冬成虫。

②生物防控。

保护桑蚧蚜小蜂和瓢虫等天敌，防治桑盾蚧。

③化学防控。

一是春季（核桃发芽前）喷施3～4°Bé石硫合剂，防治越冬成虫，效果较好。二是若虫孵化期，喷施40%毒死蜱1000倍液或40%马拉·毒死蜱1000～1500倍液、2.5%高效氯氟氰菊酯1000～1500倍液、70%吡虫啉水分散粒剂8000～10000倍液、10%吡虫啉3000～5000倍液、10%氯氰菊酯乳剂6000～8000倍液防治成若虫，7～10天再喷1次，连续2～3次，杀虫效果均达95%以上。三是若虫分散为害，或已分泌蜡粉的虫体，喷撒含油量0.2%～0.4%的黏土柴油乳剂。配法为轻柴油加干黏土粉（过细罗）加水按1∶2∶2的比例先将柴油倒入黏土粉中，搅成糊状，再将水慢慢倒入，边倒边搅拌，即成含油量2%的原液，然后按需要喷洒浓度加水稀释使用，随配随用。四是若虫固定树干后，在树干基部两面交错开口，涂10%吡虫啉稀释剂1000倍液。

22.蚜虫

蚜虫又称腻虫、蜜虫、油汗等，为半翅目蚜总科害虫，种类多，世界已知约4700余种，中国分布约1100种，其中250多种是植物上的主要害虫，是害虫中种类最多的，为害粮、棉、油、麻、茶、糖、菜、烟、果、药和树木等。具有繁殖速度快，繁殖能力强，为害严重等特点。

（1）为害症状

蚜虫为害分为直接为害和间接为害，直接为害以成虫和若虫刺吸果实等植物的汁液，造成叶面卷缩，嫩茎扭曲，生长点坏死，造成落花落果、畸形生长，甚至减产；间接为害是指蚜虫在直接为害的同时，还能传播多种病毒病，造成植株生长缓慢，叶片黄化、变形，造成更严重的危害。

（2）形态特征

前翅4～5斜脉，着生于触角第6节基部与鞭部交界处的感觉圈称为“初生感觉圈”，生于其余各节的叫“次生感觉圈”。蚜虫为多态昆虫，同种有无翅和有翅，有翅个体有单眼，无翅个体无单眼。具翅个体2对翅，前翅大，后翅小，前翅近前缘有1条由纵脉合并而成的粗脉，端部有翅痣。第6腹节背侧有1对腹管，腹部末端有1个尾片。其中小蚜属、黑背蚜属及否蚜属为中国特有属。

体长1.5～4.9毫米，多数约2毫米。有时被蜡粉，但缺蜡片。触角6节，少数5节，罕见4节，圆圈形，罕见椭圆形，末节端部常长于基部。眼大，多小眼面，常有突出的3小眼面眼瘤。喙末节短钝至长尖。腹部大于头部与胸部之和。前胸与腹部各节常有缘瘤。腹管通常管状，长常大于宽，基部粗，向端部渐细，中部或端部有时膨大，顶端常有缘突，表面光滑或有瓦纹或端部有网纹，罕见生有或少或多的毛，罕见腹管环状或缺。尾片圆椎形、指形、剑形、三角形、五角形、盔形至半月形。尾板末端圆。表皮光滑、有网纹或皱纹或由微刺或颗粒组成的斑纹。体毛尖锐或顶端膨大为头状或扇状。有翅蚜触角通常6节，第3或3～4或3～5节有次生感觉圈。前翅中脉通常分为3支，少数分为2支。后翅通常有肘脉2支，罕见后翅变小，翅脉退化。翅脉有时镶黑边。身体半透明，大部分是绿色或是白色。

蚜虫分有翅、无翅两种类型，体色为黑色，以成蚜或若蚜群集于植物叶背面、嫩茎、生长点和花上，用针状刺吸口器吸食植株的汁液，使细胞受到破坏，生长失去平衡，叶片向背面卷曲皱缩，心叶生长受阻，严重时植株停止生长，甚至全株萎蔫枯死。蚜虫为害时排出大量水分和蜜露，滴落在下部叶片上，引起霉菌病发生，使叶片生理机能受到障碍，减少干物质的积累。

蚜虫英文名为aphid ，亦作plant louse、greenfly或antcow。体小而软，大小如针头。腹部有管状突起（腹管），蚜虫具有一对腹管，用于排出可迅速硬化的防御液，成分为甘油三酸酯，腹管通常管状，长常大于宽，基部粗，吸食植物汁液，为植物大害虫。不仅阻碍植物生长，形成虫瘿，传播病毒，而且造成花、叶、芽畸形。生活史复杂，无翅雌虫（干母〔stem mother〕）在夏季营孤雌生殖，卵胎生，产幼蚜。植株上的蚜虫过密时，有的长出两对大型膜质翅，寻找新宿主。夏末出现雌蚜虫和雄蚜虫，交配后，雌蚜虫产卵，以卵越冬蚜虫最终产生干母。温暖地区可无卵期。蚜虫有蜡腺分泌物，所以许多蚜虫外表像白羊毛球。可用农药或天敌（瓢虫、蚜狮、草蛉等）防治。蚁保护蚜虫免受气候和天敌危害，把蚜虫从枯萎植物转移到健康植物上，并轻拍蚜虫以得到蜜露（蚜虫分泌的甜味液体）。

（3）生活习性

蚜虫在南方无越冬现象，在北方以成虫越冬为主，也可以受精卵越冬，在桃树、小麦、温室大棚内等处越冬，春季温度适宜时，卵孵化为干母，孤雌繁殖2～3代。初夏发生有翅迁移蚜转移到蔬菜、果树、棉花、小麦等作物上为害，孤雌繁殖数代至20～30余代，秋末产生有翅的性母蚜和雄蚜从第二寄主再次迁飞到第一寄主上。有翅性母卵胎生出雌性蚜，雌蚜与有翅雄蚜交配产卵进行越冬。蚜虫繁殖速度很快，1年发生20～30多代，是繁殖最快的害虫。蚜虫还可通过随风飘荡的形式进行扩散传播。排泄的蜜露使植株叶片表面油光发亮，诱发叶面煤污病，影响叶片的正常代谢和光合作用。

（4）防控方法

①农艺措施。

冬前深翻土壤，多施有机肥料，少施氮肥，提高树体的抗病能力，及时中耕除草，园地覆盖，合理修剪，通风透光。同时，冬春季刮刷树干上的老翘皮并烧毁或深埋，消灭越冬卵，并及时清理修剪的枝梢。

②生物措施。

有条件的利用蚜虫的天敌进行防治，如捕食性瓢虫、食蚜蝇、草蛉、寄生蜂和蜘蛛等。

④物理措施。

及时清理残枝落叶，剪除被害枝梢、残花，集中烧毁，降低虫口。秋冬季在树干基部刷白，防止蚜虫产卵。用黄板诱杀蚜虫的成虫，地面铺设银灰膜驱赶蚜虫。也可在树干下部绑缚一圈宽25厘米左右的塑料布，上面涂一层粘虫胶，阻挡上树蚂蚁搬运蚜虫。

成虫采用黑光灯和糖醋酒液诱杀。选择红糖、白酒、醋、清水，按照1∶1∶4∶16的比例配制糖醋酒液，方法是先把红糖和清水用锅煮沸，倒入醋后停火冷凉，然后再倒入白酒搅拌均匀，最后在装塑料瓶内（占容器的一半，瓶上部打1厘米孔），挂在树冠外围，每667平方米挂10～20个，以诱杀成年蚜虫。

④药剂防治。

首先，萌芽前喷施4～5°Bé石硫合剂清园，杀死越冬卵，降低当年繁殖基数，还可兼治叶螨、介壳虫等。

其次，在榆荚变黄、杨柳飞絮或刺槐开花即初夏时，蚜虫开始孵化，喷施20%氟啶虫酰胺或20%氟啶虫胺腈·吡蚜酮、50%氟啶虫胺腈、40%氟啶虫胺腈·乙基多杀菌素、46%氟啶·啶虫脒、10%吡虫啉、50%抗蚜威、2.5%溴氰菊酯、20%甲氰菊酯、50%马拉松、1%苦参碱、25%吡蚜酮、1.8%阿维菌素、50%杀螟松、1.5%除虫菊酯、25%氰·锌乳油、50%辟蚜雾、50%辛硫磷等，做到干、枝、叶、芽和花穗全面着药，不留死角。如果1次喷药效果不够理想，可间隔1周连喷2～3次，防控第一代蚜虫。

二、鼠害防控

（一）中华鼢鼠

又名方氏鼢鼠、瞎老鼠、瞎狯、瞎瞎等。多分布于内蒙古、山东、陕西、河南、宁夏等地。

1.危害症状

以植物的根和幼芽为食，秋季主要啃食果树及林木树根。一般啃食1～5年生核桃幼树树根，造成树势衰弱，甚至主根被切断后而死亡。

2.形态特征

体矮胖，长15～27厘米；尾毛很短，长3～6.5厘米，无耳壳，眼很小，几为毛所掩盖。肢短而壮，前肢爪特别长大，用以掘土。毛细而柔。体一般全身淡粉红褐色或赤褐色，腹面略淡。通常额部有一亮白毛区。

3.生活习性

主要栖于土壤肥沃、疏松，质地均匀，岩石较少及杂草茂盛的向阳荒地、沟谷、坡麓和山湾缓坡之中。终年营穴生活，洞道复杂，长可达数十米，除繁殖季节外，一般均为雌雄分居，一洞一鼠。

4.有效鼠洞的判别

（1）有鼠洞判别

中华鼢鼠的潜藏处洞壁光滑，土壤湿润，洞底有爪痕即为有鼠洞；鼠洞剖开，若有小蝇蚊往洞里钻，即可判断此洞为有鼠洞；翻土丘土壤新鲜，可判定为有鼠洞。

（2）鼠的去向判别

洞底爪印显著，可判定中华鼢鼠向上跑去；洞底出现两道浅底痕，中间拉下一条细线，判定中华鼢鼠被吓跑；洞的两侧挂有毛，顺毛根的方向为中华鼢鼠的去向；新洞顶上鼻印深的一面是中华鼢鼠的走向。

5.防控方法

（1）人工捕捉

鼢鼠活动，春季从春分到小满，秋季从秋分到寒露，一般每天上午8～12点活动最频繁，有时下午3～4点也活动，其他时间活动少。活动高峰期为下雨前、刮风天、阴天或天气要变坏的前夕。凡地面土堆形成直线者为雄，曲线者为雌。捕捉方法主要有刨洞法、脚踩法和手抓法。

①刨洞法。

用轻便的小镢头，当发现新土堆时，按鼢鼠掘洞规律，先判断雌、雄，确定鼠洞在土堆的左侧还是右侧，从新土堆往后数第三或第二个土堆上，在事先确定准的鼠洞上面，迅猛刨挖，立即将镢头拔出，一只手伸进洞中抓住鼢鼠。

②脚踩法。

用脚踩，鼠洞立即塌陷，露出洞口，将手伸进洞中捉鼠。

③手抓法。

鼢鼠在梯田、果园及深沟附近时，可选择适当位置，用镢头刨开洞口，将手伸进洞中捕捉。

（2）生物防控

①招引天敌。

黄鼬是中华鼢鼠的天敌，因此，在果园附近建造黄鼬（黄鼠狼）的栖息场所。方法是在果园附近把树枝和杂草堆成长2米、宽2米、高1米的堆，草在上部，以降雨不漏为宜。堆间距100～300米，堆内或周围撒放少量谷物、豆类，有利于招引黄鼬营巢。

②设立猛禽栖息支架。

在果园附近埋设4～5米高的带有2杈或绑有长3～4米槽杆的木杆，一定要埋牢，手摇不动，10亩果园设立1个支架。

③堆石引蛇。

在果园边堆放直径25厘米以上的河卵石或料缰石石堆，两层为宜，占地约2平方米，堆放时要留空隙，每10米堆一堆石头。

④植物诱集扑杀。

在鼢鼠较多的园地，可种植党参、大葱、洋芋等鼢鼠喜欢吃的植物，引诱鼢鼠集中到一块地段，用地弓、地箭及鼠夹等进行人工扑杀。

（3）物理器械灭鼠

①灌水法。

适宜于离水源近和土壤致密的地块。先把有效洞口挖成漏斗状，将水灌入，待水灌满后观察水面有无小气泡出现；若有气泡连续冒出，说明鼠已喝水。如没淹死，稍停就会出洞，鼠一出洞立即捕杀。

②烟熏法。

挖开有效洞道，在洞口堆放干锯末、干辣椒及少许柴油再点火，将烟吹进洞内，鼢鼠被烟熏后，在洞中被熏死或熏出洞外被捕杀。

③丁字形弓箭法。

用丁字形弓箭灭鼠速度快、准确率高，操作方便。安弓时，箭头离洞口一般约6～8厘米，将箭头插入洞中，并将其下的表土掏净，再用土将弓背固定好，将钢钎提起，用撬杆固定，然后用手掌捏成的土块连同塞洞伐一起封洞，土块要中间厚，四周薄，湿度适中，不能封得过死，土块贴洞的一面要求人手未接触过。如果鼢鼠触动封洞的土块时，塞洞线即脱落，引发撬杆松开，钢钎借助橡皮弹力射下，正好射中鼠体。

④竿套捕鼠法。

取长约90厘米弹性较强的竹条或柳条，在一端拴一个用18厘米长的麻绳（尼龙也可）结成的活套。再备一个长约5厘米的小木桩固定挑竿。布放时，将洞口铲至与地面垂直，挑竿基部插在距洞口约50厘米处，挑竿顶部弯向洞口，打开活套，对准洞口，用插在洞旁的小木桩挡住挑竿。待鼠通过时便可勒住，鼠一挣扎，就会使挑竿脱离小木桩而将鼠挑起。

（二）松鼠

也称灰鼠、毛老鼠、毛格列。主要分布在东北、西北地区。

1.危害症状

嗜食松子和核桃等果实，有时也食昆虫和鸟卵。核桃果实成熟前后，松鼠爬树食害，盗藏果实，在山坡、沟畔附近的核桃树受害严重，甚至无收获。

2.形态特征

体长20～28厘米，尾蓬松，长16～24厘米。体毛灰色、暗褐色或赤褐色，腹面白色。冬季耳有毛簇。

3.生活习性

多栖于树林、丘陵灌丛、沟缘、梯田侧畔。用树叶、草苔筑巢，可利用鸦、鹊的废巢。年产仔1～4窝，每窝5～10仔。

4.防控方法

（1）石压捕杀

在核桃成熟前后，在树下或岩下松鼠常活动的地方，用一细木棍支一块石板，在木棍一端用线穿绑煮熟的玉米粒，待松鼠偷食时，棍倒板塌，压死松鼠。

（2）树干倒绑松枝

在松鼠危害严重的地方，先砍去核桃下垂着的枝条，防止松鼠顺枝上爬，然后在树干上转圈倒绑松枝，并在上面撒些生石灰。松鼠上树时，针扎灰眯，难以上树取食。

（3）养猫捕杀

自养家猫，在捕鼠期间不喂食，并放于松鼠活动区，让其捕捉。

（4）鼠夹捕杀

利用八号铁丝或细钢筋握制直径15～20厘米半圆形鼠夹，在松鼠经常活动的地方。埋设鼠夹，用核桃或熟玉米粒作诱饵捕杀。

（5）电猫捕杀

在树下或松鼠常活动区设置电猫，进行捕杀。

（6）悬尸警示

将捕捉到的活松鼠或死松鼠，用绳悬于树上或松鼠经常活动的地方，松鼠见后受惊吓，逃离此处。

三、晚霜防御

晚霜是指发生在春季植物萌芽后，使植物幼嫩组织受到冻害的霜冻，俗称“倒春寒”。晚霜属气象灾害，对核桃产量影响很大，其发生有一定的规律性。在一定条件下，晚霜是可以防御的。

（一）晚霜发生条件及原因

1.发生条件

天气晴朗（无云或少云）、无风或微风、空气湿度及低温条件的夜晚容易发生辐射霜冻；丘陵、山地冷空气积聚谷地（尤其是“V”形谷地）易发生霜冻；冷空气易于集聚的地方（如树冠下部）受霜冻比较重；土壤干燥而疏松，容易出现霜冻，沙土比壤土、黏土霜冻多，而种植密度大和园地植被密度大的霜冻较重；冷气团入侵或大风、降雪等气象条件极易造成或加重晚霜危害程度。

2.发生原因

早春，如果出现气温偏高天气，持续天数较长，若再遇到凌晨时气温骤然降至0℃以下时，就会发生晚霜，核桃就会遭冻害。晚霜对核桃树造成冻害的程度与晚霜出现的时间和晚霜发生时地面温差密切相关。霜冻时凌晨地面出现冷湿气层，温度降低到0℃以下，会使枝条、花芽、花朵等器官受冻。

（二）晚霜发生特点与危害特征

1.发生特点

根据霜冻发生时的条件与特点不同。霜冻一般可分为 3 种类型。

（1）辐射霜冻

一般多在晴朗（无云或少云）、无风或微风、空气湿度不大的夜晚产生，由于地面和地被物表面大量向外辐射热量而形成，可使近地面空气降到0～–2℃。多发生在川道、沟谷及山麓。辐射霜的强度一般较弱，涉及范围较小，持续时间短（持续3～7小时），危害较小，可以防御。

（2）平流霜冻

平流霜冻是由北方冷空气侵袭而形成，伴有大风，可使近地面气温降至–1～–6℃。多发生在迎风的沟谷、山坡、山顶以及冷空气侵袭的区域。平流霜强度大，涉及范围大，持续时间长（可持续1～2昼夜），危害严重（迎风面更大）。一般防霜措施效果不大，但不同的小气候条件之间却有很大差异。

（3）混合霜冻

混合霜冻是先有冷空气入侵引起温度急剧下降，夜间又由于辐射冷却作用继续降温，常伴有大风，甚至降雪，使温度降到–4～–9℃，甚至可达–10℃。混合霜强度最大，涉及区域最大，持续时间最长（持续2～3昼夜），危害最严重。目前，无任何措施可防御。

2.危害特征

晚霜对核桃的危害部位与程度因霜冻种类、强度及持续时间而异。对核桃幼芽、花、幼果及嫩梢危害较大。在核桃萌芽后，若温度降到–1～–2℃，花和果容易受冻；温度降到–2～–4℃，嫩梢容易受冻。辐射霜冻一般在核桃发芽至展叶期发生较多，常使低洼、沟岔、山麓的局部核桃树受冻而使部分花果、幼叶受冻造成减产。

平流霜冻常使迎风山坡、山顶及沟谷的核桃树的花、果受冻严重，甚至绝收，部分嫩梢受冻而发黑。混合霜冻是核桃生长发育的“致命杀手”，常使发生区花、果、嫩梢被冻死而重发新枝，部分弱树也被冻死。同时，腐烂病和溃疡病重度发生。

由于晚霜发生较频繁，黄土高原核桃产量不稳，产量曲线形如“驼峰”。在部分产区，群众有“五年一丰二平二欠收”之说。

（三）晚霜冻防御措施

1.选育避晚霜品种

避晚霜品种既可从国内外现有的核桃资源中筛选4月中下旬才萌芽的品种，也可从耐冻优株中筛选培育，还可以将中国核桃品种与美国的、法国的进行杂交，从中选育发芽晚、品质好的品种。据引种试验，强特勒、维纳、元林、秋香、寒丰等品种在陕西渭北地区发芽较晚，有一定的避晚霜作用。

2.熏烟增温

熏烟法是利用可燃物或烟剂产生的烟，加热果园局部的冷空气，形成高于周围冷空气1～2℃的烟雾气团，使果树幼芽、嫩枝、花及幼果避免遭受霜冻危害。特点是加热的烟雾气团能在空间自行扩散，在气流的扰动下，能扩散到较大的空间中和较远的距离，沉降缓慢，烟雾可沉积在果树的各个部位。实践证明，以村为单位或一个流域内多村联合，同步熏烟，该区域内的果树可避免霜冻危害或危害较轻。熏烟法对辐射霜冻防御效果好，对持续时间长的平流霜冻和混合霜冻几乎无效果。生产中常用发烟堆和地坑式熏烟两种方法。

（1）发烟堆法

提前准备大量作物秸秆、枯枝落叶或杂草等作燃料，中间放干燥的树叶、草根、锯末等易燃杂物，外面再盖一层薄土。发烟堆以能维持4～5小时为宜。

发烟堆事先布设在果园四周和内部，须在上风方向10～15米左右的距离内每间隔8～10米布设一个烟堆，一般5～10堆/667平方米。选择在远离树体，在距离树体约1.5～2米处选择较为宽阔的区域进行布设，严禁将发烟堆布设在树体正下方或有其他易燃杂物堆积的区域。

根据天气预报，密切关注风向，在晚霜来临的晚上12时左右，先点燃上风方向的发烟堆3～5堆，果园内部及下风方向视烟雾覆盖情况。风向变化时，再点燃处于上风方向的。注意控制火势，以暗火浓烟为宜，整夜坚守，避免引发森林火情。

（2）地坑式熏烟法

地坑式熏烟法是一种设施熏烟，又称地坑式防冻窖。优点是烟雾大、持续时间长、易建造、易操作、效果好。

防冻窖的布设与发烟堆基本相似，不同点是上风方向数量较多，间距6～10米，上风方向区域布设防冻窖8～10个，果园内部2～3个。

方法是挖长1.5米、宽1.5米、深1.2米的方坑或直径为1.5米、深1.2米的圆坑，最好用砖加固。在窖底挖一个宽0.3米、深0.2米的通风道，在后侧面挖同规格的通风道，二者连通。预备一个比通风口稍大的小木板，在底层秸秆燃透后，利用木板调节通风口的大小，控制燃烧达到熏烟的最佳效果，延长熏烟持续时间。

燃料填充，在通风道与通风口各放一根粗10厘米左右的木棍靠近坑底，并踏实、踩平；在底层垫一层厚10厘米的易燃秸秆、落叶，再垫一层厚20厘米较细的果树枝条，也要铺平、踩实；再填粗一点的枝条或木棒，将剩余的空间填满、踩实，否则，填充不实，空间大，易燃烧，会造成熏烟效果差，持续时间短。最后用锯末、细草和成稠泥封顶（切记不要用土封顶）。封顶时留单口排烟或多口排烟道（周边的缝隙尽量要封实、保证不燃烧，熏烟效果好）。同时，准备一些废弃的柴油在排烟口中注入，起到烟雾缭绕的最大效果。点燃时，在通风口将通风道的木棍取出，短时间内可形成大量的烟雾。

3.地表覆盖

结合土壤管理，用作物秸秆、草木灰、牲畜粪便等覆盖树盘，保温，以减少地面辐射损失。幼树下覆盖地膜，也能减轻地面辐射，减轻危害。

4.霜前灌水

有条件的地方，可在霜冻发生前灌1次透水，有利于增加地表空气温度。

5.搅拌空气

在霜冻发生条件下，往往伴随“上热下冷”的逆温现象，造成近地面空气温度降到0℃以下，从而使植物幼嫩组织遭受冻害。甘肃天水锻压机床（集团）有限公司借鉴“国外在霜冻发生时，使用直升机上下翻滚飞行，搅拌混合空气以消除逆温，相应增加地面温度，达到防御霜冻”的做法，成功研制果园防霜冻风机。该风机高度8米，顶端装有两片长度为2米的巨型风扇叶片，以5.5kW、380V交流电机为动力，微电脑自动控制。在早春晴朗无风或少风的夜晚，地面辐射散热增多，导致植物表面温度迅速下降，当近地面温度下降到接近0℃时，风机即可自动启动，风扇叶片的工作转速为980转/分钟，扇头在水平方向可实现360°全方位自行旋转，旋转速度为每5分钟一圈，风叶主轴向下倾角为10°。风机启动正常运转后，利用风叶扫风扰动果园内近地面逆温层气流，可致方圆100多米范围内逆温层的冷热空气加速循环，并将上方的暖空气强制吹向下方近地面低温层，提高近地面低温层的空气温度，从而可有效预防或减轻辐射霜的发生。

6.冻后复剪

霜冻发生后，受冻的枝条消耗大量水分，致使芽难以萌动，或萌芽晚，新梢生长慢，甚至大枝干枯，树势变弱，易受蠹虫侵害，造成个别树体死亡。因此，平流霜冻或混合霜冻发生后，必须及时剪除受冻部位，促进枝条萌发，增强树势，为来年结果打基础。

7.花粉贮藏及人工授粉

早实品种核桃在主芽冻死后，副芽萌芽后还有雌花，此时无雄花或雄花极少，往往因为授不上粉而早期落花落果。在未发生晚霜的核桃产区采集雄花粉进行人工授粉。也可在丰年采集核桃雄花粉，贮藏在–196℃液氮中备用，贮藏期可达2年。

8.病害防治

晚霜危害后，往往发生多种病虫。2010年4月10日，陕西渭北地区持续3天晚霜降雪天气，核桃腐烂病、溃疡病等次生病发病株率平均达12.6%，个别园地高达45%。因此，晚霜过后，务必积极防治病虫害。

四、雹灾后修复

核桃遭受雹灾后，果实受伤、脱落，部分叶片受损、脱落，部分嫩枝条也受伤或折断，光合作用减弱，营养供给不足，树势将衰弱，进而影响到果壳硬化、内含物充实、种仁饱满及质量。若正值核桃硬核初期和炭疽病高发期，雹灾造成果实、叶片及枝条的伤口为病虫害的蔓延及暴发创造了有利条件，削弱了树势，不仅影响当年产量和质量，而且影响来年产量，甚至树死园毁。因此，受灾后，务必及时采取修复措施，护叶控病，尽快恢复树势，促进树体及果实生长发育，为来年丰产奠定基础。

（一）人工修复

及时剪除受伤严重的枝条，捡拾落果落叶，深埋，减轻病虫基数。重点做好当年嫁接树的管理。

（二）叶面喷肥

喷施叶面肥或磷酸二氢钾600倍液。阴天或晴天上午10点前、下午4点后喷施，叶正反面及嫩枝条务必到位。喷施2～3次，间隔期7～10天。喷后2小时遇雨，雨晴后补喷。以加快树势恢复，促进果实发育，减轻灾害损失。

（三）病虫防控

在喷叶面肥的同时，观察预测病虫害发生动态，尤其病害防控。喷施甲基托布津或多菌灵800倍液，重点防控炭疽病。若发现腐烂病、溃疡病，及时刮病斑，涂抹勃生涂干肥或防治腐烂病药剂。若发生细菌性黑斑病，用农用链霉素2000倍液防控。若叶甲等虫害发生，叶面肥中添加菊酯类农药即可。

第五节　采收及采后管理

一、科学采收

（一）采收时期

核桃从雌花授粉、子房膨大到果实成熟约需130天左右，其中：最初30～35天，果实体积迅速膨大，达到总体积的90%以上；再经过90天左右进入果实成熟前期，果实体积无大的变化，但其重量仍在继续增加，直到成熟。据研究，8月中旬至9月中旬，出仁率平均每天增加1.8%，脂肪增加0.97%；成熟前15天内，出仁率平均每天增加1.45%，脂肪增加1.05%；成熟前5天内，出仁率平均每天增加1.14%，脂肪增加1.63%。成熟期采收核桃，几乎成为果农的“习惯”。随着市场经济的深度发展和人民物质文化生活水平的不断提高，人们的需求多元化，鲜食核桃备受青睐，成为时尚。因此，核桃采收期并非一成不变，根据经营目的和营销需要科学决策。如鲜食核桃，根据客户需求，进入油化期到采收期均可采摘、销售，甚至可提前到油化期之前。

以生产坚果、仁及其深加工产品为目标，应在成熟期采收。采收过早，青皮不易剥离，种仁不饱满，种皮皱缩，口感涩苦，出仁率低，含油率也低，且不易贮藏，直接影响核桃产量和质量；采收过晚，落在地上（不及时捡拾）和挂在树上的果实，核仁颜色变深，若遇阴雨，将增加霉菌感染的机会，导致坚果品质下降。

核桃的成熟期因品种和气候不同而异。早熟品种与晚熟品种的成熟期相差10～25天。北方核桃成熟期多在9月上中旬（即白露前后），早熟品种最早在8月上旬成熟。同一品种在不同地区内的成熟期并不相同。在同一地区内，原区比山区成熟早，低山区较高山区成熟早，阳坡比阴坡成熟早，干旱年份较多雨年份成熟早。如香玲在陕西省渭北地区9月中旬成熟，清香在9月下旬成熟。

核桃果实成熟的特征：青果皮由深绿或绿色变为黄绿色或淡黄色，茸毛稀少，果实顶部出现裂缝，与核壳分离；内隔膜由浅黄色转为棕色，种仁饱满，胚成熟，子叶变硬，风味浓香。目前，在生产中大多数果农采收偏早，不易脱皮和清洗，致使果壳脱皮不净，果仁不饱满或干瘪，商品质量不高，导致“丰收不增收”。因此，必须因地因品种制宜，做到适时采收。

核仁成熟期为采收适期。当80%的果柄处形成离层，约1/3以上的果苞自然开裂时，采收最佳。

（二）采收方法

核桃采收，目前有人工和机械两种方式。

1.人工采收

人工采收又分为采摘和敲打两种方式。采摘多用于作为鲜食销售和鲜贮的品种，特点是果面保护完好、利于精选，但费时费工、成本高。人工敲打是核桃生产中主流的采收方式，在果实成熟期用竹竿或弹性较大的长木杆敲击，直接击落果实或敲击果实所在的枝条。敲打时，应该从上向下、由内向外顺枝进行，以免损伤枝芽，影响翌年产量。注意，不同品种要单独采收。特点是果面大多受损，省力省时、成本较低，用于干果生产。

2.机械采收

美国是世界上运用机械采收核桃的国家，有成熟的采收机械。在采收前先喷乙烯利催熟，再用机械震动树体，机械捡拾和运输果实。特点为成熟期统一，机械采收效率高，利于商品化。但乙烯利催熟，如果浓度不当，往往造成叶片早期脱落而削弱树势。乙烯利是内源激素，在果实成熟期会自动产生，但其在果实含量非常小，而喷施的乙烯利为化工产品，与有机生产理念相悖。美国核桃虽然属高端产品，但是不属于有机产品。

美国核桃采收机械体型庞大，不适用于我国。近年来，我国核桃主产区的科技工作者也着手核桃采收机械的研究，目前有传动杠摇晃主干式和转向柔性摇晃主枝式机械，大幅度节省了人工成本，但仍处于研发试验阶段，有待进一步深度研究和完善。

二、果实商品化

（一）果实处理

核桃果实一般需要经历形态成熟和生理成熟，形态成熟时采收，果实处理就是加速生理成熟，促进果皮与果核分离。果实处理有堆沤法和药剂法两种。

（1）堆沤法

堆沤法处理果实，最常用，也最原始。方法是：将带青皮的果实运到阴凉的庭院或室内，堆成50厘米高的堆（堆积过厚易腐烂），切忌在阳光下曝晒。若在果堆上加一层厚10厘米的干草或树叶，则可提高堆内温度，促进果实后熟，加快脱皮速度。一般堆沤5～8天，80%离皮即可。堆沤时，经常查看，堆沤时间不能太长，否则，果皮变黑，甚至腐烂，污液渗入壳内污染种仁，降低坚果品质和商品价值。

（2）药剂法

药剂法即用乙烯利浸泡催熟，近年来部分大户使用。实践证明，乙烯利浸泡缩短了堆沤时间，减轻果实污染，成熟整齐，利于商品化处理，提高了坚果商品质量。方法是：将采收后的果实，在0.3%～0.5%乙烯利溶液中浸泡1分钟，按50厘米的厚度堆在室内或阴凉处，堆上加盖10厘米的干草或篷布，保持温度30℃、相对湿度80%～90%，2～3天可离皮。但是，在生产中个别群众为了快速脱皮，加大乙烯利浓度，致使核桃仁香味变淡，口感差。乙烯利是内源激素，也是催熟剂，促进器官老化。如果外来添加过量，势必对人们的健康产生影响。因此，在生产中，不提倡使用乙烯利脱皮方法，提倡“适时采收，自然堆沤，机械脱皮”。

（二）脱皮

脱皮方法分人工脱皮和机械脱皮。

1.人工脱皮

人工脱皮法是比较原始的方法。具体是：当堆沤的核桃青皮50%以上离皮时，即可用棍敲击脱皮，也可采用刀刻脱皮。对未脱皮者可再堆积数日，直到全部脱皮为止。一般来说，成熟度不好或瘪瓤核桃，脱皮困难，费时费力。

2.机械脱皮

机械脱皮法是目前比较先进的脱皮方法。具体是：把堆沤的90%以上离皮的果实，放入机械内进行脱皮。具有省力、成本低、效率高及商品率高等优点。目前核桃脱皮机的种类和款式多样化，按其脱皮的原理可分揉搓式、旋旋式、挤压式及离心式4种，各具特色，日益完善，无论哪种类型都具有成本低、效率高、破壳率低等特点。

（二）果面漂洗

脱皮的坚果要及时清洗，清洗用水为自来水或达到饮用水标准的河水、泉水。清洗方法分为人工清洗和机械清洗。任何一种方法，必须严禁使用漂白剂、洗洁精等化学物质及化学方法，严格控制二次污染（包括堆沤、脱皮、清洗、干燥及分级环节的二次污染），确保果品质量安全。

1.人工清洗

方法是将脱皮的坚果装筐（或笼），把筐（或笼）放在水池中（流水中更好），用竹扫帚搅洗。在水池中洗涤时应及时换清水，每次洗涤3～5分钟左右，洗涤时间不宜过长，以免脏水渗入壳内污染核仁。

2.机械清洗

将脱皮的坚果放入清洗机内，通入自来水，滚刷转动，清洗效果好，商品率高，效率是人工的5倍以上。

3.脱洗一体化

目前青皮核桃脱洗一体机的款式较多，脱皮和清洗同步。在节省劳动力和时间的同时，提高了工作效率和商品率，大幅度降低了生产成本。

（三）干燥

经清洗的坚果含水量往往超过30%，若不及时干燥，果壳发黏、霉变，坚果裂口，核仁褐变、酸败、霉变，轻者影响坚果外观质量，重者使核仁失去食用价值，变成废物。因此，必须及时进行干燥处理。

1.干燥原理

核桃属高油脂，其核仁含油率均在60%以上，且不饱和脂肪酸占油酸的90%以上，不饱和脂肪酸在高温条件下易分解。因此，必须采用低温干燥法。其原理是通过干热风把果壳和核仁中的游离水蒸发掉。温度过高，核仁被烤熟，甚至出油；温度过低，干燥持续时间过长，种仁变色，影响商品质量。试验结果表明，核桃烘烤最高温度应控制在43℃左右。

2.干燥方法

核桃坚果干燥方法包括晾晒和烘干两种。

（1）晾晒

晾晒是指将清洗后的坚果置于阳光下或通风处使其干燥。洗净的坚果应先摊在竹箔或荆笆上沥水，待壳面水分沥干、泛白后，再摊开晾晒，切忌在水泥地面上直接曝晒。湿坚果在强日光下水泥板曝晒，会使核壳翘裂、核仁颜色加深，影响其品质和商品质量。晾晒时，坚果摊放厚度不应超过两层，过厚容易发热，使核仁颜色变深，也不易干燥。晾晒时，要经常翻动，达到干燥均匀、色泽一致，注意避免雨淋和晚上受潮，一般经过5～8天即可晾干。晾晒过度，核仁易出油，降低品质。

（2）烘干

烘干是利用热风干燥原理，将干热风通入放湿坚果的烘房（池）或干燥箱内，通过热风循环，使其干燥。目前用于核桃的烘干炉有简易型和智能型两种类型。简易型烘烤炉是果农创造，在生产实践中不断完善，由烘池和烤炉组成，烘池规格为长5～6米、宽2.5～3米、高1.5米，砖砌，距底面50～60厘米加一层钢筋篦子，用钢管加固承重；烤炉不固定，用无烟煤、钢炭作燃料，用鼓风机将火苗和热量吹进篦子底，进行烘烤，一炉可烘烤3000～5000千克，具有投产少、操作简单、成本低的优点，但是，其质量取决于燃料，无烟煤和钢炭均含硫，对产品安全质量有潜在影响。

智能烤炉利用电脑控制温度和风循环，达到排湿、干燥的目的，自动化、智能化程度高。一般由加热炉和烘房两部分组成，加热方式为电热板、无烟煤。烘房规格为10.5米×3.5米×3米。一炉容纳12个万向轮推车（共576个托盘），可装湿核桃5000

千克左右。操作方法是，先将湿坚果装入托盘内，放入推车架内，推入烘房，按序排列。分时段设定温度，第一时段任务是排湿，时间设定8小时（雨天10小时），干球温度设定40℃，湿球温度设定35℃；第二时段任务是定仁色，时间设定15小时，干球温度设定45℃，湿球温度设定38℃；第三段任务是干仁，时间设定10小时，干球温度设定35℃，湿球温度设定33℃。各阶段，智能控制系统根据烘房内湿度，自动开启或关闭风扇、排湿窗，自动控制加热和风循环。特点是商品质量好，符合食品生产要求和新发展趋势。

烘干效果，坚果皮色自然黄色，干度均一，种仁色泽均一，主要为浅黄色，口感脆香。全封闭，无任何污染，商品质量和安全质量均高，有利于集约化和标准化生产，适宜大户和专业合作社，是产业发展的方向。

3.坚果干燥标准

如果坚果相互碰撞或敲击时，声音脆响。砸开检查，横隔膜极易折断，核仁酥脆，仁皮色由乳白变为淡黄褐色。在常温条件下，坚果含水量不超过8%，核仁约4%。

三、青皮废渣的无害化处理

核桃脱皮后的青皮废渣含有挥发油、脂肪酸、核桃多糖、胡桃醌及其衍生物等多种生理活性成分，所含次生物质如酚类、黄酮类、香豆素、萜类、甾类和有机酸等具有较好的农药活性。如果任意堆放，经雨水浸泡后，浸出液流入渠道、河（湖）中，就会使水质变黑，污染水体。青皮中的木质素碱性较强，在自然界中青皮不易腐烂，降解速度很慢，同时产生难闻的气味。如果掩埋或堆置在农田，还会导致当年庄稼难以生长，但经充分腐熟后却是优质有机肥，能够促进作物良好生长。经检测，核桃青皮含有机质约60%（纤维素18%、木质素40%）、氮0.30%、磷0.16%、钾3.68%，还含有较多的钙、铁、锰、锌、镁、铜等微量元素。目前有关核桃青皮的研究主要集中在有效活性物质的提取上，用于医药方面较多，国内尚无大型专业化厂家。作者采用无害化处理的生物发酵技术，将其堆制成有机肥，变废为宝，不仅可以减少对生态环境的污染，还可增加果农的经济收入。

（一）堆肥工艺原理

根据“好氧发酵”原理，采取平面条垛式地面无封闭堆置，以挤压粉碎的核桃青皮渣作为主原料，配以不同比例的玉米芯或动物（猪、鸡、牛、羊等）粪便，接种“金宝贝”1型和2型肥料发酵剂（即微生物菌剂）后，加入适量的尿素和熟石灰（或草木灰）调节堆沤物料中的碳氮比（最适宜的碳氮比为25～30∶1）和pH值（6.5～7.5）。再根据物料堆内部温度（50～70℃），适时翻堆，通过翻堆强制供给氧气，激活有益菌群，以利于好氧微生物菌自身繁殖，利用好氧微生物（如细菌、放线菌、真菌）产生的酶，将物料中的淀粉、纤维素、木质素、蛋白质等逐渐分解转化，形成腐殖质和可溶性有机质及其他多糖，促进作物生长。制备的有机肥，含水量25%～30%、有机质含量≥45%、氮磷钾含量≥5%，指标达到NY525—2012有机肥行业标准。

（二）堆肥步骤

1.堆肥时间

9～10月是核桃大量采收和脱皮的季节，青皮原料供应充足，气温较高，也是堆肥的大好时机，及时收集原料进行堆制。

2.场地选择

在好氧条件下发酵堆制，对场地要求不严格，不需要专用的发酵池。场地选择距脱皮场、果园或农田较近、背风向阳的地方，就近堆制，就地使用。

3.场地处理

场地要求长度不少于5米，宽度2～3米，也可根据地块和堆肥量适度增加长度和宽度。首先平整夯实场地，开挖“十”字形或“井”字形沟，深、宽各15～20厘米，在沟上纵横铺满质地坚硬的秸秆，作为堆肥底部的通气沟，并在堆肥中心和四周分别与地面垂直插入直径为5厘米的PVC管作为堆肥上下通气孔道。

4.原料选择与配方

配方一：原料选择核桃青皮、玉米芯、尿素、复合生物菌。堆制5立方米有机肥，按核桃青皮6吨+玉米芯4吨+尿素25千克+草木灰25千克+复合生物菌（拌麦麸）50千克。

配方二：原料选择核桃青皮、动物（猪、鸡、牛、羊等）粪便、尿素、复合生物菌。堆制5立方米有机肥，按核桃青皮6吨+动物粪便4吨+尿素25千克+复合生物菌50千克。

青皮废渣含水量大，pH值偏低，透气性差，这些因素直接影响堆肥的发酵速度和腐熟的程度，且生物活性菌种适宜的pH值为6～8.5，偏酸环境会直接阻碍菌种的繁殖甚至使其灭活，有机肥发酵菌多是好氧型，透气性差的物料将很难使发酵快速高效进行。配方一、配方二以核桃青皮渣为主料，配以一定量的玉米芯或动物粪便，一方面起到调节水分的作用，另一方面菌渣可以提高碳氮比（C/N），同时解决透气性问题。

堆肥时以尿素为氮源调节碳氮比（C/N），或草木灰用来调节pH值。

5.堆肥方法

（1）玉米芯粉碎

需要先用拖拉机将其碾碎至3～5厘米，备用堆肥。

（2）堆料发酵

先按重量比将配方的粉碎有机物料堆放在沤肥场地上，接种复合菌，混合搅拌均匀，再将搅拌均匀的物料堆放成底宽2～3米、高1.5～2米的梯形条垛进行发酵。在堆料过程中注意要调节物料水分（水分含量达到50%～60%，即用手紧握出水但不滴落）。

（3）温度测定

在发酵过程中，定时用温度计检查堆温，保持在50～70℃为宜。每天下午4点从堆肥的四边和中心测定温度（深度不低于50厘米），记下读数，计算其平均温度作为堆肥的发酵温度。同时记录周围环境的温度。

（4）翻堆后熟

堆料后一般5～7天温度达到50℃，每隔1天翻堆1次，翻倒过程中继续喷洒少量水。翻倒7～8次后，至发酵温度到达65～70℃时，静置2天，温度开始下降，当温度降到45℃左右时，停止翻堆，发酵结束（发酵时间15～20天），进入后腐熟阶段；再堆至2～3米高，进行第二次后熟阶段，大约25～30天，直至堆肥物料颜色变成黄褐色或黑色，即制作成有机肥料备用。40～50天，一般成为完全腐熟的有机肥。

6.贮存与施用方式

有机肥完全腐熟后，应在封冻前施入果园。若冬前来不及施用，为防止养分挥发，将其用塑料膜或细土覆盖（要求干燥、透气、密闭），到来年开春施用。堆肥作为基肥施用，幼树施肥量为5～10千克/（株·次），初果树10～15千克/（株·次），丰产果树15～20千克/（株·次）。最好当年用完，不宜堆放时间太久。

四、采后管理

秋季采收，冬季跟进，核桃园的管理非常关键。核桃园秋冬季管理，能有效增强树势、防冻、防风干、减少病虫害，为来年的生长发育及丰产稳产奠定基础，尤其在病虫害防治方面起到“四两拨千斤”的作用。其包括树体和园地管理。

（一）树体管理

树体管理上，重点念好“肥、剪、刮、涂、包、喷”六字经。

“肥”：按园地肥力状况和树龄巧施基肥。幼树多用环状沟施肥，大树用放射沟或深翻后全园撒施，也可机械开沟施肥。以农家肥为主，配施磷、钾等长效肥，经土壤微生物分解，为来年春季发芽、开花等提供肥力。秸秆还田时，加入适量尿素或碳酸氢铵，利于秸秆腐熟。

“剪”：利用农闲整形修剪。做到因品种、因树修剪，多短截主枝或侧枝，疏除下垂枝、交叉枝、细弱枝、干枯枝、病虫枝。盛果期树要求“落头”“开心”、通风透光，结果与生长协调共赢。

“刮”：对大树、老树有翘裂的树皮，为减少介壳虫、刺蛾类等害虫，用刮铲或砍刀把老皮刮掉，刮到新鲜处，涂抹石硫合剂、面粉与土壤混合物，烧掉刮下的老皮。

“涂”：对树体干部和主枝涂白，配方：15千克水、1千克石硫合剂原液、0.5千克面粉、0.5千克食盐、5千克生石灰、0.25千克猪油（或植物油），加热搅拌均匀后涂抹，能有效防虫、防冻、防日灼。

“包”：对当年新栽的幼树、芽接后的新梢，用报纸包裹，防止风干、受冻或抽条。也可以将幼树轻轻弯下树干，埋土防寒，在翌年3月初去掉包扎物或扒开埋土。

“喷”：对当年病害较严重者，全园（包括地埂地畔、树体）喷施5～10° Bé石硫合剂，也加入20～30ppm次氯酸钠和3%～5%碳酸钠混合液，彻底清理，降低越冬病虫基数。

（二）园地管理

园地管理，重点把“清、翻、扩、积”做到位。

“清”：及时清除枯枝落叶、落果、病虫枝、老树皮、荒草等，集中深埋或烧毁，注意离树要远，防止烧伤树体。

“翻”：上冻前，深翻园地，注意保护树下的粗根、大根，能减少病虫害，改良土壤，提高肥力。

“扩”：扩盘，机械翻耕不到位的树盘，进行人工扩盘，修成鱼鳞坑状，在主干处堆积成小土丘。

“积”：充分利用积雪。如果冬季降雪较多，把积雪铲至树干下的树盘内，既增加土壤水分，又能防寒。

第四章
商品化生产

Chapter 04

第一节　初加工

一、坚果和仁的加工

（一）坚果分级与包装

核桃品种较多，不同品种的果形、大小及壳的厚度等方面差异很大。同一品种，由于管理水平不同，结果部位不同，果形相似，但大小不一致。商品要求均一性强，核桃要进入流通领域，必须分级，以质论价。

作为商品的核桃坚果，要求充分成熟，壳面洁净，果形美观、大小均匀、缝合线紧密，未经化学漂洗处理，自然浅黄色；无露仁、虫蛀、霉变、异味、出油等，无杂质，易取仁；具有应有的气味和滋味，无异味。

核桃坚果按感官、物理等指标进行分级，一般分为4级，即特级、Ⅰ级、Ⅱ级、Ⅲ级（详见表4-1）。数量少时，人工分检；数量大时，多用机械分级，即核桃分选机。分级时，检出黑果、虫果、空果及破壳果。

表4-1　核桃质量分级指标

项目		特级	Ⅰ级	Ⅱ级	Ⅲ级
基本要求		坚果充分成熟，壳面洁净，缝合线紧密，无露仁、虫蛀、出油、霉变、异味等，无杂质，未经化学漂白处理			
感官指标	果形	大小均匀，形状一致	基本一致	基本一致	

表4-1（续）

项目		特级	Ⅰ级	Ⅱ级	Ⅲ级
感官指标	外壳	自然黄白色	自然黄白色	自然黄白色	自然黄白色或黄褐色
	种仁	饱满，色黄白，涩味淡	饱满，色黄白，涩味淡	较饱满，色黄白，涩味淡	较饱满，色黄白或浅琥珀色，稍涩
物理指标	品种纯度/%	≥95	≥90	≥90	≥80
	整齐度/%	≥95	≥90	≥90	
	壳厚度/毫米	0.8～1.5	0.8～2.0	0.8～2.0	0.8～2.5
	横径/毫米	≥30.0	≥28.0	≥28.0	≥26.0
	平均果重/克	≥12.0	≥10.0	≥10.0	≥8.0
	取仁难易度	易取整仁	易取整仁	易取整仁	易取半仁
	出仁率/%	≥50.0	≥45.0	≥45.0	≥40.0
	空壳果率/%	≤1.0	≤2.0	≤2.0	≤3.0
	破损果率/%	≤0.1	≤0.2	≤0.2	≤0.3
	黑斑果率/%	0	≤0.1	≤0.2	≤0.4
	含水率/%	≤8.0	≤8.0	≤8.0	≤8.0
化学指标	粗肪含量/%	≥65.0	≥65.0	≥65.0	≥60.0
	蛋白质含量/%	≥14.0	≥14.0	≥14.0	≥12.0
卫生指标	酸价（以脂肪计）（KOH）/（毫克/克）	≤4			
	过氧化值（以脂肪计）/（克/100克）	≤ 0.8			
安全指标	砷（以As计）/（毫克/千克）	≤0.5			
	汞（以Hg计）/（毫克/千克）	≤0.01			
	铅（以pb计）/（毫克/千克）	≤0.2			
	铬（以Cr计）/（毫克/千克）	≤0.5			
	镉（以Cd计）/（毫克/千克）	≤0.03			

核桃坚果的包装材料必须符合相对应产品生产卫生要求，安全、简洁、环保。一般采用无污染的麻袋、聚乙烯塑料袋，每袋20～40千克，不能用化肥袋或有污染的袋子盛装，以免造成二次污染。精包装采用竹篮、纸盒、塑料袋等，单价数量在500～3000克。包装上挂标签或印标，标明品名、品种、等级、净重、产地（生产编号）、商标等信息。

（二）核桃仁分级与包装

1.取仁方法

目前尚无理想的取仁机械，采用人工取仁。取仁时，先将干果在开水锅内煮5分钟取出，再砸，较易取整仁。为了防止坚果砸开之后受到二次污染。要求工作人员戴上口罩和手套，取仁场地务必干净卫生，工作台铺台布，在工作台上剥出核仁，放入干净的容器内。晾干水汽后，再按标准分级包装。

2.分级与包装

根据核仁完整性和色泽及理化指标，将核仁分成四等八级（详见表4-2）。核桃仁的包装材料除符合产品生产卫生要求外，还必须避光、抗氧化。大包装采用无污染的食品级聚乙烯袋，每袋5～10千克。精包装可抽真空。包装上注明相关信息。

（三）贮藏

在生产中，核桃仁和油经长期贮存，很容易变质，产生一种特有的臭味，即脂肪发生酸败，俗称“哈喇”。

脂肪酸败的主要原因是其中不饱和脂肪酸被空气中的氧所氧化，生成分子量较小的、具有特殊气味的醛、酮、羧酸的复杂混合物，光和热也加快了这一氧化过程。脂肪在高温、高湿和通风不良的情况下，因微生物的作用而发生水解，产生脂肪酸和甘油，脂肪酸可经微生物进一步作用，生成酮。因此，只有排除水、光、热及微生物的作用，才能保持脂肪不酸败。贮藏环境要求干燥、低温、避光、洁净等。

贮藏库要求干净、干燥、通风。入库前，清理卫生和灭菌。入库后，坚果保持0～5℃，仁保持–1～2℃，相对湿度保持55%～60%。同时，做好防鼠防虫措施，不得使用化学方法。

表4-2　核桃仁质量分级指标

<table>
<tr><th colspan="2" rowspan="2">项 目</th><th colspan="2">一等</th><th colspan="2">二等</th><th colspan="2">三等</th><th colspan="2">四等</th></tr>
<tr><th>Ⅰ级</th><th>Ⅱ级</th><th>Ⅰ级</th><th>Ⅱ级</th><th>Ⅰ级</th><th>Ⅱ级</th><th>Ⅰ级</th><th>Ⅱ级</th></tr>
<tr><td colspan="2">基本要求</td><td colspan="8">果仁充分成熟，色泽正常，仁片大小一致，干燥、肥厚，无虫蛀、霉变、异味。</td></tr>
<tr><td rowspan="3">感官指标</td><td>种仁色泽</td><td>淡黄</td><td>淡琥珀</td><td>淡黄</td><td>淡琥珀</td><td>淡黄</td><td>淡琥珀</td><td>琥珀</td><td>淡黄</td></tr>
<tr><td>果仁完整度</td><td>半仁</td><td>半仁</td><td>四分仁</td><td>四分仁</td><td>碎仁</td><td>碎仁</td><td>碎仁</td><td>米仁</td></tr>
<tr><td>种仁</td><td>饱满，涩味淡</td><td>饱满，涩味淡</td><td>饱满，涩味淡</td><td>饱满，涩味淡</td><td>较饱满，稍涩</td><td>较饱满，稍涩</td><td>较饱满，稍涩</td><td>较饱满，稍涩</td></tr>
<tr><td rowspan="5">物理指标</td><td>不完善仁/%</td><td>≤0.5</td><td>≤1.0</td><td>≤1.0</td><td>≤1.0</td><td>≤2.0</td><td>≤2.0</td><td>≤3.0</td><td>≤2.0</td></tr>
<tr><td>杂质/%</td><td>≤0.05</td><td>≤0.05</td><td>≤0.05</td><td>≤0.05</td><td>≤0.05</td><td>≤0.05</td><td>≤0.05</td><td>≤0.20</td></tr>
<tr><td>异色仁允许量/%</td><td>≤10</td><td>≤10</td><td>≤10</td><td>≤10</td><td>≤15</td><td>≤15</td><td>≤15</td><td></td></tr>
<tr><td>不符合本等级仁允许量 /%</td><td colspan="2">总量≤8，其中：碎仁≤1</td><td colspan="2">大三角仁及碎仁总量≤30，其中：碎仁≤5</td><td colspan="3">Φ10mm圆孔筛下仁总量≤30，其中：Φ8mm圆孔筛下仁≤3，四分仁≤5</td><td>Φ8mm圆孔筛上仁≤5，Φ2mm圆孔筛下仁≤3</td></tr>
<tr><td>含水率/%</td><td>≤5.0</td><td>≤5.0</td><td>≤5.0</td><td>≤5.0</td><td>≤5.0</td><td>≤5.0</td><td>≤5.0</td><td>≤5.0</td></tr>
<tr><td rowspan="2">化学指标</td><td>脂肪含量/%</td><td>≥65.0</td><td>≥65.0</td><td>≥65.0</td><td>≥65.0</td><td>≥65.0</td><td>≥60.0</td><td>≥60.0</td><td>≥60.0</td></tr>
<tr><td>蛋白质含量/%</td><td>≥14.0</td><td>≥14.0</td><td>≥14.0</td><td>≥14.0</td><td>≥14.0</td><td>≥14.0</td><td>≥14.0</td><td>≥14.0</td></tr>
</table>

表4-2（续）

<table>
<tr><td colspan="2" rowspan="2">项 目</td><td colspan="2">一等</td><td colspan="2">二等</td><td colspan="2">三等</td><td colspan="2">四等</td></tr>
<tr><td>Ⅰ级</td><td>Ⅱ级</td><td>Ⅰ级</td><td>Ⅱ级</td><td>Ⅰ级</td><td>Ⅱ级</td><td>Ⅰ级</td><td>Ⅱ级</td></tr>
<tr><td rowspan="3">卫生指标</td><td>酸 价、过氧化值</td><td colspan="8">与坚果标准一致</td></tr>
<tr><td>致病菌（沙门氏菌、金黄色葡萄球菌、志贺氏菌）</td><td colspan="8">不得检出</td></tr>
<tr><td>有机磷农药</td><td colspan="8">不得检出</td></tr>
<tr><td>安全指标</td><td>砷、汞、铅、铬、镉含量</td><td colspan="8">与坚果标准一致</td></tr>
</table>

二、鲜食核桃鲜贮

传统核桃生产主要以干品形式上市，产品易于贮存、运输，周年四季可消费，并可持续两年不变质。湿鲜核桃脆而不腻，富于清香，是广大消费者尤其是孕妇和儿童喜爱的形式。鲜核桃未经过烘烤或日晒，人们习惯性地认为鲜核桃有效成分未遭受破坏，应该比干核桃营养价值更高。在常温下，鲜核桃销售中极易失水失鲜，货架期短。因此，鲜食核桃鲜贮是当前和今后努力探索的课题。

（一）核桃干鲜品的比对

1.感观品质对比

初采收的鲜核桃仁色白嫩，香脆可口，外观与口感与干核桃具有明显的区别。只是一经贮藏后，鲜核桃的种皮易于褐变，采用适当的保鲜方法可延缓这一过程，PE50保鲜袋包装下的自发气调贮藏具有这种效应，使青皮核桃贮冷藏90天后，与干核桃比较（详见表4-3），种皮保持可撕离的状态，仁色仍白，也具有清香感；同期贮藏的干核桃基本失去了嫩核桃的清香味，而且具有明显的油腻味，总感观品质级别较鲜核桃下降30%。

表4-3　干鲜核桃仁感官品质对比

核桃仁类别	种皮颜色（级）	种皮分离度（级）	核仁色泽（级）	风味（级）	香气（级）	级别总和
烘干品	1.3	4.0	2.0	2.6	4.0	12.9
鲜品	2.2	3.0	1.0	1.0	2.0	9.2

注：数据为本项目组2014年秋测定。

种皮颜色、仁皮分离度、核仁色泽、风味、香气均以初采时的状态为1，随着种皮颜色的加深，各项指标的变化均规定为在1的基础上增加，故取值越大该项指标的新鲜度越差。

2.营养品质对比

核桃仁含有丰富的营养物质，一般资料介绍干核桃仁含水量4%以下，含油脂65.1%～68.4%，蛋白质13.3%～15.6%。碳水化合物10%。油脂中的脂肪酸组成多为不饱和脂肪酸，如亚油酸、亚麻酸等，有助于降血压，保护血管，预防动脉硬化等。核桃仁中的磷脂，对脑神经有很好的保健作用。此外还含有大量人体必需的钙、磷、铁、锌、锰、铬等多种微量元素和矿物质等。核桃中含有丰富的维生素B和维生素E，可防止细胞老化，有助于延缓衰老及增强记忆力。核桃的药用价值很高，中医学认为核桃性温、味甘、无毒，有健胃、补血、润肺、养神等功效。

鲜核桃以其脆嫩的口感被认为含油量低于干核桃。表4-4是以新疆几个主栽品种的鲜核桃的测定结果，由表中数据可知，不同品种鲜核桃的含水量差别很大，以鲜重计的含油率和蛋白质含量却比较接近，都低于干核桃。可是以干重计再比较时（详见表4-5）发现，鲜核桃仁的含油率还高于干制品，可见，鲜核桃仁没有油腻感，不是因为其含油量低，而是因为含水量高，在相当于稀释的效应存在下油腻感变得不明显。

表4-4　鲜核桃部分有效成分含量

单位：%

品种	含油率	粗蛋白	水分	灰分	青皮	可食部
新 丰	34.2	13.6	26.9	2.1	57.6	51.2
杂343	29.9	12.8	42.2	1.9	53.6	39.9
温185	32.7	13.2	34.4	2.3	60.7 47.1	

注：徐效圣等，新疆轻工职业技术学院，2012年。

表4-5　干鲜核桃仁营养成分含量对比

核桃仁类别	含油率	不饱和脂肪酸比例	可溶性蛋白质	氨基酸	可溶性糖	总酚
	/%DW	/%	/% DW	/%DW	/（mg/kg DW）	/（mg/kgDW）
烘干品	57.40B	90.18	19.84b	17.61	191.05b	9.26a
鲜品	60.63A	90.64	30.58a	22.88a	309.17a	4.77b

注：①同列数据后标不同字母表示二者间差异显著，大写字母表示差异显著（$P<0.05$），小写字母表示差异极显著（$P<0.01$），下文同。

②数据为本项目组2015年秋以西扶1号为试材测得。

干鲜核桃油脂中不饱和脂肪酸的比例几乎相同，总酚含量以干品显著高于鲜品，包括氨基酸在内的氮素营养、可溶性糖以鲜品显著高于干品。在生育酚（VE）含量上干制核桃还高于鲜品（详见表4-6），主要表现在α-VE和γ-VE，δ-VE含量没有差别。贮藏60天后，鲜品的α-VE和γ-VE均反超干品，反映出鲜核桃中VE耐分解的特性。

表4-6　干鲜核桃仁生育酚（VE）含量对比

核桃仁类别	组分及含量/（ng/gDW）						总量/（ng/g）	
	α-VE		γ-VE		δ-VE			
	贮前	贮60天	贮前	贮60天	贮前	贮60天	贮前	贮90天
烘干品	30.7a	5.0 b	138.3 a	98.7b	31.5	24.5	200.4a	144.3a
鲜品	16.7b	6.2 a	129.0	123.4a	31.2	23.5	176.9b	131.7b

注：马艳萍等，西北农林科技大学，2011年，以辽核4号为试材测得。

总之，干核桃和鲜核桃的脂质含量和质量基本一致，其他营养品质各有千秋，消费者可以依照季节、风味爱好，自由取舍，最好平均摄入，保证营养均衡。

（二）高二氧化碳气调鲜贮

核桃果实在成熟期，产生的内源激素乙烯加速了果实成熟，而在后熟期鲜果不断进行有氧呼吸或无氧呼吸等生命活动，在加速老化的同时，消耗了大量营养物质。鲜贮本质是成熟的逆过程，在冷库一定低温条件下，用特殊物质（包括保鲜剂、薄膜）抑制或延缓果实老化速度。高二氧化碳气调鲜贮是在冷库和保鲜袋密封的条件下，利用果实进行无氧呼吸所产生的二氧化碳抑制其乙烯的产生，延长鲜果生命，达到保鲜的目的。鲜贮期平均80～90天，最长可达120天。

1.工艺流程

核桃果实→采收→预处理→包装密封→自发气调贮藏→脱青皮→湿坚果→冷藏→出库→脱皮→销售

2.操作要点

（1）品种选择

视当地主栽品种而定，尽量选择晚熟品种或中晚熟品种，如：清香、辽核1号、西扶1号等。

（2）采收

选择符合要求的品种，九成熟（果面颜色开始转黄，青皮与果壳分离，青皮未开裂）时采收，在渭北地区宜君县宜在9月10日左右，务必在雨季前进行。应人工采摘，带果柄摘下，选取无病、无伤、果面光洁的果实，齐果面剪去果柄，装入网袋或纸箱（塑料筐），运回冷库。

（3）预处理

将核桃果实和运输外包装一起置于冷库。在0～1℃条件下预冷3～5天，散去果实内的“田间热”，其间按包装单位单层摆放。

（4）包装

在冷库条件下，将青皮核桃果实装入保鲜袋（PE50），不能装满，扎口下留约10厘米空间，以利鲜果自身产生的二氧化碳贮存。贮藏温度应保持在0～1℃；若温度波动时，须严格控制冷库温度，低温不低于–0.3℃，高温不大于2℃。

（5）摆放与码垛

单层上架，或将塑料筐架垛。在两排筐间，留一可过人的通道，利于气流交换，方便查验和管理。

（6）脱青皮

至青皮果实腐烂（或褐变）指数达到15%左右时（约90天以上），可出库，可带青皮出售。若继续冷藏，先将青皮脱去，用饮用水冲洗坚果（忌浸泡），沥干水分。

（7）二步贮藏

将沥干水分的湿鲜坚果，装筐（每筐不限量）冷藏。也可摊晾过夜，装于PE30袋中继续贮藏，不超过60天。

3.标准

（1）感官指标

果皮黄绿，浅褐色； 脱皮后，果核自然黄色；核仁皮色淡黄，个别浅褐色，易剥皮；口感油、香、脆，同鲜核桃。

（2）理化指标

与鲜核桃基本一致。

（三）保鲜剂鲜贮

用作者发明的鲜食核桃保鲜剂（2019年授权发明专利包括I号、II号和III号），在冷库条件下鲜贮。比二氧化碳气调鲜贮工艺简单（不用采摘、剪柄、预冷、装袋）、成本低（节约70%），但是贮藏期较短，受伤果贮藏30～50天，带柄果80～90天，不带柄果介于二者之间。

1.工艺流程

冷库灭菌

↓

品种选择→采收→装筐（装袋）→预处理→入库→冷藏→保鲜→出库→销售

2.操作要点

（1）品种选择

选择晚熟品种，如：清香、西扶1号等。

（2）采收

选择符合要求的品种，九成熟（果面颜色开始转黄，果顶微离皮，但未开裂）时采收。选择无病斑、无虫孔，且果面光洁的果实，将受伤果和完好果分别装入网袋或中转筐。

（3）预处理

用塑料容器或水池，先将I号保鲜剂按1∶90的比例兑水稀释，搅拌均匀后，加入同等重量的Ⅱ号保鲜剂，再次搅拌。将整筐青果放入溶液内，充分浸液5～8分钟后，沥干水分。

（4）入库

冷库要求密闭，有控温、内部送风设备。于入库前2～3天，采用臭氧法或硫黄熏蒸法进行气雾灭菌（包括中转筐、编织袋、垫架等），10～20小时后，打开库门，通风10～15小时。将预处理好的青果，摆放在大塑料筒内码置，将温度调至0～1℃，制冷降温，进行冷藏。

（5）冷藏

当库温降到2℃时，将Ⅲ号保鲜剂加入各塑料盆内，兑3～5倍纯净水，间隔1.5～2米放一盆。将温度控制在0～1℃。

（6）出库销售

当青果腐烂（或褐变）指数达到15%左右时，先将受伤果出库，可出售青果，也可脱皮后销售湿坚果。

质量标准与二氧化碳气调鲜贮的相同。

在生活中，曾将脱皮经清洗沥干水分的坚果（外壳泛白）放入冰箱，在-10℃条件下贮藏70天，效果与二氧化碳气调鲜贮的几乎一样。鉴于条件有限，未经批量试验，技术有待于进一步研究。

第二节　精深加工

一、核桃仁

（一）五香核桃仁

1.配方

有机核桃仁5千克，有机花生油2.5千克，大蒜、白芷、葱白、精盐、生姜、大料、小茴香、花椒、丁香各适量。

2.制作方法

（1）将花生油倒入锅内，加热，投入核桃仁，用慢火炸，炸至呈深黄色时，用漏勺捞出，沥油。

（2）将生姜、大蒜洗净拍松，连同花椒、丁香、大料、白芷、小茴香一同装入干净的纱布袋内，扎好口。

（3）将锅洗净上火，放入清水约10升，投入纱布袋、葱、精盐。煮至汤水约剩5升时，倒入容器中，取出纱布袋及葱，即成五香汤；然后放入核桃仁，加入味精，用小火煮至五香汁收净后即成。冷食、热食皆可。

3.产品特点

色泽红黄，咸香适口。具有温肾助阳之功效。

（二）椒盐核桃仁

1.配方

有机核桃仁25千克，精盐1千克，白砂糖5千克，植物油适量。

2.工艺流程

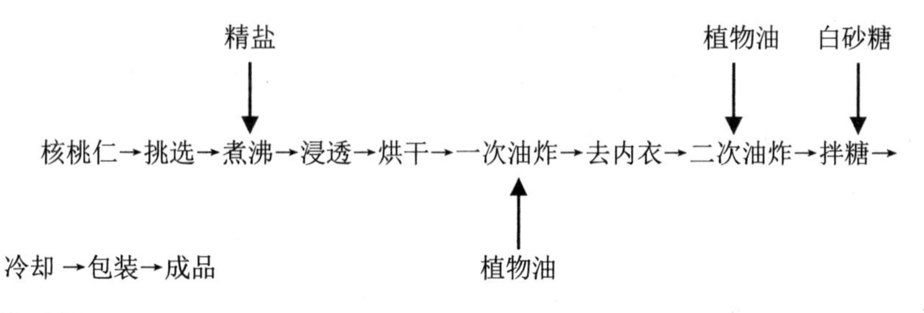

3.制作方法

（1）选料

选用两瓣的核桃仁（即整个核桃仁的一半），要求饱满，三四瓣的、黑皮及“铁皮”核桃仁不能使用。

（2）煮沸

核桃仁经挑选后，在开水锅中进行搅拌煮沸，以去除核桃仁的涩味，然后捞出，加入精盐浸透。

（3）烘干

用精盐浸过的核桃仁，要进行烘干，烘干温度不宜过高，只需把水分烘干即可。

（4）油炸

分两次进行，第一次炸至八成熟，捞出，在容器内把核桃仁的内衣去掉；第二次油炸主要是为了用油涮净衣皮，并炸熟。捞出后，放入白糖搅拌均匀，冷却后即为成品。

油炸时应注意油的温度，不宜过热或过凉，过热容易炸糊，过冷则容易炸碎。

4.质量标准

（1）外形

表面为核桃仁半体形，核桃仁整齐，蘸糖均匀，允许有少量的三瓣核桃仁出现。

（2）色泽

呈浅黄色。

（3）滋味

甜、酥、脆，略有咸味，具有熟核桃仁的浓郁香味，味道鲜美。

（三）琥珀桃仁

1.配方

有机核桃仁500克，鸡蛋4个，白糖100克，有机花生油600克，湿淀粉适量。

2.制作方法

①将核桃仁放入开水中浸泡，然后剥去外皮洗净，沥干水分。

②将鸡蛋打入碗中搅匀，再加入湿淀粉、白糖调匀，然后放入核桃仁拌匀挂糊。

③取锅上火，加入花生油烧热，下入挂好糊的核桃仁，用小火炸至金黄色时捞出沥油，装入盘中晾凉后即成。

3.产品特点

呈琥珀色，甜香酥脆。具有温补肺肾、润肠通便之功效。

（四）核桃枣泥软糖

核桃枣泥软糖系集风味与营养为一体的高级滋补软糖。其糖体呈半透明，红褐色有光泽，具有核桃仁和枣的芳香，有良好的韧性和咀嚼感，风味独特。核桃仁和枣泥中富含脂肪、蛋白质、多种维生素，以及铁、钙、磷等微量元素，具有补气血、壮筋骨、利脾胃、养颜润肤之功效。

1.软糖配方

一级白砂糖25%～30%，枣泥8%～10%，高麦芽糖浆18%～22%，麦淀粉5%，甲级葡萄糖浆15%，精炼玉米油（非转基因）10～12%，有机核桃仁20～30%。

2.工艺流程

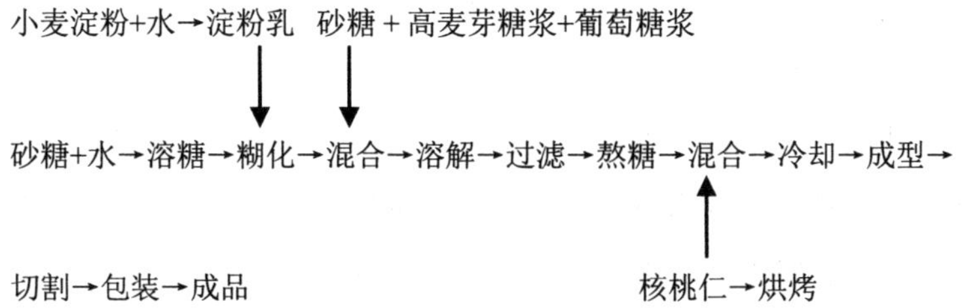

小麦淀粉+水→淀粉乳　砂糖＋高麦芽糖浆+葡萄糖浆

↓　↓

砂糖+水→溶糖→糊化→混合→溶解→过滤→熬糖→混合→冷却→成型→

↑

切割→包装→成品　核桃仁→烘烤

3.操作要点

（1）原料处理

首先，配制淀粉乳，称取配方中的小麦淀粉加5倍水充分搅匀，然后静置数小时或过夜，使其充分溶胀。其次，处理枣，将枣洗净晾干，取核切成玉米粒大小的颗粒备用。再次，处理核桃仁，将优质核桃仁去杂后，置烘箱中烘烤，烘烤温度为180～200℃，约15分钟，中间翻2次。

（2）糊化

取配方中的50%砂糖，加1/2的水，在蒸汽熬糖锅中加热溶化。将淀粉乳搅拌均匀后缓缓倒入糖水中，同时不断搅拌，防止淀粉结块、糊底。调节蒸汽阀，使淀粉乳温度保持在60～65℃，糊化10分钟，然后缓缓升温至80℃，继续糊化。当淀粉乳变成稠厚的透明状淀粉糊，表明糊化已完成。

（3）熬糖

加入剩余部分砂糖，加热溶化后倒入高麦芽糖浆和葡萄糖浆，经80目筛过滤。加入枣粒和50%的精炼油，升温熬糖膏，温度升到106℃，隔几分钟看一次糖膏骨子，当冷却的糖条轻轻一敲便能断裂时，熬糖即可结束。此时，糖膏的温度为107～108℃。立即关闭蒸汽阀，加入热核桃仁和剩余的精炼油，搅拌均匀后取出糖膏，冷却成型后及时包装。

4.产品标准

（1）外观指标

糖体呈半透明状，红棕色有光泽，具有浓郁的核桃仁和枣的芳香，有良好的韧性和咀嚼感，不黏牙，不糊口，风味特佳。

（2）理化指标

水分为9%～11%。

（3）卫生指标

总还原糖为25%～30%，其他符合国家相关标准。

5.注意事项

（1）在配方中使用20%左右的高麦芽糖浆，能使产品呈红褐色，有光泽，单独使用葡萄糖浆或饴糖均无此效果。

（2）用小麦淀粉作为凝胶剂，使糖体具有良好的韧性和咀嚼感。

（3）配料中核桃仁、枣粒的比例不应少于30%。用量太少，软糖的口感和风味均达不到要求，但是超过40%时，与糖膏难以混合，也影响成型。

（4）如使用煤气炉，用火直接熬糖，既能使产品色泽明亮，具有令人满意的焦香味，又容易控制火头防止焦化，效果会更好。

（五）咖喱核桃仁

1.配方

核桃仁2.5千克，黄油250克，盐、咖喱粉各适量。

2.制作方法

将平锅或煎锅架在火上，放入黄油，烧热化开，下入核桃仁，煎炒约5分钟，核桃仁发黄变脆时立即捞出，用吸油纸把油吸干后盛入盘中。

食用时，把细盐和咖喱粉均匀撒在煎脆的核桃仁上，并搅拌一下，使所有的核桃仁都蘸上调味料。

3.产品特点

酥脆、香辣、味美可口。

（六）黑芝麻核桃糖

1.配方

有机核桃仁1千克，黑芝麻0.5千克，饴糖1.5千克，香油100克，清水0.5千克。

2.制作方法

（1）先将核桃仁和黑芝麻中的杂质剔除。将烤箱温度控制在150℃，核桃仁烤7～8分钟，黑芝麻烤3～5分钟。将烘烤的核桃仁搓净，擀碎，与熟芝麻混匀。

（2）将饴糖和水倒入炒锅内，大火煮至沸腾后，转小火盖锅盖煮至糖浆浓稠，略泛淡黄色。再将果仁分次倒入糖浆里，用筷子轻轻混合均匀，待筷子可拉出糖丝时，起锅倒入盛器中。注意，容器内壁抹油。

（3）放凉后，倒扣出来，切块即可。

3.产品特点

酥脆、香甜，味美可口。有乌发功效。

二、核桃油

有机核桃去壳后，整仁作为产品投放市场，碎仁则用来加工核桃油。由于核桃油在加热的情况下极易氧化，所以采用冷榨法加工核桃油。一般选用液压榨油机。

1.工艺流程

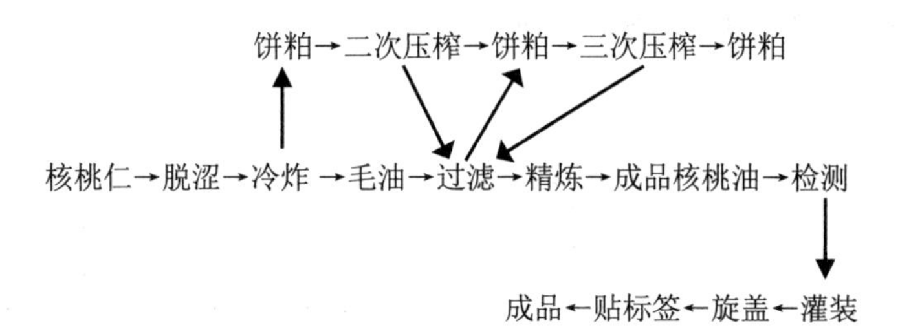

2.操作要点

（1）分选

将虫蛀、霉变及有异味的核桃仁和杂质剔除。

（2）脱涩

将核桃仁倒入平底锅内，加热，温度不能超过40℃，翻炒15～20分钟。起锅，晾凉，揉搓簸皮。

（3）冷榨

将核桃仁倒入进料斗，量要少。逐步加压到3兆帕，开始出油，成饼。将饼破碎，再倒入进料斗，压力升到8兆帕，进行二次压榨。再将一、二次滤渣和二次饼粕（破碎）混合倒入料斗，进行第三次压榨，压力必须升到10兆帕。

在整个榨油过程中，核桃仁不加热，没有热变性。榨出的核桃油色浅、透亮，出油量为仁重的32%左右。核桃饼粕为半脱脂状态，粕疏松，有核桃固有的香味，且蛋白质不变性，便于核桃蛋白的开发利用。

4）精炼

过滤的油先进行沉淀后，再脱涩、脱酸处理。最后装瓶。

3.质量标准

（1）外观

浅黄或金色，具有核桃油气味和滋味，澄清、透明液体。

（2）理化指标

比重（20℃）0.918～0.921，折光指数（20℃）1.481，凝点–7℃，不皂化物0.2～0.4，碘值113～117，皂化值188～192，酸值KOH毫克/克≤1，水分≤0.5%，游离脂肪酸≤0.5%，水分挥发物≤0.05%，杂质（%）≤0.05，过氧化值≤10毫摩尔/千克。

三、核桃油软胶囊

1.配方

有机核桃油、维生素E、明胶、甘油。

2.工艺

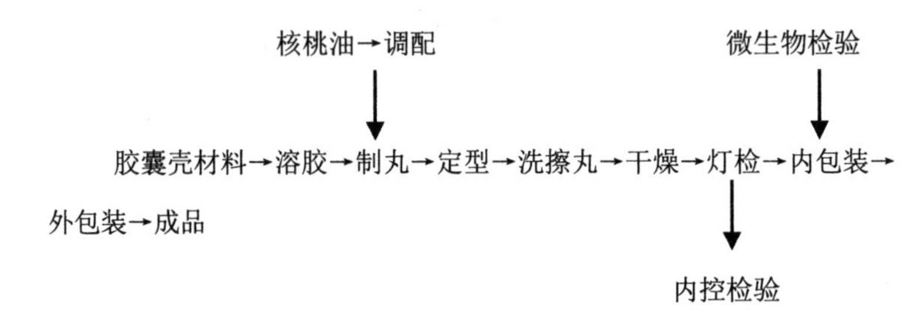

3.生产操作要求

（1）配料

称适量的核桃油和维生素E混合，搅拌均匀。通过胶体磨研磨3次，真空脱气泡。要求真空度–0.10 MPa，温度90～100℃，脱气2小时。

（2）溶胶

按2∶1∶2的量称取明胶、甘油、水，按三者总量的0.4%称取黄姜素。明胶用80%的水浸泡，充分溶胀后，将剩余水与甘油混合，至煮胶锅中加热到70℃，加热明胶液，搅拌1～2小时，完全熔融均匀；再加入黄姜素，搅拌均匀，放冷，保温60℃静置，除去上浮的泡沫，过滤，测定胶液黏度。

（3）制片压丸

将上述胶液放入保温箱内，温度保持80～90℃机压制胶片；将合格的胶片及调配好的油通过自动旋转制囊机压制成软胶囊。要求压丸温度控制在35～40℃，滚模转速3转/分，室内温度控制在20～25℃，空气相对湿度70%以下。

（4）定型

将压制成的软胶囊在网机内20℃下吹风定型，待定型4小时后，并整形。

（5）洗擦丸

用乙醇在洗擦丸机中，洗去胶囊表面油层，吹干洗液。

（6）干燥

将洗擦的软胶囊在网机内吹干，晾丸不少于6小时。

（7）拣丸

人工或机械拣去大小丸、异形丸、明显网印丸、漏丸、瘪丸、薄壁丸、气泡丸等，将合格的胶囊丸放入洁净的容器内，称量，容器外标明产品名称、重量、批号、日期，用不锈钢桶加盖封好后，送中间站。

（8）检验、包装

取上述软胶囊送检，合格后分装。

4.产品标准

（1）外观

圆滑、色亮、大小一致。

（2）理化指标

同核桃油的成分含量一致，微生物指标符合国家相关标准。

四、核桃乳

（一）原料及设备

1.原料

核桃仁、脂肪酸蔗糖酯（Se-15）、黄原胶、羧甲基纤维素钠等。

2.主要仪器设备

砂轮磨、胶体机、均质机、脱气机、超高温灭菌机、灌装机、高压灭菌釜等。

（二）工艺流程及工艺要点

1.工艺流程

原料→筛选→漂洗→浸泡→磨浆→灭酶→配料→细磨→均质→脱气→超高温灭菌→灌装→高压杀菌→贴标→成品。

2.工艺要点

（1）原料

选用无虫蛀、无霉变、不溢油的当年核桃仁。将核桃仁在水中漂洗，除去杂物。

并在水中浸泡30分钟，使核桃仁充分吸水膨胀，组织软化，有利于脱皮、细化和营养成分提取。再将0.5%的NaOH溶液煮开，加入核桃仁再煮5～10分钟，反复用水冲洗，除尽核桃仁皮。

（2）磨浆

采用自分式砂轮磨粗磨，三道续浆，分离纱网为100目。再将浆液加热到85℃15分钟，破坏核桃仁中的脂肪氧化酶，以免产生异味。按核桃仁50份，白砂糖60份，复合稳定剂2.3份，软化水900份配料，进行细磨，料温70～80℃，在胶体磨最小开度处，预均质。

（3）均质、脱气

料温大于65℃，第一道均质压力400千克/平方厘米，第二道均质压力160千克力/平方厘米。均质后料液中蛋白质和脂肪微粒细化到1～2微米左右，与复合稳定剂充分结合，提高产品的稳定性。并在–0.6～–0.8千克力/平方厘米压力下脱气。

（4）灭菌杀菌

灭菌温度125～130℃，3秒钟。空罐、空盖用80ppm漂白粉浸泡10分钟后，用无菌水冲洗干净，装罐，在料温高于80℃，–0.3千克力/平方厘米压力下封盖。再进行杀菌，温度121℃、25分钟。杀菌后，冷却至40℃以下，贴标。

（三）质量标准

1.感官标准

（1）色泽

乳白色或略带黄色。

（2）滋味、气味

特有的鲜核桃味，无异味，入口香甜，甜度适中。

（3）组织状态

均匀乳液状，不分层、无沉淀、无杂质、无上浮物。

2.理化指标

可溶性固形物9.22%，蛋白质1.24%，脂肪2.52%。

3.微生物指标

细菌总数< 30个 / 毫升，大肠杆菌< 3个 / 毫升，致病菌数未检出。

五、核桃多肽

（一）多肽粉

1.工艺流程

有机核桃粕→低温粉碎→磨浆→浆液→复合多酶水解→酶解液分离→过滤→膜分离→浓缩→真空干燥→粉碎→核桃多肽粉→真空充氮包装或装胶囊

2.操作要点

（1）磨浆

脱去部分油脂的核桃仁送入辊磨机中粗磨，粗磨时添加3～5倍量的水，磨浆呈均匀浆状时送入胶体磨精磨，精磨时添加0.1%的焦磷酸盐和亚硫酸的混合液护色，防止褐变。

（2）酶解

利用木瓜蛋白酶进行酶解，酶解条件为：酶用量6000毫克/千克，水解温度65℃，pH值为5.5，水解7小时。然后加热95℃保持15分钟灭酶，离心、过滤，取上清液，再加入5000 毫克/千克的风味酶。

（3）离心分离

先将pH呈酸性的水解液经4000转/分离心分离，除去未转化的蛋白质和其他不溶物，得到清亮的水解液。再进行膜分离，即用分子量为10000的膜进行过滤，膜管操作温度 50～55℃

（4）浓缩

在进行浓缩时，温度控制在70～80℃。浓缩时间2～5小时，体积缩小为原来的5%～10%。

（5）干燥

在进行多肽浓缩液真空干燥时，真空室的温度为70～80 ℃，真空度为0.06～0.08兆帕，干燥8～10小时。

（6）包装

在进行多肽粉的包装时，先进行粉碎，充氮定量包装，调整好多肽粉的包装速度，防止多肽粉吸潮。

3.产品标准

（1）感官指标

①色泽：白色至乳黄色或黄褐色。

②形态：均匀的粉末或小片状，无杂质。无焦糊味、酸败味及其他异味。溶于热开水。冲调后浅棕色，均匀一致的混悬液，甜度适中，有少量沉淀。

（2）理化指标

水分≤5%，溶解度≥96，多肽≥80%，灰分≤0.5%，铅（以Pb计）≤0.5毫克/千克，汞（以Hg计）≤0.04毫克/千克，细菌总数≤30000个/克，大肠菌群≤90个/100克，致病菌不得检出。

（二）核桃多肽酒

1.工艺流程

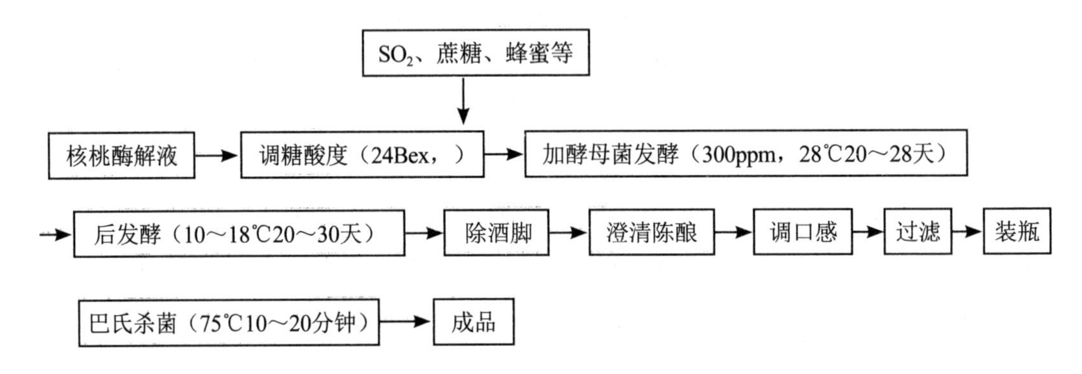

2.操作要点

（1）磨浆

脱去部分油脂的核桃仁送入辊磨机中粗磨，粗磨时添加3～5倍量的水，磨浆呈均匀浆状时送入胶体磨精磨，精磨时添加0.1%的焦磷酸盐和亚硫酸的混合液护色，防止褐变。利用蛋白酶进行酶解核桃蛋白质。然后加热95℃保持5～10分钟灭酶，离心、过滤，取上清液，备用。

（2）二氧化硫处理

二氧化硫在核桃多肽酒中的作用有杀菌、澄清、抗氧化、增酸、使色素和单宁物质溶出、还原作用、使酒的风味变好等。使用二氧化硫有气体二氧化硫及亚硫酸盐，前者可用管道直接通入，后者则需溶于水后加入。发酵基质中二氧化硫浓度为60～100毫克/升。此外，尚需考虑下述因素：原料含糖高时，二氧化硫结合机会增加，用量略增；原料含酸量高时，活性二氧化硫含量高，用量略减；温度高，易被结合且易挥发，用量略减；微生物含量和活性越高、越杂，用量越高；霉变严重，用量增加。

（3）糖的调整

酿造酒精含量为10%～12%的酒，核桃酶解液的糖度需 17～20° Bx。如果糖度达不到要求则需加糖，实际加工中常用蔗糖。

（4）制备酒精发酵酵母菌种

①酒母的制备。

酒母即扩大培养后加入发酵醪的酵母菌，生产上需经3次扩大后才可加入，分别称一级培养（试管或三角瓶培养）、二级培养、三级培养，最后用酒母桶培养。方法如下：

A.一级培养：取核桃多肽液装入洁净、干热灭菌过的试管或三角瓶内。试管内装1/4，三角瓶则1/2。装后在常压下沸水杀菌1小时或58兆帕下30分钟。冷却后接入培养菌种，摇动果汁使之分散。进行培养，发酵旺盛时即可供下级培养。

B.二级培养：在洁净、干热灭菌的三角瓶内装1/2果汁，接入上述培养液，进行培养。

C.三级培养：选洁净、消毒的10升左右大玻璃瓶，装入发酵栓后加核桃多肽液至容积的70%左右。加热杀菌后，每升果汁应含SO_2 150毫克，需放置1天。瓶口用70%酒精进行消毒，接入二级菌种，用量为2%，在保温箱内培养，繁殖旺盛后，供扩大用。

D.酒母桶培养：将酒母桶用二氧化硫消毒后，装入12～14° Bx的果汁，在28～30℃下培养1～2天即可作为生产酒母。培养后的酒母即可直接加入发酵液中，用量为2%～10%。

②发酵设备。

发酵设备要求应能控温，易于洗涤、排污，通风换气良好等。使用前应进行清洗，用SO_2消毒处理。发酵容器也可制成发酵贮酒两用，要求不渗漏，能密闭，不与酒液起化学作用。有发酵桶、发酵池，也有专门发酵设备，如旋转发酵罐、自动连续循环发酵罐等。

（5）核桃多肽酒发酵

发酵分主（前）发酵和后发酵，主发酵时，将核桃多肽液倒入容器内，装入量为其容积的4/5，然后加入3%～5%的酵母种子发酵液，搅拌均匀，温度控制在20～28℃，发酵时间随酵母的活性和发酵温度而变化，一般约为3～12天。残糖降为0.4%以下时主发酵结束。然后应进行后发酵，即将酒容器密闭并移至酒窖，在12～28℃下放置 1个月左右。发酵结束后，要进行澄清。

（6）成品调配

核桃多肽酒的调配主要有勾兑和调整。勾兑是将原酒与适当比例的不同基础酒和调味品及纯净水混合，调整是根据产品质量标准对勾兑酒的某些成分进行调整，具有统一口味、去除杂质、协调香味及平衡酒体的作用。勾兑，一般先选一种质量接近标准的原酒作基础原酒，据其缺点选一种或几种另外的酒作勾兑酒，加入一定的比例后进行感官和化学分析，从而确定比例。调整，主要有酒精含量、糖、酸等指标。酒精含量的调整，最好用同品种酒精含量高的酒进行调配，也可加蒸馏酒或酒精；甜酒若含糖不足，用同品种的浓缩汁效果最好，也可用砂糖，视产品的质量而定；酸分不足可用柠檬酸。

（7）过滤、杀菌、装瓶

在进行澄清时，酒液中加入1%的硅藻土，用硅藻土过滤机过滤去除沉淀。过滤有硅藻土过滤、薄板过滤、微孔薄膜过滤等。装瓶时，空瓶用2%～4%的碱液在50℃以上温度浸泡后，清洗干净，沥干水后杀菌。果酒可先经巴氏杀菌再进行热装瓶或冷装瓶，含酒精低的果酒，装瓶后还应进行杀菌。

3.产品标准

（1）感官指标

①色泽：浅黄带绿。

②外观：澄清透明，无悬浮沉淀物。

③香气：具有纯正、优雅、怡悦、和谐的果香及酒香。

④滋味：酸甜适口，略有苦味，酒体丰满。

（2）理化指标

酒度（V／V，20℃）12±0.5；总糖（以葡萄糖计，克/升）40～50；总酸（以苹果酸计，克/升）4.5～5.5；挥发酸（以醋酸计，克/升）≤0.6；总SO_2（毫克/升）≤200；游离SO_2（毫克/升）≤30；干浸出物（克/升）≥15。

（7）卫生指标

铅、细菌、大肠杆菌指标按GB2758执行。

附　录

附录一　核桃无性系砧木品种

1. 中宁奇

用母本北加州黑核桃（*Juglans hindsii*）、父本核桃（*Juglans regia*）进行种间杂交选育获得。

树干通直，树皮灰白色纵裂，树冠圆形；分枝力强，分枝角30°左右。1 年生枝灰褐色，光滑无毛，节间长。皮孔小，乳白色。枝顶芽（叶芽）较大，呈圆锥形；腋芽贴生，呈圆球形，密被白色茸毛。主、副芽离生明显。奇数羽状复叶，小叶9～15片，叶片阔披针形，基部心形，叶尖渐尖，背面无毛，叶柄较短。少量结实，坚果圆形，深褐色，果顶钝尖，表面具浅刻沟，坚果厚壳，内褶壁骨质，难取仁。深根性，根系发达。在河南洛宁地区，该品种4 月上旬发芽，4月中旬展叶，5月上旬雌花开放，果实 8 月下旬成熟，11月上旬落叶。该品种具有生长势旺、耐根腐病、耐盐碱、耐黏重和排水不良的土壤的特性，且与核桃的嫁接亲和力强，在我国核桃栽培区栽植，表现出良好的生长适应性。

2. 中宁异

用母本魁核桃（*Juglans major*）、父本核桃（*Juglans regia*）进行种间杂交选育获得。

树干通直，树皮灰色，粗糙，树冠半圆形；分枝力中等，分枝角度45°左右。1年生枝暗红色，皮孔黄色，不规则分布；叶芽圆形，冬芽大，顶圆，主、副芽离生，距离较近。奇数羽状复叶，小叶轮生，小叶9～15 片，叶片阔披针形，先端微尖，基部圆形，叶缘锯齿状，叶柄较短，叶脉羽状，叶片绿色，光泽感不强，似有柔毛感。雄花芽较多，雄花。

3.中宁强

用母本北加州黑核桃（*Juglans hindsii*）、父本核桃（*Juglans regia*）进行种间杂交选育获得。

树干通直，枝干浅灰褐色，浅纵裂；1 年生枝灰褐色，皮孔棱形，淡黄色，不规则分布；叶芽长圆锥形，半离生；奇数羽状复叶，小叶互生，小叶15～19片，叶片披针形，叶缘全缘，先端渐尖，叶脉羽状脉，叶色浅绿色。少结实或不结实。坚果圆形，直径平均1～2.5厘米，表面具刻沟或皱纹，缝合线突出；壳厚不易开裂，内褶壁发达、木质，横隔膜骨质，取仁难。在河南省洛宁地区，该品种3 月底至4 月初萌芽，4 月上旬展叶，5月上旬雌花开放，11 月中下旬落叶。树姿美观高大，叶片生长时间长，叶片美观，耐干旱，适宜作核桃砧木，可在我国核桃栽培区范围种植。

附录二　石硫合剂的新法熬制与使用

石硫合剂（lime sulphur）是古老的杀菌、杀虫、杀螨剂，因其具有取材方便、价格低廉、对多种病菌具有抑杀作用、效果好、低残留等优点，被广大果农所普遍使用。

一、作用机理

石硫合剂原液的主要成分是多硫化钙和硫代硫酸钙，含有少量的硫钙和亚硫酸钙，有效成分是四硫化钙和五硫化钙，具有渗透及侵蚀病菌细胞膜和害虫体壁、卵的能力，机理如下：

（一）杀虫机理

石硫合剂喷到害虫体表后，多硫化物可以还原为固态硫，这些固态硫阻塞昆虫的气门，使昆虫不能呼吸而窒息死亡；石硫合剂还能与空气中的氧气、水分、二氧化硫发生一系列化学反应，会释放出少量硫化氢气体，硫化氢气体有毒，可以杀死害虫；石硫合剂中有效成分能够分解和软化蚧壳虫或螨卵的蜡层及体壁，并向虫体内部渗透，使蚧壳虫或螨卵因中毒而死亡。

（二）杀菌机理

石硫合剂与空气中氧气、水分、二氧化硫等化学反应后，产生细微的硫黄（氧化作用杀菌）沉淀并释放少量硫化氢气体能破坏病原微生物的生理活动，使其正常的生理活动失控而死亡。另外，石硫合剂进入菌体后。使菌体细胞正常的氧化还原受到干扰，导致生理功能失调而死亡。

二、新法熬制

选用优质小块生石灰、500～800目硫黄粉、饮用水，配比为1∶2∶10，出率为75%左右。

采用铁锅熬制，根据铁锅容积加入足量水，大火加热。根据配比称取适量的生石灰和硫黄，将锅中温水盛入桶内，与硫黄粉充分搅拌成糊状，水沸腾时将硫横糊加入锅内，用铁锨搅拌。待锅沸腾后，再将生石灰陆续加入，边加边搅拌，并逐渐减小火力，以防沸液飞溅伤人。全力充分搅拌，使生石灰和硫黄充分反应，生成多硫化钙。待药液表面有层薄冰似的红褐色透明晶体析出，用木棍蘸点药液滴入冷水中，药液能迅速散开，表明反应已经结束，药液熬好。在铁、陶制品中冷却、沉淀，过滤，即得石硫合剂原液。

熬一锅，一般用时1.5小时左右，原液浓度23～30° Bé。

三、使用方法

（一）药液使用

用波美比重剂量准原液度数，通过公式“原液浓度÷使用浓度－1”计算原液稀释的加水量。发芽前，喷施3～5° Bé，0.5千克25° Bé原液稀释加水2～3.5千克，0.5千克30° Bé原液则加水2.5～4.5千克。

（二）残渣使用

利用残渣配制涂白剂，能防止日灼和冻害，兼有杀菌、治虫等作用。配比为生石灰：石硫合剂（残渣）：食盐：动（植）物油：水=5：0.5：0.5：1：20。为增加黏附性，在熬制涂白剂时，加1份小麦面粉。

四、注意事项

（一）在熬制、冷却时，必须用铁锅或陶制品，不得使用铜或铝容器。

（二）配制水温应低于30℃，高于30℃热水会降低药效。气温高于38℃或低于4℃均不能使用；气温达到32℃以上时慎用，稀释倍数应加大至1000倍以上。安全使用间隔期为7天。最后随配随用。

（三）忌与波尔多液、铜制剂、机械乳油剂、松脂合剂及在碱性条件下易分解的农药（如酸性）混用。与波尔多液前后间隔使用时，必须有充足的间隔期。先喷石硫合剂的，间隔10～15天后才能喷波尔多液。先喷波尔多液的，则要间隔20天后才可喷用石硫合剂。

（四）原液宜用塑料容器，用废机油或植物油封口，在干燥、低温、避光场所密封贮存。

附录三　核桃“黑丹”防控技术

核桃黑丹，又名核桃黑，是群众对核桃果实虫害核桃举肢蛾的俗称。近年来，陕西渭北地区核桃黑丹发生比较普遍，轻者减产20%～30%，重者减产50%以上，甚至80%～90%，个别地块几乎无收成，受害坚果的质量严重下降，直接影响农民脱贫和收入增长。据多年观察研究，我县（宜君县）的核桃黑丹是病虫害双重危害核桃果实。具体是核桃细菌性黑斑病、炭疽病和举肢蛾“二病一虫”的危害。其防控要遵循“预防为主，综合防治”的植保方针，重点抓好以下4点：

一、综合防控

从园地整体角度出发，合理控制密度，加强栽培管理，改善园内和冠内通风透光条件，控制病虫危害在经济阈值以下。

二、化学防治

关键是萌芽前后及展叶期的预防，发病期防治。

（一）发病前预防

首先，核桃修剪后到发芽前期，喷洒1次3～5°Bé石硫合剂和50～100ppm次氯酸钠（84消毒液）混合溶液，要求树体各个部位及地面全部喷施均匀，以杀死越冬病菌和虫卵，减少侵染菌源。其次，在核桃展叶初期，具体是芽体鳞片初裂、露白时，喷洒 0.3～0.5°Bé石硫合剂和20～30ppm次氯酸钠混合溶液，有效预防细菌性黑斑病。

（二）病期控制

在细菌性黑斑病发病初期，即核桃雌花开放至幼果膨大期，喷施1000单位的农用链霉素可溶性粉剂2000倍液或“中生菌素700～800倍液+戊唑醇1500倍液”。若严重，7～10天喷1次，连喷3次。且忌与其他农药混用，以免降低药效。在炭疽病发生期即6月中下旬喷50%多菌灵可湿性粉剂1000倍液或70%甲基托布津800～1000倍液，视病情喷1～3次。

（三）预防虫害，阻隔侵染途径

果园挂粘虫板，防治蚜虫、核桃扁叶甲等，以减少伤口和传带病菌的媒介，达到防病的目的。

三、农艺措施

（一）清理病源

在生长季节，及时剪除病枝、病叶、病果及虫果，捡拾落果，挖1米深的坑穴，进行深埋。落叶后，及时清理枯枝、落叶、落果，树干涂抹5～10°Bé石硫合剂溶液或防冻剂。结合休眠期修剪，剪除和清理病枝及树上僵果，集中烧毁，以减少病源。

（二）杀灭虫源

土壤结冻前，深翻园地或深挖树盘（深度20～30厘米），保留土块越冬，消灭举肢蛾越冬若虫。

附录四　84消毒液的杀菌机理及核桃病害防控实践

84消毒液，是地坛医院的前身北京第一传染病医院于1984年研制成功能迅速杀灭各类肝炎病毒的消毒液，主要成分是次氯酸钠，含氯量5.0%～6.5%，主要用于环境和物体表面消毒，适用于家庭、宾馆、医院、饭店及其他公共场所的物体表面消毒。目前，没有用于农作物、林木病害防控的报道。作者于3年前，开展84消毒液防控核桃腐烂病、溃疡病等病害的实践，取得初步成效，报告如下。

一、次氯酸钠杀菌机理

次氯酸钠是一种强电解质，在水中首先电离生成次氯酸根离子（ClO^-），次氯酸根离子水解生成次氯酸，进一步分解生成新生态氧[O]（氧原子直接构成的物质），其化学性质非常活泼，具有极强氧化力，在消毒杀菌过程中起了极大的作用。

次氯酸根通过与细菌的细胞壁和病毒外壳发生氧化还原作用，使病菌裂解。次氯酸根还能渗入到细胞内部，氧化作用于细菌体内的酶，使细菌死亡；次氯酸同样具有氧化性，消杀原理同次氯酸根，因次氯酸分子小，不带电荷，还可渗透入菌（病毒）体内与菌（病毒）体蛋白、核酸和酶等发生氧化反应或破坏其磷酸脱氢酶，使糖代谢失调而致细胞死亡，从而杀死病原微生物；次氯酸不稳定分解生成新生态氧，新生态氧的极强氧化性使菌体和病毒的蛋白质变性，从而使病原微生物致死；氯离子能显著改变细菌和病毒体的渗透压，导致其丧失活性而死亡。

根据化学测定，次氯酸钠的水解会受pH值的影响，当pH值超过9.5时就会不利于次氯酸的生成，而对于ppm级浓度的次氯酸钠在水里几乎是完全水解成次氯酸，其效率高于99.99%。而大多数病害都是弱酸性（pH值较低）的环境下发生和蔓延。

次氯酸钠作为一种真正高效、广谱、安全的强力灭菌、杀病毒药剂，它同水的亲和性很好，能与水任意比互溶，它不存在液氯、二氧化氯等药剂的安全隐患，且其消毒杀菌效果被公认为和氯气相当。它消毒效果好，投加准确，操作安全，使用方便，易于贮存，对环境无毒害，不存在跑气泄露，可以在任意环境使用。

二、核桃病害防控实践

（一）核桃溃疡病、腐烂病防控

虽然二者症状不同，致病病原菌不同，但是均属真菌引发的木腐菌，在弱酸性环境易滋生蔓延，易侵染树势衰弱的树体枝干，一般从树杈、伤口及冻伤部位侵入寄生。因此，防控的药剂和方法几乎相同。2016年以来，陆续发现次氯酸钠和食用碱溶液对核桃溃疡病有一定的防控作用，在局部个别病树试验，初步验证有成效，作为系统试验的依据。

1.试验条件

（1）防控对象

核桃溃疡病。

（2）试验地点

宜君县国家核桃良种基地皇姑庄核桃园，树龄20～30年，黄墡土和褐土性土交错分布，土壤深度50～120厘米，海拔1400～1500米。

2.试验设计和安排

（1）试验药剂

84消毒液（次氯酸钠浓度5.5%）、食用碱（碳酸钠）在当地超市采购。

（2）试验设计

试验共设计6个处理和1个空白对照，具体见附表1。每个处理30株并做标记。

附表1　试验设计

处理编号	试验浓度/倍	备注
1	20	每0.5千克84消毒液10千克水
2	20	每0.5千克84消毒液10千克水+1%碱水
3	30	每0.5千克84消毒液15千克水+1%碱水
4	50	每0.5千克84消毒液25千克水+1%碱水
5	70	每0.5千克84消毒液35千克水+1%碱水
6	50	每0.5千克食用碱25千克水
对照（CK）	清水	

（3）小区安排

本次试验1～6个处理所选择的防治林分相邻，各种处理小区间设置20米隔离带。各小区发病程度均属中等发病，在产区具有一定的代表性。

（4）施药方法

2019年4月22～23日，使用背负式电动喷雾器在主干2.5米以下均匀喷雾至树皮湿润，病斑处流水状。

3.调查、记录和测量方法

（1）调查时间和次数

共调查3次，即第一次（防治前）：4月15日，第二次（防治后14天）：5月5～6日，第三次（病害发生第一次高峰后）：6月10～11日。

（2）调查方法

试验果园20～30年，已进入盛果期，属于易发病树龄阶段，发病率普遍偏高，发病盛期时一般超过20%。逐株调查每种处理30株林木发病病斑总数，调查老病斑复发情况和病斑愈合情况，如病斑干缩并开始愈合则视为有效防治。

4.结果与分析

附表2　不同处理防治核桃溃疡病防效调查

处理	第一次调查				第二次调查				第三次调查			
	发病率/%	病斑总数	治愈病斑数量	老病斑复发数	发病率/%	病斑总数	治愈病斑数量	老病斑复发数	发病率/%	病斑总数	治愈病斑数量	老病斑复发数
1	16.7	65	0	17	13.3	43	22	5	10	30	15	2
2	23.3	86	0	24	13.3	46	40	0	0	0	46	0
3	36.7	117	039	23.3	60	57	0	0	0	60	0	
4	26.7	87	0	28	13.3	55	42	0	3.3	2	53	0
5	30	101	0	35	20	71	30	2	13.3	15	46	0
6	13.3	56	0	25	10	47	17	8	10	25	17	4
CK	13.3	61	0	18	16.7	90	0	29	30	130	04	0

据调查，2019年基地林分最早发现核桃溃疡病症状在4月上旬后期。由附表2可知，进行第一次防治前调查时，主干病斑明显可见，7种处理发病率（按株计算）13.3%～36.7%，病斑总数随发病率提高而增大，2018年较高，达26.1%～34.6%；第二次调查，已防治的林分发病率（10%～23.3%）基本稳定而下降幅度明显，病斑治愈率（29.7%～48.7%）非常明显，2、3、4处理老病斑复发为0，1、5、6处理复发很少，而防治的林分发病率明显提高，新增病斑29个，说明2、3、4处理防治效果明显优于1、5、6处理；第三次调查，已防治的林分2、3处理防治成效显著，发病率均为0、病斑治愈率均为均为100%，4、5处理次之，发病率分别为3.3%和13.3%、治愈率均为97.7%和85.4%，1、6处理更差，发病率均为10%、治愈率分别为52.1%和50%、老病斑复发很少，未防治的发病率和老病斑复发率持续增高。

5.结论与讨论

（1）结论

试验结果表明：0.26‰次氯酸钠溶液和2%食用碱溶液单独使用，对核桃溃疡病的防控有50%的防治效果；二者结合使用，防治成效非常明显，以次氯酸钠20～50倍

（0.1%～0.26‰）与1%碳酸钠混合液防治率达95%以上。食用碱浓度大于10%对皮肤有一定的腐蚀作用，次氯酸钠溶液浓度大于1‰才对眼睛刺激、皮肤腐蚀，对人体、树干均安全。使用时，不用刮病变，减少二次感染，节省防治的人工和材料成本。

（2）讨论

2020年以来，0.1%～0.26‰次氯酸钠与1%碳酸钠混合液的防控方案在陕西省宜君县应用于核桃溃疡病和腐烂病的防控，被群众广泛接受。在操作中，稍有改进，对病斑较多、连片或条索状的区域，视情况顺主干纵向划一口子，深达木质部，喷头对着病斑区域直喷3～5分钟，黑水溢出，效果最佳。轻者1次可消除病斑，严重的喷3次即愈，间隔7～10天。

本防治方案对核桃溃疡病、腐烂病有效，在苹果、梨及其他林木的腐烂病、溃疡病是否有同等效果，有待进一步试验研究。

（二）核桃黑斑病、炭疽病防控

作者于2021年在宜君县拴马村的一户果农8亩核桃园（树龄20年，上一年病果率10.6%，品种清香）开展试验。3月1日（修剪3天后，芽未萌动），喷施5° Bé石硫合剂与544ppm次氯酸钠混合液，树体、地面及地边塄坎喷施到位。4月7日（已萌芽，顶芽呈佛手状），喷施0.5° Bé石硫合剂与27ppm次氯酸钠混合液。5月10日（幼果如黄豆粒大），喷施33.5%喹啉铜悬浮剂1000倍液，叶面、果面、枝干喷到位（不留死角），间隔15天喷1次，共3次。8月20日调查，病果率5.7%，病叶率6.2%，邻近果园的病果率10.5%，病叶率12.4%。

试验虽然没有设计、药剂配方较少，但是结果表明次氯酸钠溶液对核桃黑斑病和炭疽病有一定的防治作用，其作用大小和杀菌靶性以及最佳配方组合与浓度有待进一步试验研究。

参考文献

[1] 郗荣庭，张毅平.中国核桃[M].北京：中国林业出版社，1992.

[2] 朱丽华，张毅平.核桃高产栽培[M].北京：金盾出版社，1995.

[3] 高海生，刘秀凤.核桃贮藏与加工技术[M].北京：金盾出版社，2004.

[4] 杨洪强.有机园艺[M].北京：中国农业出版社，2005.

[5] 张志华，王红霞，赵书岗.核桃安全优质高效生产配套技术[M]. 北京：中国农业出版社，2008.

[6] 孙益知.核桃病虫害防治新技术[M].北京：金盾出版社，2009.

[7] 曹志平，乔玉辉.有机农业[M].北京：化学工业出版社，2009.

[8] 王金政，王少敏.果树高效栽培10项关键技术[M].北京：金盾出版社，2010.

[9] 原双进，刘朝斌，高俊宏，等.核桃优质丰产栽培技术图例[M].杨凌：西北农林科技大学出版社，2011.

[10] 任成忠.中国核桃栽培新技术[M].北京：中国农业科学技术出版社，2013.

[11] 郗荣庭，张志华.清香核桃[M].北京：中国农业出版社，2014.

[12] 卿厚明.宜君核桃[M].杨凌：西北农林科技大学出版社，2015.

[13] 齐国辉，李保国.核桃省力化栽培[M].石家庄：河北科技出版社，2016.

[14] 张志华，裴东.核桃学[M].北京：中国林业出版社，2018.

[15] 卿厚明.有机核桃生产技术[M].杨凌：西北农林科技大学出版社，2019 .

[16] 高智辉，刘朝斌[M].杨凌：西北农林科技大学出版社，2019.

[17] 王根宪，董兆斌，王英宏.美国红仁核桃在陕西洛南的引种表现[J].西北园艺，2019，4：44—46.

[18] 裴东，郭宝光，李丕军.我国核桃市场与产业调查分析报告[J].中国农业监测预警，2020.

[19] 严茂林，张洋，吴成亮.我国木本油料发展现状分析与供需问题的研究[J].中国油脂，2021：46（4）：1—6.

[20] 申仲妹，杨俊强，马光跃，等.有机旱作果园土壤管理技术综述[J].中国果树，2021（3）：8—12.